高等职业教育资源环境类专业系列教材

地形测量

DIXING CELIANG

主　编　王利军　王筱君
副主编　丁智奇　唐　均
参　编　吴永春　杨军义

西安交通大学出版社
XI'AN JIAOTONG UNIVERSITY PRESS
国家一级出版社
全国百佳图书出版单位

内容简介

本书是按照教育部《高等职业学校专业教学标准(2018年)》——高职测绘地理信息类专业对人才培养的要求及课程设置,为高职高专院校编写的。按照测绘生产过程,基于进行地面点定位和地形图测绘等工作任务所需的知识与技能要求,组织教材内容。全书共分7个项目,主要内容包括测绘基础知识、高程控制测量、平面控制测量、三角高程测量、测量误差与数据处理、地形图测绘和地形图的应用。

本书可作为高职院校测绘地理信息类专业的教材,也可作为测绘工程、土建、地质、交通、国土等各专业工程技术人员从事测绘工作的参考用书。

图书在版编目(CIP)数据

地形测量 / 王利军,王筱君主编. —西安:西安交通大学出版社,2021.11
ISBN 978-7-5693-1554-7

Ⅰ.①地⋯ Ⅱ.①王⋯②王⋯ Ⅲ.①地形测量-高等职业教育-教材 Ⅳ.①P217

中国版本图书馆 CIP 数据核字(2020)第 001852 号

书　　名	地形测量
主　　编	王利军　王筱君
副 主 编	丁智奇　唐　均
参　　编	吴永春　杨军义
策划编辑	曹　昳
责任编辑	杨　璠　刘艺飞
责任校对	张　欣
出版发行	西安交通大学出版社 (西安市兴庆南路1号　邮政编码 710048)
网　　址	http://www.xjtupress.com
电　　话	(029)82668357　82667874(市场营销中心) (029)82668315(总编办)
传　　真	(029)82668280
印　　刷	西安五星印刷有限公司
开　　本	787mm×1092mm　1/16　印张 17.625　字数 371千字
版次印次	2021年11月第1版　2021年11月第1次印刷
书　　号	ISBN 978-7-5693-1554-7
定　　价	48.00元

如发现印装质量问题,请与本社市场营销中心联系。
订购热线:(029)82665248　(029)82667874
投稿热线:(029)82668502
读者信箱:phoe@qq.com

版权所有　侵权必究

甘肃工业职业技术学院
教材编写委员会

主　任　鲁挑建
副主任　罗增智　刘智涛　曹　昳
委　员　（以姓氏笔画排序）
　　　　丁智奇　王红玲　王利军　王敏龙　王筱君
　　　　石生益　史东坡　任四清　刘　芳　刘青青
　　　　李　鹏　杨　虎　杨军义　杨明皓　杨轶霞
　　　　吴永春　何　瑛　佟　磊　张　鑫　陈浩龙
　　　　赵文秀　姜啟明　高　翔　唐　均　黄晓慧
　　　　董珍慧　廖天录

前言

本书是按照教育部2018年印发的《高等职业学校专业教学标准》——高职测绘类专业对人才培养的需求及课程设置,为高职高专院校编写的地形测量教材。

本书在编写过程中成立了教材编写委员会,邀请了企业专业技术人员参与讨论研究,按照测绘生产过程和学生对测绘知识的认知规律形成了教材编写方案。地形测量课程是测绘类专业的专业基础课程,在编写过程中坚持产教融合、工学结合思想,充分考虑以应用为主线的特点,力求做到由浅入深、通俗易懂、内容充实、图文并茂。另外充分考虑高职教育特点,适当减少传统测量技术内容,增加部分现代测量技术内容;减少公式推导过程,侧重公式应用;精简部分理论阐述,强化技能的培养;增加技术设计与总结的内容,加强生产项目理念的培养;使前瞻性、科学性和实用性在教材中得以体现。

本书共分七个模块,由测绘基础知识、高程控制测量、平面控制测量、三角高程测量、测量误差与数据处理、地形图测绘和地形图的应用组成。

本书由甘肃工业职业技术学院王利军和王筱君担任主编。甘肃工业职业技术学院王利军编写模块六和附录A;甘肃工业职业技术学院王筱君编写模块一、模块二和模块三;陕西鑫雅图空间信息技术有限公司丁智奇编写模块四;甘肃工业职业技术学院唐均编写附录B;甘肃工业职业技术学院吴永春编写模块五;甘肃工业职业技术学院杨军义编写模块七。

本书由甘肃工业职业技术学院张晓东教授担任主审,提出了许多宝贵的意见,在此表示感谢! 同时,衷心感谢西安交通大学出版社工作人员的辛勤付出!

  本书在编写过程中参考了国内有关教材的内容,在此,向作者表示衷心感谢!由于编者水平有限,书中不足之处在所难免,恳请读者批评斧正。

编 者

2021 年 6 月于甘肃天水

目录

模块一 测绘基础知识 ... 1

项目1 测绘科学概述 ... 1
项目2 测量学基本知识 ... 11
项目3 测量工作基本内容和原则 ... 18
项目4 地球曲率对观测量的影响 ... 20
项目5 测量常用计量单位与换算 ... 22
思考题和习题 ... 23

模块二 高程控制测量 ... 24

项目1 高程控制测量概述 ... 24
项目2 普通水准测量 ... 32
项目3 三、四等水准测量 ... 33
项目4 水准测量成果内业计算 ... 38
项目5 水准仪的检验校正 ... 43
项目6 水准测量误差分析 ... 46
项目7 自动安平水准仪和电子水准仪 ... 50
思考题和习题 ... 53

模块三 平面控制测量 ... 57

项目1 平面控制测量基本知识 ... 57
项目2 角度测量 ... 62
项目3 距离测量 ... 86

项目4　直线定向 100

　　项目5　全站仪导线测量 107

　　项目6　交会测量 118

　　思考题和习题 125

模块四　三角高程测量 131

　　项目1　三角高程测量原理 131

　　项目2　三角高程测量的应用 133

　　项目3　三角高程测量的误差来源 137

　　思考题和习题 138

模块五　测量误差与数据处理 139

　　项目1　观测值最可靠值的计算 139

　　项目2　测量结果的精度评定 143

　　思考题和习题 148

模块六　地形图测绘 150

　　项目1　地形图的基础知识 150

　　项目2　地物地貌在地形图上的表示方法 153

　　项目3　地形图的分幅与编号 162

　　项目4　地形图的测量方法 167

　　项目5　地形数据采集 176

　　项目6　地形成图软件简介 187

　　项目7　地形成图方法 194

　　项目8　地形图的检查与验收 212

　　项目9　地形测量技术设计 216

　　思考题和习题 219

模块七　地形图的应用 222

　　项目1　地形图的基本应用 222

项目2　地形图在工程建设中的应用 …………………………………………… 230

思考题和习题 …………………………………………………………………… 243

附录 A　测量实训的一般要求与注意事项 ………………………………… 244

附录 B　测量实训 …………………………………………………………… 249

参考文献 ……………………………………………………………………… 272

模块一 测绘基础知识

项目1 测绘科学概述

一、测绘的基本概念

测绘是一门古老的学科和专业,有着悠久的历史。测绘是测量和绘图的简称。常规而言,就是以地球表面为研究对象,利用测量仪器测定地球表面自然形态和地表人工设施的形状、大小、空间位置及其属性,然后根据观测到的数据通过地图制图的方法将地面的自然形态和人工设施绘制成地图。

随着人类活动范围的扩大和科学技术水平的发展,对地球表面形状和现象的测绘,不限于较小区域,而扩大到大区域,例如一个国家,一个地区,甚至全球范围。此时,测绘不仅研究地球表面自然形态和地表人工设施的几何信息获取方法,以及几何信息和属性信息的表达与描述,而且将地球作为一个整体研究其物理信息,例如地球重力场等。所以,从大的概念上讲,测绘就是研究测定和推算地面及其外空间点的几何位置,确定地球形状和地球重力场,获取地球表面自然形态和人工设施的几何分布以及与其属性有关的信息,编制全球或局部地区各种比例尺的普通地图和专题地图,建立各种地理信息系统,为国民经济发展和国防建设以及地学研究服务。

从应用层面上讲,测绘是为国民经济、社会发展以及国家各个部门提供地理信息保障,并为各项工程顺利实施提供技术、信息和决策支持的基础性行业。对于高职学生的学习和就业而言,测绘主要就是在测绘、水利、电力、公路、铁路、国土资源、城市规划、建筑、冶金、地质勘探、矿山、林业、农业、石油、海洋等行业,为各项工程顺利实施提供空间位置信息与测绘技术保障。其主要职业岗位是工程测量、大地测量、地籍测绘、房产测量、摄影测量、地理信息数据生产等。

在国家层面,测绘是准确掌握国情国力、提高管理决策水平的重要手段,对于加强和改善宏观调控、促进区域发展、建设创新国家等具有重要作用。同时测绘工作涉及国家秘密,地图体现国家主权和政治主张,对于维护国家主权、安全和利益至关重要。

在2020年由全国科学技术名词审定委员会公布的《测绘学名词》一书中,测绘学的英文名是 surveying and mapping,测绘学的定义:研究与地球及近体天体有关的空间信息采集、处理、显示、管理和利用的科学与技术。

测绘的三个基本任务:精确地测定地面点的位置(X,Y,Z)及地球的形状和大小;将地球表面的形态及其他相关信息测绘成图;进行经济建设和国防建设所需要的测绘工作。

二、测绘科学技术在社会发展中的作用

测绘科学是人类认识和研究我们赖以生存的地球的不可缺少的手段。伴随人类文明的不断进步,人类对自己的唯一家园——地球给予了越来越大的关注。人类需要保护地球,推进可持续发展。要关注和探索大区域或全球性的问题,必须由测绘提供基础数据的支持。地球的形状和大小,本身的变化如地壳板块的运动、地震预测、重力场的时空变化、地球的潮汐、自转的变化等也需要观测,这些观测将对人类进一步认识地球发挥着不可缺少的作用,要实现这些观测需要测绘技术的支持。

在国家建设中,从发展规划,资源调查、开发与利用,环境保护,城市、交通、水利、能源、通信等任何建设工程,大到正负电子对撞机、核电站的建设,小到新农村的建设,建设工程的全部建设过程都需要测绘提供保障。

在信息化建设不断推进的今天,国家经济建设的各方面对测绘保障提出了越来越高的要求。要求测绘提供精确、实时的数据资料,并要求提供的地理空间信息数据和专业数据结合,来推进信息化进程。面向社会公众服务的相关公司和政府部门,也可以通过基于地理空间位置信息的指挥运作系统,来实现及时的服务和最大效率的发挥,如出租车公司的车辆管理、急救、消防的调度管理等。在物流管理中,通过地理空间信息数据和相关自动识别技术等的结合,可构建零库存和最低物流成本的现代物流管理系统。基于地理空间信息建立的各种专业信息系统,进行信息共享平台的建设,来构建数字城市和数字国家。

在国防建设和公众安全保障中,测绘提供准确、及时的定位和相关保障,其作用也在不断地发挥。现代化战争中的精确打击,需要提供高质量的测绘保障,提供实时的、足够精度的定位数据。战前作战方案的优化制定,作战过程中的战场态势评估及作战指挥,战后评估都需要在测绘获得的地理空间信息的基础上,建立作战指挥系统。人造地球卫星、航天器、远程导弹的发射等,都要随时观测、跟踪、校正飞行轨道,保证它们精确入轨飞行。在国界勘测中,通过测绘提供的国界线地理空间信息数据则是关系到国家主权和利益的国家重要数据,在国际交往和合作中发挥重要作用。在保障公众安全中,借助测绘提供的地理空间信息,可以使警力的作用得以最好的发挥。

社会公众个人出于对个人财产或监控物的动态监控,对财产定位及其必要的跟踪的需求也开始出现,并且不断增长;个人出游中也需要定位和指向。

在经济社会发展中,特别是在全世界强调人与自然和谐发展,经济社会的可持续发展的今

天,政府部门及相关机构,越来越需要及时掌握自然与社会经济要素的分布状况及其变化特征,来制定和调整相关的政策,以实现对社会经济发展的最大推动的期望。也希望在某种自然、社会危机或者风险事件出现的情况下,能够最及时地提供地理空间信息数据的支持下,迅速形成相关的决策和指挥系统,以便使全社会在防灾减灾方面,将损失降低到最小。

由此,社会政治、经济的发展,使很多的部门和社会组成的各个层面都需要测绘的支持,测绘工作也将发挥越来越重要的、不可缺少的作用。

三、测绘科学发展历史简介

在人类发展的历史长河中,人类的活动中产生了确定点的位置及其相互关系的需要。如远在公元前 1400 多年古埃及尼罗河畔的农田在每次河水泛滥后的地界恢复需要测量。公元前 3 世纪,中国人的祖先已经认识并利用天然磁石的磁性,制成了"司南"磁罗盘用于方向的确定。而在公元前 2 世纪,大禹治水就已经制造了"准绳""规矩"等测量工具,并成功地用于治水工程中。

随着人类对世界的认识视野的拓宽,测绘科学也逐步完善形成。公元前 6 世纪,古希腊的毕达哥拉斯提出地球体的概念,两百多年后,亚里士多德进行了进一步的论证,又过了一百多年,厄拉托塞测算了地球子午圈的长度,并推算了地球的半径。现代全球测绘数据显示,地球的扁率(长短半径差与长半径之比)仅约为 1/298.3,已经是比较准确的描述了。公元 8 世纪,南宫说在今河南境内进行了子午圈实地弧度测量。到 17 世纪末,牛顿和惠更斯提出了地扁说,并在 18 世纪中叶由法国科学院测量证实了地扁说,使人类对地球的认识从球体认识推进到了椭球体。19 世纪初,法国的拉普拉斯和德国的高斯都提出了地球更精确的描述,是椭球性,总体应该为梨状。1873 年利斯廷创造了大地水准面一词,以此面封闭形成的球体大地体来描述地球。1945 年,苏联的莫洛坚斯基创立了用地面重力测量数据直接研究真实地球表面形状的理论,由此,人类对地球的认识,由天圆地方的认识,经过圆形、椭球形、梨状的一个越来越准确的认识过程。

作为测绘主要成果形式的地图,在表现形式和制作方式上也发生了重大的进步。公元前 3 世纪,人类只是在一些陶片上记录一些地形的示意略图,公元前 2 世纪,中国人已经能在锦帛上绘制有比例和方位的地图,有了一定的精度。公元 2 世纪,古希腊的托勒密在《地理学指南》中已经收集、整理了当时关于地球的认识,阐述了编制地图的方法,并提出了地区曲面在地图制图中的投影的问题。中国西晋初年,裴秀编绘的《禹贡地域图》是世界最早的历史图集。他汇编的《地形方丈图》是中国全国大地图。他还以"制图六体"奠定了制图的理论基础。16 世纪,测量仪器的技术上有了一个大进步,荷兰墨卡托的《世界地图集》和中国罗洪先《广舆图》为代表,达到新的水平,已经可以利用仪器直接测绘图件,再缩绘为不同比例的图。清初康熙年间我国已经首次用仪器测绘完成全国范围的《皇舆全览图》。

1930年我国首次与德国汉莎航空公司合作,进行了航空摄影测量。1933年同济大学设立测量系开始培养专业技术人才。1954年建立了54北京坐标系,并建立了青岛水准原点,如图1-1所示。1956年建立了黄海高程系。1958年颁布了我国1∶10 000,1∶25 000,1∶50 000,1∶100 000比例尺地形图测绘基本原则(草案)。1988年1月1日,我国正式启用"1985国家高程基准",在我国陕西省泾阳县永乐镇建立了新的大地坐标原点,并用IUGG(国际大地测量与地球物理学联合会)75参考椭球,建立了我国独立的参心坐标系,称为1980西安坐标系,如图1-2所示。20世纪90年代以来,以全球卫星定位系统为主的现代空间定位技术快速发展,导致获得位置的测量技术和方法迅速变革。空间技术的迅速发展与广泛应用,迫切要求国家提供高精度、地心、动态、实用、统一的大地坐标系,作为各项社会经济活动的基础性保障。

2008年7月1日起,启用2000国家大地坐标系(简称"2000坐标系")。2000坐标系是全球地心坐标系在我国的具体体现,其原点为包括海洋和大气的整个地球的质量中心,为测绘事业国际接轨奠定了良好的基础。

图1-1　国家水准原点

图1-2　国家大地坐标原点

四、测绘科学及其分类

测绘科学就其研究的内容,是一门研究对地球整体及其表面形态、地理分布、外层空间的物体的有关信息的采集、处理、分析、描述、管理和利用的科学与技术。测量学按照研究的重点内容和应用范围来分类,包括以下多个学科:

大地测量学——研究地球的形状、大小、重力场及其变化,通过建立区域和全球的三维控制网、重力网及利用卫星测量等方法测定地球各种动态的理论和技术学科。其基本任务是建立地面控制网、重力网,精确测定控制点的空间三维位置,为地形测量提供控制基础,为各类工程建设施工测量提供依据,为研究地球形状大小、重力场及其变化、地壳变形及地震预报提供信息。

普通测量学——研究地球表面局部区域内控制测量和地形图测绘的理论和方法。局部区域是指在该区域内进行测绘时,可以不顾及地球曲率,把它当作平面处理,而不影响测图精度。

摄影测量与遥感学——研究利用摄影和遥感技术获取被测物体的信息,以确定物体的形状、大小和空间位置的理论和方法。由于获得的相片的方法不同,摄影测量又分为航空摄影测量(简称航摄)、陆地摄影测量(简称陆摄)、水下摄影测量和航空、航天遥感等,如图1-3所示。

图1-3 航摄立体像对

工程测量学——研究在工程建设和自然资源开发的规划、设计、施工、竣工验收和运营中测量的理论和方法。工程测量学包括工程控制测量、地形测绘、变形监测及建立相应的信息系统等内容。

海洋测量学——研究对海洋水体和海底进行测量与制图的理论和技术。为舰船航行安全、海洋工程建设提供保障。

地图制图学——研究各种地图的制作理论、原理、工艺技术和应用的一门科学。研究内容主要包括地图编制、地图投影学、地图整饰、印刷等。现代地图制图学向着制图自动化、电子地图制作及与计算机信息科学的结合,向建立地理信息系统方向发展。

地球空间信息学——使测绘学科的理论、技术、方法及其学科内涵不断地发生变化。当代由于空间技术、计算机技术、通信技术和地理信息技术的发展,致使测绘学的理论基础、工程技术体系、研究领域和科学目标正在适应新形势的需要而发生深刻的变化。由"3S"技术(GPS、RS、GIS)支撑的测绘科学技术在信息采集、数据处理和成果应用等方面也在进入数字化、网络化、智能化、实时化和可视化的新阶段。测绘学已经成为研究对地球和其他实体的与空间分布有关的信息进行采集、量测、分析、显示、管理和利用的一门科学技术。它的服务对象远远超出传统测绘学比较狭窄的应用领域,扩大到国民经济和国防建设中与地理空间信息有关的各个领域,成为当代兴起的一门新型学科——地球空间信息学。

五、测绘新技术的发展

近十几年来,随着空间科学技术、计算机技术和信息科学的发展,全球定位系统(GPS)、遥感(RS)和地理信息系统(GIS)、图形的显示形式等方面都发生了革命性的变化。测绘科学已从模拟走向数字化、信息化、智能化,从静态走向动态、三维走向四维,地形图从单一的平面图纸走向动态的 3D 显示(如图 1-4 所示),使之更加直观,从仅向专业部门和单位服务,拓展到逐步向公众服务。测绘成果的价值更加显现,测绘工作效率革命性的提高,使测绘为公众服务成为可能。

说明
本图是利用数字地形图生成DEM,并与美国陆地卫星Landsat-TM(RGB:543)叠加,通过三维变换而成,影像空间分辨率为30米。
制图单位:福州大学地球信息科学与技术研究所
制图时间:2000年5月20日

图 1-4 某地三维景观图

全球卫星定位系统 GPS 的英文全称是 Navigation Satellite Timing And Ranging Global Position System,简称 GPS,也被称作 NAVSTAR GPS。其意为"导航星测时与测距全球定位系统",或简称全球定位系统,如图 1-5 所示。全球定位系统(GPS)是以卫星为基础的无线电导航定位系统,具有全能性(陆地、海洋、航空和航天)、全球性、全天候、连续性和实时性的导航、定位和定时的功能。能为各类用户提供精密的三维坐标、速度和时间。GPS 是 20 世纪 70 年代美国军方组织开发的原主要用于军事的导航和定位系统。80 年代初开始用于大地测量。基本原理是电磁波数码测距定位。即利用分布在 6 个轨道上的 24 颗 GPS 卫星,将其在参照系中的位置及时间数据电文向地球播报,地面接收机如果能同时接收四颗卫星的数据,就可以解算出地面接收机的三维位置和接收机与卫星时差四个未知数。由于其作业不受气候影响,而且解决了传统测量一些困难和问题,被广泛地用于测量工作中。根据其定位误差的特点,利用现代通信技术,已经在技术上有了很多的突破而被广泛应用。

广义的 GPS,包括美国 GPS、欧洲伽利略、俄罗斯 GLONASS、中国北斗等全球卫星定位系统,也称全球导航卫星系统 GNSS——(global navigation satellite system)。

图 1-5　全球卫星定位系统

遥感(RS)就是在一定的平台上,利用电磁波对观察对象的信息进行非接触的感知、采集、分析、识别、揭示其几何空间位置形状、物理性质的特征及相互联系,并用定期的遥感获得所采集的信息的变化规律。由于遥感设备都采用飞机、卫星等高速运转的运载工具,在高空进行,视场大,可在大范围观察采集信息,效率非常的高,可以说为全面和及时动态的观察地球提供了技术手段。近年来由于技术的进步,遥感的分辨率不断提高,民用的遥感图片几何分辨率已经达到米级和分米级,因此应用范围在不断地推广,如图 1-6 和图 1-7 所示。

图 1-6 北京奥体中心遥感图

图 1-7 某农村地区遥感图

地理信息系统(GIS)是在计算机技术支持下,把采集的各种地理空间信息按照空间分布及属性,进行输入、存储、检索、更新、显示、制图,并和其他相关专业的专家系统、咨询系统相结合而形成的综合应用技术系统。通过 GIS 系统,利用互联网可将采集的地理信息数据实现共享,从政府、各种社会经济组织,乃至个人对地理信息的需求提供服务,从而使采集的地理信息数据最大限度地发挥作用。

3S 技术集成(如图 1-8 所示),利用 GPS 实时高精度定位,RS 大面积进行遥感,进行处理后生产并提供地理空间信息服务产品，用 GIS 构建地理空间信息服务规范体系，利用 3S 技术集成，利用互联网全面提供地理空间信息服务，推进在信息化建设进程中地理空间信息基础数据平台的建设。作为支撑信息化的支柱之一，3S 技术集成是当前国内外的发展趋势，将使测绘工作中，从地理空间信息数据采集到提供服务的整个流程都发生革命性的进步，使全球性大面积、从静态到动态、快速高效的地理空间信息数据采集、处理、分发和服务得以实现。同时也将使测绘在社会经济发展中的地位和作用得到空前的提升，并向地球空间信息科学跨越和融合。

图 1-8　3S 技术集成

六、本课程的地位与作用

在研究全球性测绘的同时，在所有的建设工程中，依然需要工程测量给予保障服务。在所有的工程建设中，从勘测、规划和设计各个阶段，需要工程及相关区域的高精度、大比例的地形信息，也就是需要大比例尺地形图，供工程规划、选址和设计使用。在城市建设中，也需要提供建设工程区域的大比例尺地形图（1∶500 及更大比例尺的地形图），如图 1-9 所示，以满足建设区域的详细规划和工程规划设计等工作的需要。由于城乡建设的不断发展，地物地貌不断地发生新的变化，为确保提供现势性最好的地形图来保证使用的效果，必须不断地及时地对地形图进行修测和补测，在必要的情况下，根据变化情况，需要定期地进行地形图的全面更新。这些测绘的大比例尺地形图，也可以作为缩绘比例尺更小地形图的数据源。由此就形成了一门研究如何把建设区域内的地貌和各种物体的几何形状及空间位置，按照国家统一的地形图图式符号和比例尺，运用测量学的理论、方法和工具测绘成地形图的理论、技术和方法的地形测量学。在地形测量学中，包含了大量的测绘基本概念、基本原理和方法，因此本课程主要学习大比例尺地形图测绘的常规方法，从中掌握测绘基本原理和方法，为后续课程的学习打下坚实的基础。

图1-9 某城区居民地1∶500地形图样图

项目 2　测量学基本知识

一、地球形状与坐标系建立

（一）地球的形状和大小

地球是一个南北稍扁、赤道稍长、平均半径约为 6 371 km 的椭球体。测量工作是在地球表面进行的，而地球的自然表面有高山、丘陵、平原、盆地、湖泊、河流和海洋等高低起伏的形态，其中海洋面积约占 71%，陆地面积约占 29%。下面先介绍重力、铅垂线、水准面、大地水准面、参考椭球面的概念及关系。

如图 1-10 所示，由于地球的自转，其表面的质点 P 除受万有引力的作用外，还受到离心力的影响。P 点所受的万有引力与离心力的合力称为重力，重力的方向称为铅垂线方向。测量工作取得重力方向的一般方法是，用细线悬挂一个垂球 G，细线即为悬挂点 O 的重力方向，通常称它为垂线或铅垂线方向。

假想静止不动的水面延伸穿过陆地，包围整个地球，形成一个封闭曲面，这个封闭曲面称为水准面。水准面是受地球重力影响形成的，是重力等位面，物体沿该面运动时，重力不做功（如水在这个面上不会流动），其特点是曲面上任意一点的铅垂线垂直于该点的曲面。根据这个特点，水准面也可定义为：处处与铅垂线垂直的连续封闭曲面。由于水准面的高度可变，因此，符合该定义的水准面有无数个，其中与平均海水面相吻合的水准面称为大地水准面，大地水准面是唯一的。大地水准面围成的空间形体称为大地体，它可以近似地代表地球的形状。

图 1-10　地球的自然表面、大地水准面、参考椭球面

由于地球内部质量分布不均匀和地球的自转和公转,使得重力受其影响,致使大地水准面成为一个不规则的、复杂的曲面,因此大地体成为一个无法用数学公式描述的物理体。如果将地球表面上的点位投影到大地水准面上,由于它不是数学体面,在计算上是无法实现的。经过长期测量实践数据表明,大地体很近似于一个以赤道半径为长半轴,以地轴为短轴的椭圆,并用短轴为旋转轴,旋转形成的椭球,所以测绘工作取大小与大地体很接近的旋转椭球作为地球的参考形状和大小,如图1-11所示。旋转椭球又称为参考椭球,其表面称为参考椭球面。

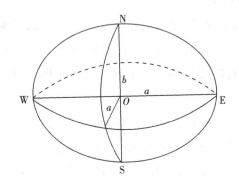

图 1-11 地球椭球体

我国目前采用的旋转椭球体的参数值为

长半径　　$a=6\ 378\ 137$ m

短半径　　$b=6\ 356\ 752$ m

扁率　　　$\alpha=(a-b)/a=1/298.257$

由于旋转椭球的扁率很小,在测区面积不大,可以近似地把地球当作圆球,其平均半径 R 可按下式计算:

$$R = \frac{1}{3}(2a+b) \tag{1-1}$$

在测量精度要求不高时,其平均半径 R 近似值取 6 371 km。

若对参考椭球面的数学式加入地球重力异常变化参数的改正,便可得到大地水准面的较为近似的数学式。这样从严格意义上讲,测绘工作是取参考椭球面为测量的基准面,但在实际工作中仍取的是大地水准面作为测量工作的基准面。当对测量成果的要求不十分严格时,则不必改正到参考椭球面上。另一方面,实际工作中又十分容易地得到水准面和铅垂线,所以用大地水准面作为测量的基准面便大为简化了操作和计算工作。因而水准面和铅垂线便成为实际测绘工作的基准面和基准线。

(二)测量坐标系统与地面点位的确定

测量工作的基本任务是确定地面点的空间位置,需要用三个量来确定。在测量工作中,这三个量通常用该点在基准面(参考椭球面)上的投影位置和该点沿投影方向到基准面(一般实用上是用大地水准面)的距离来表示。测量工作中,通常用下面几种坐标系来确定地面点位。

1. 地理坐标系

按坐标系所依据的基本线和基本面不同以及求坐标的方法不同,地理坐标系又分为天文地理坐标系和大地地理坐标系。

如图1-12所示,N,S分别是地球的北极和南极,NS称为自转轴。包含自转轴的平面称为子午面。子午面与地球表面的交线称为子午线。通过格林尼治天文台的子午面称为首子午面。通过地心垂直于地球自转轴的平面称为赤道面,赤道面与椭球面的交线称为赤道。

如图1-12所示,以通过地面点位的法线为依据,以地球椭球面为基准面的球面坐标系称为大地地理坐标系,地面点的大地地理坐标用大地经度L和大地纬度B来表示。某点P'的大地经度为过P'点的子午面与首子午面的夹角L;某点P'的大地纬度为通过P'点的法线与赤道平面的夹角B。大地经、纬度是根据起始大地点(又称大地原点,该点的大地经纬度与天文经纬度一致)的大地坐标,按大地测量所得的数据推算而得的。我国于20世纪50年代和80年代分别建立了1954年北京坐标系(简称"54坐标系")和1980西安坐标系(简称"80坐标系")。限于当时的技术条件,我国大地坐标系基本上是依赖于传统技术手段实现的。54坐标系采用的是克拉索夫斯基椭球体,该椭球在计算和定位的过程中,没有采用中国的数据,该系统在我国范围内符合得不好,不能满足高精度定位以及地球科学、空间科学和战略武器发展的需要。20世纪80年代,我国大地测量工作者经过二十多年的艰巨努力,完成了全国一、二等天文大地网的布测。经过整体平差,采用1975年IUGG(国际大地测量和地球物理学联合会)第十六届大会推荐的参考椭球参数,建立了我国80坐标系。54坐标系和80坐标系在我国经济建设、国防建设和科学研究中发挥了巨大作用。但其成果受技术条件制约,精度偏低,无法满足现代技术发展的要求。经国务院批准,根据《中华人民共和国测绘法》,我国自2008年7月1日起启用2000国家大地坐标系(简称"2000坐标系")。2000坐标系是全球地心坐标系在我国的具体体现,其原点为包括海洋和大气的整个地球的质量中心。2000坐标系采用的地球椭球参数如下:

长半轴 $\quad a = 6\ 378\ 137$ m

扁率 $\quad f = 1/298.257\ 222\ 101$

地心引力常数 $\quad GM = 3.986\ 004\ 418 \times 10^{14}\ \mathrm{m^3 \cdot s^{-2}}$

自转角速度 $\quad \omega = 7.292\ 115 \times 10^{-5}$ rad/s

如图1-13所示,以通过地面点位的铅垂线线为依据,以大地水准面为基准面的球面坐标系称天文地理坐标系。地面点的天文地理坐标用天文经度λ和天文纬度φ来表示。某点P的天文经度为过P点的子午面与首子午面的夹角λ;某点P的纬度为通过P点的铅垂线与赤道平面的夹角φ。

图 1-12　大地地理坐标系　　　　图 1-13　天文地理坐标系

大地坐标和天文坐标,自首子午线起,向东 0°~180°称东经,向西 0°~180°称西经。自赤道起,向北 0°~90°称北纬,向南 0°~90°称南纬。例如北京的某点的大地地理坐标为东经 L=116°28′,北纬 B=39°54′。

2. 高斯平面直角坐标系

1) 高斯投影的概念

当测区范围较小,把地球表面的一部分当作平面看待时,所测得地面点的位置或一系列点所构成的图形,可直接用相似而缩小的方法描绘到平面上去。如果测区范围较大,就不能把地球很大一块地表面当作平面看待,必须采用适当的投影方法来解决这个问题。我国采用的是高斯投影法,并由高斯投影来建立平面直角坐标系。高斯投影又称横轴椭圆柱等角投影,它是德国数学家高斯于 1825—1830 年首先提出的,实际上,直到 1912 年,由德国的另一位测量学家克吕格推导出实用的坐标投影公式后,这种投影才得到推广,所以,该投影又称为高斯-克吕格投影。如图 1-14 所示,假想有一个椭圆柱面横套在地球椭球体外面,并与某一条子午线(此子午线称为中央子午线或轴子午线)相切,椭圆柱的中心轴通过椭球体中心,然后用一定投影方法,将中央子午线两侧各一定经差范围内的地区投影到椭圆柱面上,再将此柱面展开即成为投影面,如图 1-15 所示,此投影为高斯投影,也是正形投影的一种。

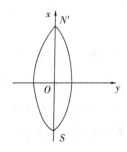

图 1-14　横轴椭圆柱等角投影　　　　图 1-15　高斯投影

高斯投影具有如下几个特性:

(1)角度无变形,图形保持相似。

(2)投影后,中央子午线为一直线,且长度保持不变;赤道投影后与中央子午线相垂直,且长度变化。

(3)除中央子午线外,其余经线和纬线投影后均为曲线,存在长度变形,曲线对称地凹向中央子午线,而且离中央子午线越远,投影后弯曲程度越大,长度变形也越大。

2)投影带的划分

由高斯投影和特性知,除中央子午线外,其他各点都存在长度变形,且离中央子午线越远,其长度变形也越大。为了控制长度的变形,使投影误差不致影响测图的精度,将地球椭球面按一定的经度差分成若干个范围不大的瓜瓣形地带,称为投影带。确定投影带宽度的工作叫作投影分带。投影带的宽度是以相邻两子午面间的经度来划分的,一般以经差 6°或 3°来划分投影带,简称 6°带和 3°带。每一个投影范围称为一个投影带。

(1)高斯投影 6°分带。

如图 1-16 所示,投影带是从首子午线起,每隔经度 6°划分一带,称为 6°带,将整个地球划分成 60 个带。带号从首子午线起自西向东编,0°~6°为第 1 号带,6°~12°为第 2 号带,……。位于各带中央的子午线,称为中央子午线,第 1 号带中央子午线的经度为 3°,任意号带中央子午线的经度 λ_0,可按式(1-2)计算

$$\lambda_0 = 6N - 3 \tag{1-2}$$

式中,N——6°带的带号。

我国 6°带中央子午线的经度,由东经 75°起,每隔 6°至 135°,共计 11 带即从 13 带到 23 带。

图 1-16 高斯投影 6°分带

(2)高斯投影 3°分带。

当要求投影变形更小时,可采用 3°带投影或 1.5°带投影法。也可采用任意分带法。

如图 1-17 所示,3°带是从经度为 1.5°的子午线起,以经差每 3°划分一带,自西向东,将全球分为 120 个投影带,并依次以 1、2、3、…、120 标记带号,以 N_3 表示,我国 3°带共计 22 带(24～45 带)。各投影带的中央子午线经度以 L_3 表示。中央子午线经度 L_3 与其带号 N_3 有下列关系:

$$L_3 = N_3 \times 3° \tag{1-3}$$

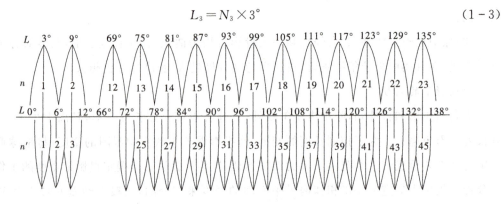

图 1-17 高斯平面直角坐标系 6°带投影与 3°带投影的关系

3)高斯平面直角坐标系

如图 1-18(a)所示,在投影面上,中央子午线和赤道的投影都是直线,并且以中央子午线和赤道的交点 O 作为坐标原点,以中央子午线的投影为纵坐标 x 轴,向北为正,以赤道的投影为横坐标 y 轴,向东为正,四个象限按顺时针顺序Ⅰ、Ⅱ、Ⅲ、Ⅳ排列。我国地理位置在北半球,x 坐标都是正的,y 坐标则有正有负,为了避免 y 坐标出现负值,规定将 x 坐标轴向西平移 500 km,即所有点的 y 坐标均加上 500 km,如图 1-18(b)所示。此外,由于每个投影带都有这样一个坐标相同的点,为说明点所在的投影带,在 y 坐标前再冠之以投影带的带号,这种在 y 坐标值上加了 500 km 和带号后的横坐标称为通用坐标,亦即国家统一坐标。例如,有一点通用坐标 $y=19\ 123\ 456.789$ m,该点位在 19 带内,其相对于中央子午线而言的横坐标则是首先去掉带号,再减去 500 000 m,最后得自然坐标 $y=-376\ 543.211$ m。

(a)高斯平面直角坐标   (b)坐标原点西移后的高斯平面直角坐标

图 1-18 高斯平面直角坐标

例 1-1 某点在中央子午线的经度为 117°的 6°投影带内,且位于中央子午线以西 1 006.45 m,求该点横坐标的自然值和通用值。

解:(1)该 6°带的中央子午线的经度为 117°,则该带的带号为

$$N=(117+3)\div 6=20 \text{ 带}$$

(2)该点位于中央子午线以西 1 006.45 m,因此该点横坐标的自然值为 -1 006.45 m。

(3)依据通用值=[带号]+500 km+自然值,该点的横坐标通用值为 20 498 993.55。

例 1-2 已知某点的坐标为(3 325 748.046,37 534 831.002),求:该点位于几度投影带?投影带的带号及中央子午线的经度为多少? 横坐标的自然值为多少?

解:(1)因为横坐标的带号为 37,所以是 3°投影带。

依据 $L_3=N_3\times 3°$ 可知:中央子午线的经度为 $L_3=3°\times 37=111°$

(2)横坐标的自然值=534 831.002-500 000=34 831.002。

3.独立平面直角坐标系

在小范围内(一般半径不大于 10 km),把局部地球表面上的点,以正射投影的原理投影到水平面上,在水平面上假定一个直角坐标系,用直角坐标描述点的平面位置。

独立平面直角坐标的建立方法,一般是在测区中选一点为坐标原原点,以通过原点的真南北方向(子午线方向)为纵坐标 x 轴方向,以通过原点的东西方向(垂直于子午线方向)为横坐标 y 轴方向。为了便于直接引用数学中的有关公式,以右上角为第Ⅰ象限,顺时针排列依次为Ⅱ、Ⅲ、Ⅳ象限。为了避免测区内出现负坐标值,坐标原点选在测区的西南角。直角坐标系建立以后,地面上各点的位置都可以用坐标(x,y)表示,即地面点可用坐标反映在图纸上,图上的点也可用坐标准确地反映在地面上。独立平面坐标施测完毕以后,尽量与国家坐标系联测,以便测量成果通用。

(三)高程系统

1.高程

测量工作中,为了确定地面点的空间位置,除了要知道它的平面位置外,还要确定它的高程。地面点到大地水准面的铅垂距离为该点的绝对高程,简称高程(或海拔),用 H 表示,如图 1-19 所示。地面点 A、B 点的绝对高程分别为 H_A、H_B。海水受潮汐和风浪的影响是个动态曲面,我国在青岛设立验潮站,长期观测和记录黄海海水面的高低变化,取其平均值作为大地水准面的位置(其高程为零)和我国计算高程的基准面,并在青岛观象山上建立了水准原点。目前我国采用的"1985 国家高程基准",青岛水准原点高程为 72.26 m,全国各地的高程都以它为基准进行测算。

当个别地区采用绝对高程有困难时,可采用假定高程系统,即以任意水准面作为起算高程的基准面,地面点到任一水准面的铅垂距离为该点的相对高程或假定高程,如图 1-19 中的

$H_A{'}$、$H_B{'}$。

图 1-19 高程和高差

2. 高差

地面上两点间的高程之差为高差,用 h 表示。高差有方向而且有正负之分,如图 1-19 所示,A、B 两点的高差为

$$h_{AB} = H_B - H_A = H_B{'} - H_A{'} \qquad (1-4)$$

由此可见,两点间的高差与高程起算面无关。当 h_{AB} 为正时,B 点高于 A 点;当 h_{AB} 为负时,B 点低于 A 点。B、A 两点的高差为

$$h_{BA} = H_A - H_B = H_A{'} - H_B{'}$$

由此可见,A、B 两点的高差与 B、A 两点的高差绝对值相等,符号相反,即 $h_{AB} = -h_{BA}$。

▶项目 3　测量工作基本内容和原则

一、测量工作的基本内容

地球表面高低起伏,其外形是相当复杂的。测绘工作的基本任务是用测绘技术手段确定地面点的位置,即地面点定位。地面点定位过程有测绘和测设两个方面。测绘是利用测量手段测定地面点的空间位置,并以图形、数据等信息表示出来的过程;测设是利用测量手段把设计拟定的点位标定到地面上的过程。实际测量工作中,一般不能直接测出地面点的坐标和高程。通常是求得待定点与已测出坐标和高程的已知点之间的几何位置关系,然后再推算出待定点的坐标和高程。

如图 1-20 所示，在 △MNP 中，假设 M、N 点坐标已知，P 点为待定点，通过测量 M、N 的水平角 a 和边长 D 即可算出 P 点的位置。

如图 1-21 所示，A 点的高程已知，B 点为待定点，欲求 B 点的高程，需要测量出 A、B 点间高差 h_{AB}。

图 1-20 地面点平面位置定位元素

图 1-21 地面点高程定位元素

由此可见，传统测量工作的基本内容是角度测量、距离测量和高差测量。角度、距离和高差是确定地面点相对关系的基本元素，也是测量的基本观测量。现代测量技术发展水平很快，空间定位技术只需要卫星和地面接收机就能进行地面定位。

二、测量工作的基本原则

地表形态和地面物体的形状是由许多特征点决定的。在进行地形测量时，就需要测定（或测设）许多特征点（也称碎部点）的平面位置和高程，再绘制成图。如果从一个特征点开始逐点进行测量，虽然可得到待测各点的位置坐标，但由于测量工作中存在不可避免的误差，会导致前一点的测量误差传递到下一点，使误差积累起来，最后可能使点位误差达到不可容许的程度。因此，测量工作必须按照一定的原则进行，在实际测量工作中，应遵循以下三个原则。

（一）整体原则

整体原则即"从整体到局部"的原则。任何测绘工作都必须先总体布置，然后分期、分区、分项实施，任何局部的测量过程必须服从全局的定位要求。

（二）控制原则

控制原则即"先控制后碎部"的原则。先在测区内选择一些有控制意义的点（称为控制点），把它们的平面位置和高程精确地测定出来，然后再根据这些控制点，测定出附近碎部点的位置。这种测量方法可以减少误差积累，而且可以同时在几个控制点上进行测量，加快工作进度。

（三）检核原则

检核原则即"步步检核"的原则。测量工作必须重视检核，防止发生错误，避免错误的结果对后续测量工作的影响。

项目 4　地球曲率对观测量的影响

水准面是一个曲面,实际测量工作中,当测区范围较小时,可以把水准面看作水平面,以简化测量计算的复杂程度。理解用水平面代替水准面对距离、角度和高差产生的影响,有利于在实际工作中正确应用此方法。

一、对距离的影响

如图 1-22 所示,地面上 A、B 两点在大地水准面上的投影点是 a、b,用过 a 点的水平面代替大地水准面,则 B 点在水平面上的投影为 b'。

设 ab 的弧长为 D,ab' 的长度为 D',球面半径为 R,D 所对圆心角为 θ,则以水平长度 D' 代替弧长 D 所产生的误差 ΔD 为

$$\Delta D = D' - D = R\tan\theta - R\theta = R(\tan\theta - \theta)$$

将 $\tan\theta$ 用级数展开为

$$\tan\theta = \theta + \frac{1}{3}\theta^3 + \frac{5}{12}\theta^5 + \cdots$$

因为 θ 角很小,所以只取前两项代入上式得

$$\Delta D = R(\theta + \frac{1}{3}\theta^3 - \theta) = \frac{1}{3}R\theta^3$$

又因 $\theta = \frac{D}{R}$,则

$$\Delta D = \frac{D^3}{3R^2}$$

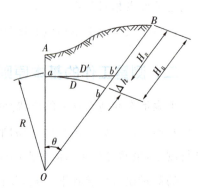

图 1-22　用水平面代替水准面对距离和高程的影响

$$\frac{\Delta D}{D} = \frac{D^2}{3R^2} \tag{1-5}$$

取地球半径 $R = 6\ 371$ km,并以不同的距离 D 值代入式(1-5),则可求出距离相对误差 $\Delta D/D$,如表 1-1 所示。

表 1-1　水平面代替水准面的距离误差和相对误差

距离 D/km	距离误差 ΔD/mm	相对误差 $\Delta D/D$
10	8	1∶1 220 000
20	128	1∶200 000
50	1 026	1∶49 000
100	8 212	1∶12 000

结论：在半径为 10 km 的范围内进行距离测量时，可以用水平面代替水准面，并且不必考虑地球曲率对距离的影响。

二、对水平角的影响

从球面三角学可知，同一空间多边形在球面上投影的各内角和比在平面上投影的各内角和大一个球面角超值 ε。

$$\varepsilon = \rho \frac{P}{R^2} \tag{1-6}$$

式中，ε——球面角超值，″；

P——球面多边形的面积，km²；

R——地球曲率半径，km；

ρ——1 弧度的秒值，$\rho = 206\,265″$。

以不同的面积 P 代入式(1-6)，可求出球面角超值，如表 1-2 所示。

表 1-2　水平面代替水准面的水平角误差

球面多边形面积 P/km^2	球面角超值 ε/(″)
10	0.05
50	0.25
100	0.51
300	1.52

结论：在面积 P 小于 100 km² 的范围内进行水平角测量时，可以用水平面代替水准面，而不必考虑地球曲率对水平角的影响。

三、对高程的影响

如图 1-22 所示，地面点 B 的绝对高程为 H_B，用水平面代替水准面后，B 点的高程为 $H_B{}'$，H_B 与 $H_B{}'$ 的差值，即为水平面代替水准面产生的高程误差，用 Δh 表示，则

$$(R + \Delta h)^2 = R^2 + D'^2$$

$$\Delta h = \frac{D'^2}{2R + \Delta h}$$

上式中，可以用 D 代替 D'，Δh 相对于 $2R$ 很小，可略去不计，则

$$\Delta h = \frac{D^2}{2R} \tag{1-7}$$

以不同的距离 D 值代入式(1-7)，可求出相应的高程误差 Δh，如表 1-3 所示。

表 1-3　水平面代替水准面的高程误差

距离 D/km	0.1	0.2	0.3	0.4	0.5	1	2	5	10
Δh/mm	0.8	3	7	13	20	78	314	1 962	7 848

结论:用水平面代替水准面,对高程的影响是很大的,因此,在进行高程测量时,即使距离很短,也应顾及地球曲率对高程的影响。

▶项目 5　测量常用计量单位与换算

自 1959 年起,我国规定计量制度统一采用国际单位制。计量制度的改变,需要一定的适应过程,所以在一定时期内,许可使用我国原有惯用的计量单位,叫作市制,并规定了市制与国际单位制之间的关系。

1. 长度单位

国际单位制(SI)中,常用的长度单位的名称和符号如下:

基本单位为米(m),除此之外还有千米(km)、分米(dm)、厘米(cm)、毫米(mm)、微米(μm)、纳米(nm),其关系如下:

1 m(米) = 10 dm(分米) = 100 cm(厘米) = 1 000 mm(毫米) = 10^6 μm(微米) = 10^9 nm(纳米)

1 km(千米) = 1 000 m(米)

长度的市制单位有:里、丈、尺、寸,其相互关系如下:

1 里 = 150 丈 = 1 500 尺 = 15 000 寸

1 m = 3 尺

由于我国规定此长度的市制单位用到 1990 年为止,因此,目前长度的市制单位不再使用。

2. 面积单位

面积单位是 m^2,大面积则用公顷或 km^2 表示,在农业上常用市亩作为面积单位。

1 公顷 = 1×10^4 m^2 = 15 市亩,1 km^2 = 100 公顷 = 1 500 市亩,1 市亩 = 666.67 m^2

3. 体积单位

体积单位为 m^3,在工程上简称"立方"或"方"。

4. 角度单位

测量上常用的角度单位有度分秒制、弧度制和梯度制三种。

(1)度分秒制:1 圆周角 = 360°,1° = 60′,1′ = 60″。

(2)弧度制:等于半径长的圆弧所对的圆心角叫作1弧度的角,用ρ(206 265″)表示。

(3)梯度制:1圆周角等于400 gon。

思考题和习题

(1)测量学研究的对象是什么,有哪些任务?

(2)简述测绘学科的分支。

(3)何谓铅垂线?何谓大地水准面?它们在测量中的作用是什么?

(4)如何确定点的位置?

(5)用水平面代替水准面对水平距离、水平角和高程分别有何影响?

(6)何谓绝对高程?何谓相对高程?何谓高差?两点之间的绝对高程之差与相对高程之差是否相等?

(7)传统测量工作的基本内容是什么?

(8)测量工作的基本原则是什么?

(9)已知 $H_A=456.982$ m,$H_B=178.325$ m,求 h_{AB}。

(10)设有 500 m 长、300 m 宽的矩形场地,其面积有多少公顷?

(11)某点的经度为 116°23″,试计算其所在的 6°带和 3°带中的中央子午线的经度是多少?

(12)已知我国某点 P 的高斯平面直角坐标为 $x_P=2\,050\,442.5$ m,$y_P=18\,523\,775.2$ m,则该点采用几度投影?该点位于第几带内?该点在中央子午线的东侧还是西侧?

(13)实际测量工作中依据的基准面和基准线分别是什么?

模块二　高程控制测量

▶项目 1　高程控制测量概述

一、概述

在测量工作中,要确定地面点的空间位置(x,y,H),经常需要确定地面点的高程。我们把确定地面点高程的测量工作称为"高程测量",高程测量是确定地面点位需要做的三个基本测量工作之一。根据测量高程所用仪器和测量原理的不同,高程测量的方法主要有几何水准测量(简称水准测量)、三角高程测量、气压高程测量、GPS高程测量和流体静力水准测量,另外激光卫星测高程的应用也在不断推广。其中几何水准测量的精度最高,使用也最为广泛,是精密高程测量的基本方法。

水准测量按其精度要求不同可分为国家一、二、三、四等水准测量和普通水准测量(也称等外水准测量或图根水准测量)。国家一等水准测量是高程测量中精度最高的,它所建立的高程控制网是国家高程控制网的骨干,同时也是地球形状研究、地壳垂直运动研究及有关科学研究的主要依据。国家二等水准测量的精度低于国家一等水准测量的精度,它是在一等高程控制网下进行的水准测量,并布设二等高程控制网,它是国家高程控制网的基础。国家三、四等水准测量是在高一级的高程控制网的基础上进行的水准测量,其精度依次降低,它主要用于地形测图、工程测量或施工放样的高程控制,如高速公路、水利大坝的高程控制测量。普通水准测量的精度低于国家等级的水准测量精度,因此,也称为等外水准测量,主要用于测定图根点的高程和工程施工中的高程测量,如一般的建筑工程大多采用普通水准测量测定高程。

水准测量主要是通过测定两点间高差来计算高程,一般在地形相对平坦的地区使用此方法,在地形起伏特别大的地区,水准测量将受到一定限制。

高程测量首先需要在测区内设立一些高程控制点,并精确测出它们的高程,然后根据这些高程控制点,测量附近其他点的高程。这些高程控制点为水准点,工程上常用 BM 来标记,水准点一般用混凝土标石制成,顶部嵌有金属或瓷质的标志(图 2-1),注明等级和测绘单位。标石应埋在地下,埋设地点应选在地质稳定、便于使用和便于保存的地方。在城镇居民区,也可以采用把金属标志嵌在墙上的"墙脚水准点",临时性的水准点则可用更简便的方法来设立。

图 2-1 水准点标志

二、水准测量基本原理

水准测量的基本原理是利用水准仪提供的水平视线观测立在两点上的水准尺以测定两点间的高差,再根据已知点的高程计算待定点的高程。如图 2-2 所示,在地面上有 A、B 两点,设已知 A 点的高程为 H_A。为求 B 点的高程 H_B,在 AB 之间安置水准仪,A、B 两点上各竖立一把水准尺,通过水准仪的望远镜读取水平视线分别在 A、B 两点水准尺上的读数 a 和 b,可求出 A 点至 B 点的高差为

$$h_{AB} = a - b \tag{2-1}$$

图 2-2 水准测量原理

水准测量是沿 AB 方向前进,则 A 点为后视点,其竖立的标尺为后视标尺,读数值 a 为后视读数;B 点称为前视点,其竖立的标尺为前视标尺,读数值 b 为前视读数;两点间的高差等于后视读数减去前视读数。高差有正负之分,当 B 点高程比 A 点高时,前视读数 b 比后视读数 a 要小,高差为正;当 B 点比 A 点低时,前视读数 b 比后视读数 a 要大,高差为负。因此,水准测量的高差 h 根据正负要冠以"+""-"号。

如果 A、B 两点相距不远,且高差不大,则安置一次水准仪,就可以测得 h_{AB},此时 B 点高程的计算公式为

$$H_B = H_A + h_{AB} \qquad (2-2)$$

$$H_B = H_A + a - b = (H_A + a) - b \qquad (2-3)$$

式中，(H_A+a) 称为视线高，视线高通常用 H_i 表示。则有

$$H_B = H_i - b \qquad (2-4)$$

在断面水准测量工作中经常用到式(2-4)。

三、连续水准测量

如图 2-3 所示，在测量工作中，当 A、B 两点相距较远或者高差较大，安置一次水准仪不可能测得其间的高差时，必须在两点间分段连续安置水准仪和竖立标尺，连续测定两标尺点间的高差，最后取其代数和，求得 A、B 两点间的高差。

图 2-3 连续水准测量

$$\left.\begin{array}{l} h_1 = a_1 - b_1 \\ h_2 = a_2 - b_2 \\ \vdots \\ h_n = a_n - b_n \end{array}\right\}$$

将以上各段高差相加，则得 A、B 两点间的高差 h_{AB} 为

$$h_{AB} = h_1 + h_2 + \cdots + h_n = \sum_1^n h_i \qquad (2-5)$$

$$\begin{aligned} \text{或 } h_{AB} &= (a_1 - b_1) + (a_2 - b_2) + \cdots + (a_n - b_n) \\ &= (a_1 + a_2 + \cdots + a_n) - (b_1 + b_2 + \cdots + b_n) \\ &= \sum_1^n a_i - \sum_1^n b_i \end{aligned} \qquad (2-6)$$

由公式(2-5)和公式(2-6)可知：相距较长距离的 A、B 两点(或高差较大的两点)，其高差等于两点间各段高差之和，也等于所有后视尺读数之和减去所有前视尺读数之和。在实际测量作业中，两种方法计算起到相互检核的作用。

如果 A 点高程已知为 H_A,则 B 点高程 H_B 为

$$H_B = H_A + h_{AB} = H_A + \sum_1^n h_i \qquad (2-7)$$

在测量过程中,高程已知的水准点为已知点,高程未知的水准点称为待定点。架设一次仪器的点为测站,自身高程不需要测定,只是用于传递高程的立尺点称为转点。由若干个连续测站完成高差测定的两个水准点之间的测量段称为一个测段。

四、水准测量的仪器和工具

在地形测量中,水准测量常用的仪器和工具有 DS_3 水准仪、水准尺和尺垫等。水准仪按其精度可分为 DS_{05}、DS_1、DS_3 和 DS_{10} 四个等级,DS_{10} 水准仪已很少见。字母 D 和 S 分别为大地测量和水准仪汉语拼音的第一个字母,其后面的数字代表仪器的测量精度。地形测量广泛使用 DS_3 水准仪,DS_3 水准仪的角码 3 是指该型号水准仪每公里往返测量高差中数的偶然中误差小于 3 mm。

(一) DS_3 型水准仪的构造和性能

DS_3 型水准仪主要由照准部、基座和三脚架三部分组成,基本结构如图 2-4 所示。

图 2-4 DS_3 水准仪基本结构

1. 望远镜

望远镜是构成水平视线、瞄准目标并对水准尺进行读数的主要部件,它由物镜、调焦透镜、十字丝分划板、目镜等组成。在光学水准仪中多采用内对光式的倒像望远镜(某些仪器为正像,如大部分自动安平水准仪),通过转动调焦螺旋,不同距离的目标清晰地成像在十字丝分划板上。十字丝是刻在玻璃板上相互垂直的两条直线,横线称为横丝(中丝)、竖线称为纵丝(竖丝),上下两条短细线(上丝和下丝)称为视距丝,用于距离测量(图 2-5)。物镜光心

与十字丝交点的连线,称为望远镜的视准轴。目镜对光螺旋用于调节目镜对光,可使十字丝分划线成像清晰。

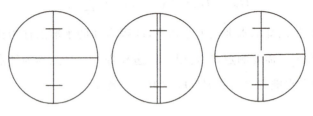

图 2-5 十字丝分划板

2. 水准器

水准器是用来判断望远镜的视准轴是否水平及仪器竖轴是否竖直的装置,有管水准器和圆水准器两种。

1) 管水准器

管水准器又称水准管,它是一个两端封闭的玻璃管,内壁为具有一定半径的圆弧,管内装有液体,有一气泡(图 2-6)。圆弧半径愈大,整平精度愈高。DS_3 型水准仪水准管分划值一般为 $20''$。水准管用于水准仪的精确整平。水准管壁的两端各刻有数条间隔为 2 mm 的分划线,用来判断气泡的位置。水准管上 2 mm 间隔的弧长所对的圆心角即为水准管分划值,一般用 τ 表示,其具体计算公式为

$$\tau = \frac{2}{R}\rho \qquad (2-8)$$

式中, τ ——水准管分划值,$''$;

R ——水准管圆弧半径,mm;

ρ ——弧度的秒值,$\rho = 206\ 265''$。

图 2-6 管水准器

分划值大,则气泡灵敏度低;分划值小,则气泡灵敏度高。气泡灵敏度愈高,气泡愈不稳定,气泡居中所用的时间愈长,故水准器的灵敏度应与仪器性能相适应。

分划线的对称中点即为水准管圆弧的中点(又称水准管零点),过零点与水准管圆弧相切的直线为水准管轴。当气泡中点与水准管零点重合时,水准管轴处于水平位置。

为提高水准管气泡居中的精度,目前 DS_3 水准仪在水准管上放置一组符合棱镜,当气泡的

半边影像经过三次反射后,其影像反映在望远镜的符合水准器的放大镜内,若气泡两半边影像错开,则气泡不居中;若气泡两半边影像吻合,则气泡居中。通过调节微倾螺旋可使水准管气泡居中。

2) 圆水准器

圆水准器是一个密封的顶内磨成球面的玻璃圆盒,如图 2-7 所示。DS_3 型水准仪上的圆水准器分划值一般为 $8'/2 \sim 10'/2$ mm。圆水准器用于仪器的粗略整平,它的球面圆圈中心为零点,零点与球心的连线为圆水准器轴。

图 2-7 圆水准器

3) 基座

基座的作用为支撑仪器和连接仪器与三脚架。基座主要由轴座、底板、三角压板和三个脚螺旋组成,通过转动脚螺旋可使圆水准器的气泡居中。

(二)水准尺及附件

水准尺及附件(尺垫)是在水准测量中配合水准仪进行工作的重要工具。水准尺常用优质木材或玻璃钢金属材料制成,上面刻有刻度供读数。尺垫大部分用生铁铸成,一般为三角形,中央有一个凸出的半圆球(图 2-8)供水准尺立于半圆球之上,它主要用于转点上,为减弱或防止观测过程中水准尺下沉。水准点上不得使用尺垫,水准尺应直接立于水准点上。

水准测量需配备一对水准尺,水准尺主要有双面水准尺(木质尺)和塔尺两种。

1. 双面水准尺

水准测量中常用双面水准尺,双面水准尺一般长度为 2 m(图 2-9),尺面每隔 1 cm 涂上黑白或红白相间的分格,每分米处注有数字,尺底钉有铁片,以防磨损。黑白相间的一面称为黑面尺(尺底读数为 0)、红白相间的一面称为红面尺(每对双面水准尺的红面尺底读数分别为 4 687 mm 和 4 787 mm)。

2. 塔尺

塔尺主要由金属铸造,尺长一般为 5 m,分节套成,可以伸缩,尺底从零起算,尺面分划值为

1 cm 或 0.5 cm(图 2-10)。由于塔尺连接处稳定性较差,仅适用于普通水准测量。

图 2-8 尺垫

图 2-9 木质双面水准尺

图 2-10 塔尺

五、水准仪的使用

进行水准测量时,首先将仪器紧固于三脚架上,并将仪器安置在前后尺正中间的位置,经过粗略整平、瞄准水准尺、精确整平后,利用望远镜就可以在竖立的水准尺上读数,按照水准测量的原理测定高差,推算高程了。

(一)水准仪的安置

安置水准仪前,首先要按观测者的身高调节好三脚架的高度,一般三脚架的高度到观测者的下巴为宜,为了便于整平仪器,还要求三脚架的架头大致水平,并将三脚架的三个脚尖踩入土中,使脚架稳定。然后从仪器箱内取出水准仪,放在三脚架的架头面(不放手)并立即用中心螺旋旋入仪器基座的螺孔内,防止仪器从三脚架的架头滑落。

(二)粗平

粗平工作是指用脚螺旋将圆水准器的气泡居中,操作方法如下:

(1)打开制动螺旋,转动仪器,使圆水准器置于1、2两脚螺旋一侧的中间。

(2)用双手分别以相对的方向转动两个脚螺旋,使气泡位于圆水准器零点和垂直于1、2两脚螺旋连线的方向上,此时气泡移动方向与左手大拇指旋转时的移动方向相同,如图 2-11(a)所示。

(3)再转动第三个脚螺旋使气泡居中,如图 2-11(b)所示。

实际操作时可以不转动第三个脚螺旋,而以相同的方向和速度转动原来的两个脚螺旋使气泡居中,如图 2-11(c)所示。在操作熟练以后,不必将气泡的移动分解为两步,而可以转动两个脚螺旋直接令气泡居中。这时,两个脚螺旋各自的转动方向和转动速度都要视气泡的具体位置而定,按照气泡的移动方向及时控制两手的动作。

图 2-11 脚螺旋调整气泡

（三）瞄准

用望远镜十字丝中心对准目标的操作过程称为瞄准,具体操作步骤如下:

(1)松开望远镜水平制动螺旋,把望远镜对向明亮背景处,进行目镜调焦至十字丝清晰。

(2)转动望远镜,利用镜筒上方的缺口和准星照准水准标尺,固定水平制动螺旋。

(3)旋转水平微动螺旋,使十字丝纵丝精确照准水准标尺的中间。

(4)旋转物镜调焦螺旋,使水准尺成像清晰且无视差现象。

（四）精平

读数之前应用微倾螺旋调节水准管使气泡居中。由于气泡有惯性,所以,转动微倾螺旋的速度要柔和,不能太快,尤其当符合水准器的两端气泡将要对齐时更要注意。

（五）读数

水准测量的读数包括视距读数和中丝读数两步。利用上、下丝直接读取仪器至标尺的距离就是视距读数。视距读数的方法:照准标尺,读出上、下丝读数,减出上、下丝切尺读数的间隔 L,将 L 乘以 100 即为仪器至水准尺的距离。也可以旋转微倾螺旋,使上、下丝切准某一整分划,读出上、下丝之间的间隔 L 的厘米数,单位换成米数即为仪器到水准尺的间距。

中丝读数是水准测量的基本功之一,必须熟练掌握。中丝读数需在精平后即刻进行,直接读出米、分米、厘米、毫米。为了防止不必要的误会,习惯上只报读四位数字,不读小数点,如1.204 m读为 1 204。视距读数时,符合水准器气泡不需符合,而中丝读数是用来测定高差的,因此,进行中丝读数时,必须使符合水准器气泡符合后再读数。

读数时,要弄清标尺上的数字注记形式,大部分水准标尺的注记形式如图 2-12 所示,即分米数字注记在整分划线数值增加的一边,这样的注记读数较方便,如图 2-12 所示的中丝读数为1 822。

图 2-12 水准尺读数窗

由于水准仪有正像和倒像两种,读数时注意遵循从小读数向大读数读,如不注意,往往容易读错数字,如图2-12,错误读数为1 978。

项目2 普通水准测量

一、普通水准测量作业的程序

在进行普通水准测量时,主要观测程序如下:

(1)将水准尺立于已知高程的水准点上,作为后视尺。

(2)在路线的前进方向上的适当位置放置尺垫作为转点,在尺垫上竖立水准尺作为前视尺,将水准仪安置于水准路线的适当位置(仪器到两水准尺的距离应基本相等),最大视距不大于150 m。

(3)对仪器进行粗略整平(详细步骤见水准仪的基本操作),照准后视尺,消除视差,用微倾螺旋调节水准管气泡并使之居中,用中丝读取后视读数,并记入手簿(手簿示例见表2-1)。

(4)松开制动螺旋,调转水准仪,照准前视尺,消除视差,使水准管气泡居中,用中丝读取前视读数,并记入手簿。

(5)将仪器迁至第二站,此时第一站的前视尺不动,变成第二站的后视尺,第一站的后视尺移至前面适当位置成为第二站的前视尺,按第一站的观测程序进行第二站测量。

(6)沿水准路线前进方向观测。

二、普通水准测量作业的注意事项

在进行普通水准测量作业时为保证作业精度,一定要注意以下几点:

(1)在已知高程点和待测点高程点上立尺时,绝对不能放尺垫,将水准尺直接放在点上。

(2)仪器放置时,最好放在前后视中间,保证前后视距大致相等,可以步量。

(3)扶尺员要尽量把水准尺扶直扶稳,不能前后或左右倾斜和晃动。

(4)观测者在迁站前,后视扶尺员一定不能动,至少保证尺垫不动。

(5)原始读数不得涂改,读错或记错的数据应划去,再将正确数据写在上方,并在相应的备注栏内注明原因,记录簿要干净、整齐、不得出现难以识别的数字。

表 2-1 普通水准测量记录手簿

测自____点至____点　　天气：____　　成像：____　　日期：____年____月____日
仪器编号：_____　　观测者：_____　　　　　　记录者：_____

测站	测点	后视读数/m	前视读数/m	高差 +	高差 −	高程/m	备注
1	BM$_1$	1.220		0.209		1 128.531	
	TP$_1$		1.011				
2	TP$_1$	1.238		0.284			
	TP$_2$		0.954				
3	TP$_2$	1.776		0.900			
	TP$_3$		0.876				
4	TP$_3$	1.651			0.350		
	BM$_2$		2.001			1 129.574	
Σ		5.885	4.842				
检核计算			$\sum a - \sum b = +1.043$		$\sum h = +1.043$		

项目 3　三、四等水准测量

一、选定水准路线

水准测量工作可分成外业和内业两部分,外业工作主要包括选定水准路线、标定水准点、水准测量及计算检核等。

必须根据作业的任务要求,综合考虑测量的精度、工期、测区状况、资金等因素,选择合适的水准路线,同时考虑水准点位置。水准路线分单一水准路线和水准网,普通水准测量常采用单一水准路线,它共有三种形式。

(1)附合水准路线:从一个高级水准点出发,沿一条路线进行施测,以测定待定水准点的高程,最后联测到另外一个已知高程点上,这样的观测路线为附合水准路线,如图 2-13(a)所示。

(2)闭合水准路线:从一个高级水准点出发,沿一条路线进行施测,以测定待定水准点的高程,最后仍回到原来的已知点上,从而形成一个闭合环线,这样的观测路线为闭合水准路线,如图 2-13(b)所示。

(3)支水准路线:从一个高级水准点出发,沿一条路线进行施测,以测定待定水准点的高程,其路线既不闭合又不附合(图 2-13(c))，这样的观测路线为支水准路线。此路线没有检核条件，为了提高观测精度和增加检核条件，支水准路线必须进行往返测量。

图 2-13 水准路线的布设形式

水准测量的线路应尽可能沿各类道路选择，使线路通过的地面坚实可靠，保证仪器和标尺稳定，线路的坡度要尽量小，以减少测站数，保证观测精度，选线的同时，可考虑水准点的布设位置。

二、选点和埋石

水准路线选定后，即可根据设计图到实地踏勘、选点和埋石。踏勘就是到实地查看图上设计是否与实地相符；埋石就是水准点的标定工作；选择水准点具体位置的工作称为选点。

水准点选点的要求：交通方便，土质坚实，坡度均匀且小等。

水准点按其性质分为永久性和临时性水准点两大类。便于长期保存的水准点为永久性水准点，通常是标石。为了工程建设的需要而临时增设的水准点，这种水准点没有长期保存的价值，被称为临时性水准点(通常以木桩作为临时性水准点)。在城镇和厂矿社区，还可以采用墙角水准标志，选择稳定建筑物墙脚的适当高度埋设墙脚水准标志作为水准点。为便于寻找水准点，在水准点标定后，应绘出水准点与附近固定建筑物或其他地物的点位关系图并编号，如图 2-14 所示。

图 2-14 点之记

三、水准测量的施测

小地区一般以三等或四等水准网作为首级高程控制,地形测图时,再用图根水准测量或三角高程测量进行加密。三、四等水准点的高程应从附近的一、二等水准点引测,布设成附合或闭合水准路线,其点位应选在土质坚硬、便于长期保存和使用的地方,并应埋设水准标石,也可以利用埋设了标石的平面控制点作为水准点,埋设的水准点应绘制点之记。

(一)三、四等水准测量的技术要求

三、四等水准测量所用的仪器及主要技术要求见表2-2和2-3。

表 2-2 三、四等水准测量的主要技术要求

等级	路线长度/km	水准仪	水准尺	观测次数		往返较差、附合或环线闭合差	
				与已知点联测	附合或环线	平地/mm	山地/mm
三	≤50	DS$_1$	因瓦尺	往返各一次	往一次	$\pm 12\sqrt{L}$	$\pm 4\sqrt{n}$
		DS$_3$	双面尺		往返各一次		
四	≤16	DS$_3$	双面尺	往返各一次	往一次	$\pm 20\sqrt{L}$	$\pm 6\sqrt{L}$

表 2-3 三、四等水准测量观测的技术要求

等级	水准仪型号	视线长度/m	前后视距差/m	前后视距累积差/m	视线离地面最低高度/m	黑红面读数较差/mm	黑红面高差较差/mm
三等	DS$_1$	100	3	5	0.3	1.0	1.5
	DS$_3$	75				2.0	3.0
四等	DS$_3$	100	5	10	0.2	3.0	5.0
等外	DS$_3$	≤100	近似相等	—	—		

(二)三、四等水准测量的方法

三、四等水准测量观测应在通视良好、望远镜成像清晰及稳定的情况下进行,下面介绍双面尺法的观测程序。

1. 一站观测顺序

在测站上安置水准仪,使圆水准气泡居中,照准后视水准尺黑面,用上、下视距丝读数,记入表2-4中(1)(2)位置;旋转微倾螺旋,使管水准气泡居中,用中丝读数,记入表2-4中(3)位置。

(1)旋转望远镜,照准前视水准尺黑面,用上、下视距丝读数,记入表2-4中(5)(6)位置,旋转微倾螺旋,使管水准气泡居中,用中丝读数,记入表2-4中(7)位置。

(2)旋转水准尺,照准前视水准尺红面,旋转微倾螺旋,使管水准气泡居中,用中丝读数,记入表2-4中(8)位置。

(3)旋转望远镜,照准后视水准尺红面,旋转微倾螺旋,使管水准气泡居中,用中丝读数,记入表2-4中(4)。

以上观测顺序简称为"后前前后"(黑、黑、红、红),此外四等水准测量每站观测顺序也可为"后后前前"。

2. 一站计算与检核

1)视距计算与检核

根据前、后视的上、下丝读数计算前、后视的视距(12)和(13):

后视距离(12)=(1)−(2)

前视距离(13)=(5)−(6)

前、后视距差(14)=(12)−(13)

三等水准:(12)(13)不超过3 m;四等水准:(12)(13)不超过5 m。

计算前、后视视距累积差(15):

(15)=本站(14)+上站(15)

对于三等水准:(15)不超过6 m;对于四等水准:(15)不超过10 m。

2)水准尺读数检核

同一水准尺黑面与红面读数差的检核:

(9)=(3)+K−(4)

(10)=(7)+K−(8)

K为双面水准尺的红面分划与黑面分划的零点差(本例,106尺的K=4 787 mm,107尺的K=4 687 mm)。三等水准:(9)(10)不超过2 mm;四等水准:(9)(10)不超过3 mm。

3)高差计算与检核

按前、后视水准尺红、黑面中丝读数分别计算该站高差:

黑面高差(16)=(3)−(7)

红面高差(17)=(4)−(8)

红黑面高差之差(11)=(16)−(17)±100=(9)−(10)

三等水准:(11)不超过3 mm;四等水准:(11)不超过5 mm。

红、黑面高差之差在容许范围以内时,取其平均值作为该站的观测高差。

$$(18)=\frac{1}{2}[(16)+(17)\pm 100]$$

表 2-4 三(四)等水准观测手簿

测自 　　　 至 　　　　　　　　　　　　　　　年 月 日
时刻 始 　 时　分　　　　　　　　　　　　　　天气：
　　　末 　 时　分　　　　　　　　　　　　　　成像：

测站编号	后尺 下丝 上丝 后距 视距差 d	前尺 下丝 上丝 前距 Σd	方向及尺号	标尺读数 黑面	标尺读数 红面	K+ 黑减红	高差中数	备注
	(1)	(5)	后	(3)	(4)	(9)		
	(2)	(6)	前	(7)	(8)	(10)		
	(12)	(13)	后－前	(16)	(17)	(11)	(18)	
	(14)	(15)						
1	1 536	1 030	后	1 242	6 030	−1		
	0 947	0 442	前	0 736	5 442	+1		
	58.9	58.8	后－前	+0.506	+0.608	−2	+0.507	
	+0.1	+0.1						
2	1 954	1 276	后	1 664	6 350	+1		
	1 373	0 694	前	0 985	5 733	−1		
	58.1	58.3	后－前	+0.679	+0.577	−2	+0.678	
	−0.2	−0.1						
3	1 146	1 744	后	1 024	5 811	0		
	0 903	1 449	前	1 622	6 308	+1		
	48.6	49.0	后－前	−0.598	−0.497	−1	−0.598	
	−0.4	−0.5						
4	1 479	0 982	后	1 171	5 859	−1		
	0 864	0 373	前	0 678	5 467	−2		
	61.5	60.9	后－前	+0.493	+0.392	+1	+0.492	
	+0.6	+0.1						

四、水准测量记录、资料整理的注意事项

(1)在水准点(已知点或待定点)上立尺时,不得放尺垫。

(2)水准尺应立直,不能左右倾斜,更不能前后俯仰。

(3)在观测员未迁站之前,后视点尺垫不能提动。

(4)前后视距离应大致相等,立尺时可用步丈量。

(5)外业观测记录必须在编号、装订成册的手簿上进行,已编号的各页不得任意撕去,记录中间不得留下空页或空格。

(6)一切外业原始观测值和记事项目,必须在现场用铅笔直接记录在手簿中,记录的文字和数字应端正、整洁、清晰,杜绝潦草模糊。

(7)外业手簿中的记录和计算的修改及观测结果的作废,禁止擦拭、涂抹与刮补,应以横线或斜线正规划去,并在本格内的上方写出正确数字和文字。除计算数据外,所有观测数据的修改和作废,必须在备注栏内注明原因及重测结果,重测记录前需加"重测"二字。

在同一测站内不得有两个相关数字"连环更改"。例如:更改了标尺的黑面前两位读数后,就不能再改同一标尺的红面前两位读数。有连环更改记录应立即废去重测。

对于尾数读数有错误(厘米和毫米读数)的记录,不论什么原因都不允许更改,而应将该测站的观测结果废去重测。

(8)有正、负意义的量,在记录计算时,都应带上"+""−"号,正号不能省略。对于中丝读数,要求读记四位数,前后的 0 都要读记。

(9)作业人员应在手簿的相应栏内签名,并填注作业日期、开始及结束时刻、天气及观测情况和使用的仪器型号等。

(10)作业手簿必须经过小组认真检查(即记录员和观测员各检查一遍),确认合格后,方可提交上一级检查验收。

项目 4 水准测量成果内业计算

一、检查外业观测手簿、绘制线路略图

高程计算之前,应首先进行外业手簿的检查,检查内容包括记录是否有违规现象、注记是否齐全、计算是否有错误等,经检查无误后,便可着手计算水准点的高程。

计算前的准备工作:确定水准路线的推算方向;从观测手簿中逐一摘录各测段的观测高差 h_i,其中凡观测方向与推算方向相同的,其观测高差的符号不变,凡方向不同的,观测高差的符

号则应变号;摘录各测段的距离 S_i 或测站数 n_i,并抄录起终水准点的已知高程 $H_起$、$H_终$,绘制水准路线略图(图 2-15)。

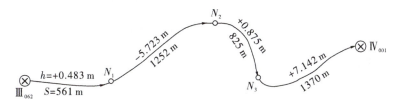

图 2-15　水准路线略图

二、高差闭合差的计算及调整

观测值与重复观测值之差,或与已知点的已知数据的不符值,统称为闭合差。高差闭合差通常用 f_h 表示。

(一)水准路线高差闭合差的计算

(1)附合水准路线高差闭合差:

$$f_h = \sum h - (H_终 - H_起)$$
$$\sum h = h_1 + h_2 + h_3 + \cdots$$
(2-9)

式中,$H_起$、$H_终$ 分别为附合水准路线起点高程和终点高程;$\sum h$ 表示附合水准路线高差之和。

(2)闭合水准路线高差闭合差:

因闭合水准路线,起点和终点为同一个高程点,所以闭合差 f_h 为

$$f_h = \sum h$$
(2-10)

(3)支水准路线:

$$f_h = \sum h_往 + \sum h_返$$
(2-11)

式中,$\sum h_往$ 为往测高差之和,$\sum h_返$ 为返测高差之和。

(二)高差闭合差允许值的计算

高差闭合差是衡量观测值质量的一个精度指标。高差闭合差是否合乎要求,必须有一个限度规定,如果超过了这个限度则应查明原因,返工重测。

1.三等水准测量

$$f_{h允许} = \pm 12\sqrt{L}\text{(适用于平坦地区)}$$
$$f_{h允许} = \pm 4\sqrt{N}\text{(适用于山区)}$$
(2-12)

2. 四等水准测量

$$f_{h允许} = \pm 20\sqrt{L} \text{（适用于平坦地区）}$$

$$f_{h允许} = \pm 6\sqrt{N} \text{（适用于山区）} \tag{2-13}$$

3. 普通水准测量

$$f_{h允许} = \pm 40\sqrt{L} \tag{2-14}$$

上式中 L 为水准路线的长度,以公里为单位;N 为水准路线中的总测站数。

（三）高差闭合差的调整

如果高差闭合差在允许范围内,可将闭合差按与各测段的距离(l_i)成正比反号调整于各测段高差之中,设各测段的高差改正数为 v_i,则

$$v_i = \frac{-f_h}{\sum l} l_i \tag{2-15}$$

改正数应凑整至毫米,将余数强制分配至长的测段中。如果在山区测量,可按测段的测站数分配闭合差,则各测段的高差改正数为

$$v_i = \frac{-f_h}{\sum n} n_i \tag{2-16}$$

式中,$\sum n$ 为水准路线的总测站数,i 为测段编号。

（四）计算待定点的高程

1. 改正后高差的计算

各测段观测高差值加上相应的改正数,即可得改正后高差:

$$\hat{h}_i = h_i + v_i \tag{2-17}$$

式中,$\hat{h}_i$ 为改正后高差。

2. 待定点高程的计算

由起始点的已知高程 H_0 开始,逐个加上相应测段改正后的高差 h_i,即得下一点的高程为

$$H_i = H_{i-1} + h_i \tag{2-18}$$

三、算例

如图 2-16 所示,BM-A 和 BM-B 为已知高程水准点,图中箭头表示水准测量前进方向,路线上方的数字为测得的两点间的高差,路线下方数字为该段路线的长度,试计算待定点 1、2、3 的高程。

图 2-16 算例水准路线观测成果略图

解法一：利用计算器计算

(1) 闭合差及允许值的计算。

$$f_h = \sum h - (H_B - H_A) = 4.330 - (49.579 - 45.286) = 37 \text{ mm}$$

$$f_{h允许} = \pm 40\sqrt{L} = \pm 40\sqrt{7.4} = \pm 109 \text{ mm}$$

因 $|f_h| < |f_{h允}|$，高差闭合差未超限，故可以进行高差闭合差分配。

(2) 高差闭合差的调整和改正后高差的计算。

改正数：
$$v_i = \frac{-f_h}{\sum L} L_i$$

通过上式计算得各段高差改正数为

$$v_1 = -8 \text{ mm}$$
$$v_2 = -11 \text{ mm}$$
$$v_3 = -8 \text{ mm}$$
$$v_4 = -10 \text{ mm}$$

改正后高差：
$$\hat{h}_i = h_i + v_i$$

通过上式计算得

$$h_1 = +2\,331 + (-8) = +2\,323 \text{ mm} = +2.323 \text{ m}$$
$$h_2 = +2\,813 + (-11) = +2\,802 \text{ mm} = +2.802 \text{ m}$$
$$h_3 = +2\,244 + (-8) = +2\,525 \text{ mm} = +2.525 \text{ m}$$
$$h_4 = +1\,430 + (-10) = +1\,420 \text{ mm} = +1.420 \text{ m}$$

(3) 高程计算。

$$H_i = H_{i-1} + h_i$$

根据上式计算，各点高程分别为

$$H_1 = 42.286 + 2.323 = 47.609 \text{ m}$$
$$H_2 = 47.609 + 2.802 = 50.411 \text{ m}$$
$$H_3 = +50.411 + (-2.252) = 48.159 \text{ m}$$
$$H_4 = 48.159 + 1.420 = 49.579 \text{ m}$$

由以上计算可知:H_B 计算所得高程与已知值一致,即以上计算检核过程正确。

解法二:通过表 2-5 进行计算

表 2-5　水准测量计算表

点号	距离/km	观测高差/m	改正数/m	改正后高差/m	高程/m	备注
BM-A					45.286	
1	1.6	+2.331	-0.008	+2.323	47.609	
2	2.1	+2.813	-0.011	+2.802	50.411	
3	1.7	-2.244	-0.008	-2.252	48.159	
BM-B	2.0	+1.430	-0.010	+1.420	49.579	
∑	7.4	+4.330	-0.037	+4.293		
辅助计算	$f_h = \sum h - (H_B - H_A) = 4.330 - (49.579 - 45.286) = +37$ mm $f_{h允许} = \pm 40\sqrt{L} = \pm 40\sqrt{7.4} = \pm 109$ mm $\lvert f_h \rvert < \lvert f_{h允} \rvert$,闭合差符合其限差要求,可以进行分配					

解法三:利用计算机软件 Excel 计算

打开 Excel,新建一个工作文件,第一行用作表题,第二行用作标记栏,在 A 列输入点名,B 列输入路线长,C 列输入观测高差,D 列为改正数计算,E 列为改正后高差计算,F 列为高程计算,在其中的 F3 单元输入 BM-A 点的高程,在 F8 单元输入 BM-B 点的高程。

(1)"和"计算:在 B8 单元键入公式"=SUM(B4:B7)"计算路线总长 L,将 B8 单元的公式复制到 C8 计算高差之和 $\sum h$。

(2)闭合差及其容许值计算:在 B9 单元键入公式"=C8-(F8-F3)"计算 f_h,在 B10 单元键入"=40*SQRT(B8)/1 000"计算 f_h 容许值。

(3)高差改正数的计算:在 B11 单元键入公式"=-B9/B8"计算出每千米高差改正数,在 D4 单元键入公式"=B4*B11"计算高差改正数 V1,将 D4 单元的公式复制到 D5~D7 计算高差改正数 V2~V4;在 D8 单元键入公式"=SUM(D4:D7)"计算 $\sum V$ 进行和检核计算,如计算无误,则 D8 的结果应等于 B9 结果的反号。

(4)改正后高差的计算:在 E4 单元键入公式"=C4+D4"计算改正后的高差 $\hat{h}_1$,将 E4 单元的公式复制到 E5~E7 单元;在 E8 单元键入公式"=SUM(E4:E7)"计算 $\sum \hat{h}_i$ 进行和检核计算。

(5)最后高程的计算:在 F4 单元键入公式"=F3+E4"计算 1 点高程 H_1,将 F4 单元复制到

F5～F7；如果计算无误，则 F7 的计算结果应等于 F8 的值，见表 2-6。

表 2-6　Excel 水准测量计算表

	A	B	C	D	E	F
1	表2-3 图根水准测量的成果处理					
2	点名	路线长(km)	观测高差(m)	改正数(m)	改正后高差(m)	高程(m)
3	BM-A					45.286
4	1	1.6	2.331	-0.008	2.323	47.609
5	2	2.1	2.813	-0.011	2.803	50.412
6	3	1.7	-2.244	-0.009	-2.253	48.159
7	BM-B	2.0	1.430	-0.010	1.420	49.579
8	和	7.4	4.330	-0.037	4.293	49.579
9	闭合差(m)	0.037				
10	闭合差允许值(m)	0.109				
11	高差改正数(m)	-0.005				

▶项目 5　水准仪的检验校正

一、水准仪的轴线应满足的条件

微倾式水准仪的主要轴线见图 2-17，它们之间应满足：

(1)圆水准器轴应平行于仪器的竖轴。

(2)十字丝的横丝应垂直于仪器的竖轴。

(3)水准管轴应平行于视准轴。

图 2-17　水准仪的主要轴线

二、水准仪的检验校正

（一）一般检视

检视水准仪时，应注意光学零部件的表面有无油迹、擦痕、霉点和灰尘，胶合面有无脱胶，镀膜面有无脱膜，仪器的外表面是否光洁，望远镜视场是否明亮、均匀，符合水准器成像是否良好，各部件有无松动现象，仪器转动部分是否灵活、稳当，制动是否可靠，调焦时成像有无晃动现象。此外，还应检查仪器箱内配备的附件及备用零件是否齐全，三脚架是否稳固。

（二）圆水准器的检验与校正

目的：使圆水准器轴平行于水准仪的竖轴。

(1)检验方法：旋转脚螺旋使圆水准器气泡居中，然后将仪器绕竖轴旋转180°，如果气泡仍居中，则表示满足条件；如果气泡偏出分划圈外，则需要校正。

(2)校正方法：校正时，先调整脚螺旋，使气泡向零点方向移动偏离值的一半，此时竖轴处于铅垂位置。然后，稍旋松圆水准器底部的固定螺钉，用校正针拨动三个校正螺钉，使气泡居中，这时圆水准器轴平行于仪器竖轴且处于铅垂位置。

圆水准器校正螺钉的结构如图2-18所示，此项校正，需反复进行，直至仪器旋转到任何位置时，圆水准器的气泡都居中为止，最后旋紧固定螺钉。

图2-18 圆水准器校正螺钉

（三）十字丝中丝垂直于仪器的竖轴的检验与校正

(1)检验方法：安置水准仪，使圆水准器的气泡严格居中后，先用十字丝交点瞄准某一明显的点状目标M，如图2-19(a)所示，然后旋紧制动螺旋，转动微动螺旋，如果目标点M不离开中丝，如图2-19(b)所示，则表示中丝垂直于仪器的竖轴，如果目标点M离开中丝，如图2-19(c)所示，则需要校正。

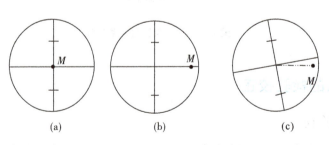

图2-19 十字丝中丝垂直于仪器的竖轴的检验

(2)校正方法：松开十字丝分划板座的固定螺钉，转动十字丝分划板座，使中丝一端对准目标点M，再将固定螺钉拧紧，此项校正也需反复进行。

(四)水准管轴平行于视准轴的检验与校正

(1)检验方法:如图 2-20 所示,在较平坦的地面上选择相距约 80 m 的 A、B 两点,打下木桩或放置尺垫,用皮尺丈量,定出 AB 的中间点 C。

①在 C 点处安置水准仪,用变动仪器高法,连续两次测出 A、B 两点的高差,若两次测定的高差之差不超过 3 mm,则取两次高差的平均值 h_{AB} 作为最后结果。由于距离相等,视准轴与水准管轴不平行所产生的前、后视读数误差 x_1 相等,故高差 h_{AB} 不受视准轴误差的影响。

②如图 2-21 所示,在离 B 点大约 3 m 的 D 点处安置水准仪,精平后读得 B 点尺上的读数为 b_2,因水准仪离 B 点很近,两轴不平行引起的读数误差 x_2 可忽略不计。根据 b_2 和高差 h_{AB} 算出 A 点尺上视线水平时的应读读数为

$$a_2 = b_2 + h_{AB}$$

然后,瞄准 A 点水准尺,读出中丝的读数 a'_2,如果 a'_2 与 a_2 相等,表示两轴平行,否则存在 i 角,其角值为

$$i = \frac{a'_2 - a_2}{D_{AB}} \rho \tag{2-19}$$

式中,D_{AB}——A、B 两点间的水平距离,m;

i——视准轴与水准管轴的夹角,″;

ρ——一弧度的秒值,$\rho = 206\,265''$。

对于 DS_3 型水准仪来说,i 角值不得大于 $20''$,如果超限,则需要校正。

图 2-20 水准管轴平行于视准轴的检验(1)

图 2-21 水准管轴平行于视准轴的检验(2)

(2)校正方法:转动微倾螺旋,使十字丝的中丝对准 A 点尺上应读读数 a'_2,用校正针先拨松水准管一端左、右校正螺钉,再拨动上、下两个校正螺钉,如图 2-22 所示,使偏离的气泡重新居中,最后将校正螺钉旋紧。此项校正工作需反复进行,直至达到要求为止。

图 2-22 水准管校正螺丝

项目 6　水准测量误差分析

水准测量的观测需要观测者在野外使用仪器进行，观测的质量自然受仪器、观测者和外界条件的影响。因此，水准测量误差包括仪器误差、观测误差和外界条件的影响三个方面。对水准测量的误差进行分析的目的：在水准测量作业中，根据产生误差的原因，找出消除或减小误差的方法，尽量减少或消除对观测成果的影响，以提高观测的精度。

一、仪器误差

1. 水准管轴与视准轴不平行误差

水准仪虽然经过校正，仍然可存在少量的残余误差，这种误差一方面是仪器在制造过程中所固有的，无法通过仪器的校正消除；另一方面就是仪器的残余误差，其中主要是水准管轴与视准轴不平行所产生的误差，这种误差的影响与距离成正比，只要观测时注意使前、后视距离大致相等，便可消除此项误差对测量结果的影响。

2. 水准尺误差

由于水准尺刻画不准确、尺长变化和弯曲等原因，会影响水准测量的精度，因此，水准尺要经过检核才能使用。由于长期使用的磨损，水准尺底面实际的零点位置与分划的零点位置可能不完全一致，其差值为零点差。一个测站数为偶数的水准路线可以自行消除标尺零点差的影响，但测站数为奇数的水准路线所测的高差中含有标尺零点差的影响。因此，一个水准路线中的测站数尽可能地设置为偶数。

二、观测误差

1. 水准管气泡的居中误差

由于气泡居中存在误差，致使视线偏离水平位置，从而带来读数误差。为减小此误差的影响，一定要在每次读数之前观察水准管气泡是否居中，只有水准管气泡严格居中，才能读数。视线也不能太长，晴天高温下必须打伞保护仪器，特别是要注意保护好水准管。

2. 估读水准尺的读数误差

水准尺估读毫米数的误差大小与望远镜的放大倍率、视线长度及十字丝的粗细有关，望远镜的放大倍率低或视线过长，会使尺子的成像小，尺像显得不够清晰，导致照准误差和估读误差增大。为此，在水准测量作业中，应遵循不同等级的水准测量对望远镜放大倍率和最大视线长度的规定,以保证估读精度。

3. 视差的影响误差

当存在视差时,由于十字丝平面与水准尺影像不重合,若眼睛的位置不同,便可读出不同的读数产生读数误差。因此,读数前要反复仔细地对物镜和目镜进行调焦,严格消除视差。

4. 水准尺倾斜的影响误差

水准尺若没有竖直立放,不论是向前后倾斜,还是向左右倾斜,都会使水准尺上的实际读数比水准尺竖直立放时的正确读数要大,从而带来误差。如图 2-23 所示,当水准尺的倾斜角为 θ 时,在水准尺上的读数为 b',可计算出水准尺竖直时的正确读数为

图 2-23 水准尺不竖直的误差

$$b = b'\cos\theta$$

则水准尺倾斜时所产生的误差为

$$\Delta b = b' - b = b'(1 - \cos\theta)$$

按此式计算,如果水准尺倾斜角 $\theta \approx 2°$,$b' = 2.5$ m,所产生的误差 $\Delta b = 1.5$ mm。为了减少这种误差的影响,可使用装有圆水准器的水准尺,在水准测量中水准尺必须扶直。

三、外界条件的影响误差

1. 水准仪的升降误差

在水准测量的过程中,由于仪器所安置的位置因土壤的弹性及仪器自身的重量,导致观测时的水平视线高度下降或升高,而引起的高差观测误差。在地面土质不稳定地区进行水准测量时,可用双面尺进行观测,采用"后、前、前、后"的观测程序,然后取两次高差观测的平均值作为最后的观测值,这种观测方法可以有效地减弱或消除水准仪和水准尺升降误差的影响。

2. 尺垫下沉误差

同水准仪的升降误差一样,因地面土质不稳定,尺垫及水准尺的重量,使立尺处出现下沉或者上升。如果在转点发生尺垫下沉,将使下一站的后视读数增加,所测高差增大;如果在转点发生尺垫上升,将使下一站的后视读数减小,所测高差减小。无论是哪一种情形都会引起高差的观测误差,故对一条水准路线采用往返观测的方法,取成果的中数。

为了防止水准仪和尺垫下沉,测站和转点应选在土质坚实处,并踩实三脚架和尺垫,使其稳定。

3. 地球曲率及大气折光的影响

如图 2-24 所示，A、B 为地面上两点，大地水准面是一个曲面，如果水准仪的视线 $a'b'$ 平行于大地水准面，则 A、B 两点的正确高差为

$$h_{AB} = a' - b'$$

图 2-24 地球曲率及大气折光的影响

在水准测量中，受地球曲率对读数的影响，水平视线在水准尺上的读数 a'' 与 b'' 分别含有地球曲率误差。a' 与 a'' 之差和 b' 与 b'' 之差为水平视线代替水准面在水准尺上的读数所产生的误差，用 Δh 表示，经计算知：

$$\Delta h = \frac{D^2}{2R} \tag{2-20}$$

由于受大气折光的影响，水准仪所提供的水平视线往往不是一条理想的水平线，而是一条曲线。一般情况下，大气层的空气密度是上疏下密，视线通过大气层时成一向下弯折的曲线，且离地面越近，弯曲的程度越大，水准尺上的读数越小，如图 2-24 所示。水平视线通过大气层时的曲线视线在水准尺上的读数分别为 a、b。则 a 与 a'' 之差和 b 与 b'' 之差，就是大气折光对读数的影响，这个差值为折光差，用 r 表示。在晴天，靠近地面的温度较高，致使下面的空气密度比上面稀，这时视线成为一条向上弯折的曲线。视线离地面越近，折射也就越大，因此一般规定视线必须高出地面 0.3 m。在稳定的气象条件下，r 约为 Δh 的 1/7，即

$$r = \frac{1}{7}\Delta h = 0.07 \frac{D^2}{R} \tag{2-21}$$

地球曲率和大气折光的共同影响为

$$f = \Delta h - r = 0.43 \frac{D^2}{R} \tag{2-22}$$

式中，D——视线长度；

R——地球的半径。

由式(2-22)知,如果水准仪与前、后水准尺的距离相等,其地球曲率和大气折光的共同影响 f 值相等,因此,采用使前、后视距离相等的方法可消除或减弱地球曲率和大气折光对水准测量的影响。

4. 温度的影响误差

温度的变化不仅会引起大气折光的变化,而且当烈日照射水准管时,由于水准管本身和管内液体温度的升高,气泡向着温度高的方向移动,从而影响水准管轴的水平,产生了气泡居中误差,所以测量中应随时注意为仪器打伞遮阳。

四、测量仪器的使用和维护

测量仪器是精密仪器,测量成果的精度很大程度上取决于仪器性能是否完备优良。测量仪器维护和使用得当,就能够保证作业的质量和工作速度。爱护测量仪器,不仅是测量人员的职责,也是职业道德品质的一种体现。要维护好测量仪器,既需要提高认识,从思想上重视,也应具有正常使用和维护测量仪器的知识并在工作中严格执行仪器的操作规程。

测量仪器要经常进行检视,发现问题要及时维修。检视的内容:光学部件特别是透镜表面是否清洁,有无油迹、灰尘、擦痕、霉点和斑点;胶粘透镜有无脱胶现象,镀膜表面有无脱膜现象;望远镜视场是否明亮,望远镜与符合水准器成像是否清晰;十字丝是否清楚明显;仪器的机械结构部分有无松动现象;机械转动部分(如旋转轴、脚螺旋、调焦螺旋、制动及微动螺旋等)的转动是否灵活、稳当可靠;调焦透镜及目镜对光时,有无晃动现象、位置是否改变等。

各种测量仪器在使用时,应遵守以下规则。

(1)从箱中取出仪器之前,应先将三脚架安放好,脚尖牢牢踩入土中。若是可伸缩的脚架,应将架腿抽出后拧紧固定螺旋。

(2)使用不太熟悉的仪器时,打开仪器箱后,应先仔细地观察仪器在箱内的安放位置,以及各主要部件的相互位置关系。在松开仪器各部分的制动螺旋及箱中固定仪器的螺旋以后,再取出仪器。

(3)取出仪器时,不可用手拿仪器望远镜或竖盘,应一手持仪器基座或支架等坚实部位,一手托住仪器,并注意轻取轻放。

(4)操作时,在转动有制动螺旋的部件(如望远镜、度盘等)前,必须首先放松相应的制动螺旋。无论何时、何种情况下都不能用强力转动仪器的任何部分。当转动遇到阻碍时,应停止转动并查找出原因,加以消除后才能继续操作。各部分的制动螺旋,只能转动到适当程度,不可用力过度以致损伤仪器。

(5)操作及观测时,不能用手指(特别是有汗的手指)触摸透镜。要注意避免眼皮或睫毛与目镜表面接触,以防产生斑点。透镜上如有灰尘,可用软毛刷轻轻拂去;如有轻微水气,可用洁净的丝绸或专门的擦镜纸,轻轻揩抹。

(6)仪器的各种零件和附件用毕后,必须放回仪器箱中的固定位置,不要随意放在衣袋里或其他地方,以免丢失和损坏。

(7)在野外使用仪器时,不能让仪器曝晒或雨淋,要用伞或特制布幕遮住阳光和雨水。工作间歇时,仪器应装箱或用特制的套子罩上(下部留有空隙使罩内、外空气流通)。

(8)仪器不能受撞击或震动。在施测过程中,当仪器安放在三脚架上时,作业员无论如何不得离开仪器,特别是仪器在街道、工地和畜牧场等处工作时,更需防止意外事故的发生。

(9)仪器若需短距离搬动时,应按下述方法进行:①小型仪器可连同三脚架一起搬移,但应把各部分的制动螺旋固紧,收拢三脚架,一手持脚架,另一手托住整个仪器。②普通仪器搬移时,可将三脚架架腿张开,用肩托住三脚架,使仪器保持垂直。③大型和精密仪器应装箱搬移,普通仪器在路程较长或路况较难行走时,也必须装箱搬运。

(10)仪器装箱前,应首先用软毛刷刷去仪器外部的灰尘。微动螺旋、倾斜螺旋及脚螺旋等应旋到螺纹的中部位置,并放松制动螺旋。然后,仔细地一手抓住仪器,一手松开中心螺旋,平稳地从架头拿下仪器,按原来的位置放入箱内,再紧固各部制动螺旋和箱中固定螺旋。关箱前应清点零件及附件是否齐全,装箱和关箱时,如发生仪器安放不好或盖不上的情况,切勿硬挤硬压,应认真查清原因后重新装箱,盖好箱盖后,必须将搭扣扣好或加锁。只有在确认装箱已妥善后,才可搬动。

(11)仪器应放在干燥通风的地方保存,不能靠近发热的物体(如火炉、电炉等)。当仪器由寒冷的地方搬至暖和的地方,或相反情况时,应等待 3～4 h 后,箱内温度与外界温度大致相同时,才可开箱。此时,还应随时检查仪器箱是否牢固,有无裂痕,搭扣、提环、皮带等是否牢固,如发现有不完善的地方,应及时修理。

项目 7　自动安平水准仪和电子水准仪

一、自动安平水准仪

自动安平水准仪与微倾式水准仪的区别:自动安平水准仪没有水准管和微倾螺旋,而是在望远镜的光学系统中装置了补偿器。

(一)视线自动安平的原理

当圆水准器气泡居中后,视准轴仍存在一个微小倾角 α,在望远镜的光路上安置一补偿器,使通过物镜光心的水平光线经过补偿器后偏转一个 β 角,仍能通过十字丝交点,这样十字丝交点上读出的水准尺读数,即为视线水平时应该读出的水准尺读数。

由于无需精平,可以缩短水准测量的观测时间,而且对于施工场地地面的微小震动、松软土地的仪器下沉及大风吹刮等原因引起的视线微小倾斜,能迅速自动安平仪器,从而提高水准测量的观测精度。

(二)自动安平水准仪的使用

使用自动安平水准仪时,首先将圆水准器气泡居中,然后瞄准水准尺,等待 2~4 s 后,即可进行读数。有的自动安平水准仪配有一个补偿器检查按钮,每次读数前按一下该按钮,确认补偿器能正常作用再读数。

二、电子水准仪

电子水准仪又称数字水准仪,其基本构造如图 2-25 所示。它是在自动安平水准仪的基础上在望远镜光路中增加了分光镜和传感器(CCD),并采用条码标尺(图 2-26)和图像处理电子系统的光电测量一体化的科技产品。其原理是将编了码的水准尺影像进行一维图像处理,用传感器代替观测者的眼睛,从望远镜中看到水准尺间隔的测量信息,由微处理机自动计算出水准尺上的读数和仪器至立尺点间的水平距离,并以数字的形式将测量结果显示出来。

图 2-25 电子水准仪　　　　图 2-26 条码水准尺

电子水准仪的优点:

(1)读数客观,不存在误读、误记问题,没有人为读数误差。

(2)精度高、视线高,视距读数都是采用大量条码分划图像经处理后取平均值得出来的,削弱了标尺分划误差的影响。

(3)操作方便,省去了报数、听记、现场计算及人为出错的重测数量,只需要按键即可自动读数、自动记录、处理,并可将数据输入计算机后处理。

(一)电子水准仪基本操作

电子水准仪目前品牌众多,操作步骤和功能大同小异,在使用电子水准仪进行水准测量时,其基本操作步骤主要包括仪器安置、设置测量状态、照准目标和测量记录。本节以天宝电子水准仪为例,简单介绍在水准测量工作中的基本操作过程。

1. 安置仪器

在测站上,打开三脚架架腿的固定螺旋,伸缩三个架腿使高度适中(一般架头和观测者胸部高度相同),拧紧固定螺旋。打开架腿,在基本平坦地区,使三个架腿大致成等边三角形,高度适中(观测者在观测时不踮脚、不过于弯腰),架头大致水平,用脚踩实架腿,使三脚架稳定、牢固;在斜坡地面上,应将两个架腿平置在坡下,另一架腿安置在斜坡上,踩实三个架腿;在光滑的地面上安置仪器时,三脚架的架腿不能分得太开,以防止滑动,或通过辅助措施防滑。安置好脚架后,取出仪器,用中心连接螺旋将仪器固定在架头上,并旋紧。

用双手同时相对转动两个脚螺旋(气泡移动方向与左手拇指移动方向相同)使气泡与第三个脚螺旋的连线垂直于这两个脚螺旋的连线,然后用左手转动第三个脚螺旋使气泡居中。用望远镜对准明亮背景,进行目镜调焦,使十字丝清晰。

2. 仪器设置

(1)开机(按电源键),进入菜单初始界面(图2-27)。

(2)在菜单初始界面下,选择"文件",建立文件,再根据测量要求,选择"配置",显示配置菜单初始界面(图2-28)。在菜单中选择相应的限差(最大视距等)、仪器设置(高度单位、输入单位、显示小数位数)和记录设置(仪器存储或存储卡存储)、校正。

图2-27 菜单初始界面

图2-28 配置菜单初始界面

(3)选择"测量",进行测量模式设置,根据作业要求(水准测量的等级)选择相应的测量模式(单点测量、水准线路、中间点测量、放样、继续测量)。在水准线路里测量模式"BFFB"代表的观测顺序是"后、前、前、后","aBFFB"代表的观测顺序是奇偶交替,即奇数站的观测顺序是"后、前、前、后",偶数站的观测顺序是"前、后、后、前"。设置完毕后,确定(按回车键),输入起始点点号、基准高等信息。

3.照准目标(水准尺)

(1)转动望远镜大致照准水准尺(条码尺),通过粗略照准器进行粗瞄。

(2)调节调焦螺旋使尺像清晰,转动水平微动螺旋(电子水准仪一般没有水平制动,使用的是阻尼制动)使十字丝精确对准条码尺的中央。

(3)消除视差,通过反复调节目镜和物镜调焦螺旋,使十字丝和尺像都非常清晰,在眼睛靠近目镜观测时,上下微动眼睛,尺像和十字丝横丝无相对移动。

4.开始测量

在完成上述步骤后,即可按"测量"键开始测量,屏幕自动显示读数和视距,转动望远镜对准另一水准尺测量,即可显示高差(根据设置还可以显示路线长、视距差等信息)。

(二)使用电子水准仪注意事项

使用电子水准仪进行作业时,注意以下事项:

(1)在观测前 30 min,应将仪器置于露天阴影下,使仪器和外界气温趋于一致。

(2)观测前,应进行仪器的预热。

(3)在使用电子水准仪作业期间应每天开测前进行 i 角测定,若开测为未结束测段,则在新测段开始前进行测定。

(4)设站时应用测伞遮蔽阳光;迁站时应罩仪器罩。

(1)水准仪是根据什么原理来测定两点之间的高差的?

(2)什么是视差?产生视差的原因是什么?怎样消除视差?

(3)水准点和转点各起什么作用?

(4)水准仪主要轴线之间应满足什么条件?水准仪应满足的主要条件是什么?

(5)水准测量时,前、后视距相等可消除哪些误差?

(6)简述水准测量中的计算校核和测站检核方法。

(7)结合水准测量的主要误差来源,说明在观测过程中要注意哪些事项?

(8)后视点 A 的高程为 55.318 m,读得其水准尺的读数为 2.212 m,在前视点 B 尺上的读数为 2.522 m,问高差 h_{AB} 是多少? B 点比 A 点高还是比 A 点低? B 点高程是多少?试绘图说明。

(9) 四等水准测量有哪些限差要求？

(10) 将图 2-29 普通水准测量的数据填入表 2-7，并计算各点高差及 B 点高程。

表 2-7　普通水准测量

测站	测点	水准标尺读数		高差/m	高程/m	备注
		后视 a	前视 b			
Σ						
检核计算						

(11) 根据表 2-8 中附合水准路线的观测成果，计算各点高程。

表 2-8　附合水准路线的计算

点号	距离 l_i /km	实测高差 h_i /m	高差改正数 v_i /m	改正后高差 $h_{改}$ /m	高程 H /m	备注
BMA	0.7	+4.363			57.967	
1	1.3	+2.413				
2	0.9	−3.121				
3	0.5	+1.263				
4	0.6	+2.716				
5	0.8	−3.715				
BMB					61.819	

(12)根据图2-29所示的闭合水准路线的观测成果,计算各点高程。

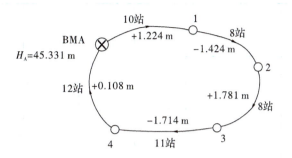

图2-29 闭合水准路线计算略图

(13)水准测量受哪些误差影响？应如何予以减弱或消除？

(14)计算完成表2-9中四等水准外业观测成果($K_1=4687,K_2=4787$)。

(15)电子水准仪主要有哪些特点？

(16)已知A、B两水准点的高程分别为$H_A=44.286$ m,$H_B=44.175$ m。水准仪安置在A点附近,测得A尺上的读数$a=1.966$ m,B尺上的读数$b=1.845$ m。问这架仪器的水准管轴是否平行于视准轴？若不平行,当水准管的气泡居中时,视准轴是向上倾斜,还是向下倾斜,如何校正？

表2-9 四等水准外业观测成果

测站编号	后尺 下丝 上丝 后距/m 视距差 d/m	前尺 下丝 上丝 前距/m $\sum d$/m	方向及尺号	标尺读数/mm 黑面	标尺读数/mm 红面	$K+$黑 $-$红 /mm	高差中数 /m	备注
1	1 568	1 409	后 K_2	1 298	6 084			
	1 023	0 856	前 K_1	1 135	5 820			
			后－前					
2	2 108	1 947	后 K_1	1 895	6 584			
	1 687	1 524	前 K_2	1 736	6 524			
			后－前					

续表

测站编号	后尺 下丝 上丝 后距/m 视距差 d/m	前尺 下丝 上丝 前距/m ∑d/m	方向及尺号	标尺读数/mm		$K+$黑$-$红/mm	高差中数/m	备注
				黑面	红面			
3	1 785	1 411	后 K_2	1 520	6 309			
	1 264	0 896	前 K_1	1 152	5 840			
			后—前					
4	1 958	1 562	后 K_1	1 540	6 230			
	1 124	0 723	前 K_2	1 143	5 928			
			后—前					
5	1 852	1 689	后 K_2	1 586	6 374			
	1 321	1 153	前 K_1	1 421	6 108			
			后—前					
			后 K_2					
			前 K_1					
			后—前					

模块三 平面控制测量

项目 1 平面控制测量基本知识

一、控制测量概述

"从整体到局部,从控制到碎部"是测量工作的原则。所谓"整体",主要是指控制测量,它的目的是在整个测区范围内用比较精密的仪器和严密的方法测定少量大致均匀分布的点位的精确位置,包括点的平面位置(x,y)和高程(H),前者称为平面控制测量,后者称为高程控制测量。点的平面位置和高程也可以同时测定。所谓"局部",一般是指细部测量,是在控制测量的基础上,为了测绘地形图而测定大量地物点和地形点的位置,或为了地籍测量而测定大量界址点的位置,或为了建筑工程的施工放样而进行大量设计点位的现场测设。细部测量可以在全面的控制测量的基础上分别进行或分期进行,但仍能保证其整体性和必要的精度。对于分等级布设的控制网而言,上级控制网是"整体",下级控制网是"局部"。这样,可以分期分批地进行控制测量,并能保证控制网的整体性和必要的精度。

二、等级平面控制测量

传统的平面控制测量方法有三角测量、边角测量和导线测量等,所建立的控制网为三角网、边角网和导线网。三角网是将控制点组成连续的三角形,观测所有三角形的水平内角及至少一条三角边的长度(该边称为基线),其余各边的长度均从基线开始按边角关系进行推算,然后计算各点的坐标。同时观测三角形内角和全部或若干边长的为边角网。测定相邻控制点间边长,由此连成折线,并测定相邻折线间水平角,以计算控制点坐标的为导线或导线网。

国家基本平面控制网是由国家统一组织,统一规划,按照国家制定的统一的测量规范建立的国家控制网。国家基本平面控制网的作用是满足国家国防、科研和经济建设等各种不同的需要。国家基本平面控制网按照从整体到局部、从高级到低级的原则布设,依次分为一、二、三、四四个等级。一等三角锁是国家基本平面控制网的骨干,一等三角锁起算点的坐标采用天文观测求得。二等三角网在一等锁的基础上加密,即在一等锁环内布设成全面三角网。三、四等三角网是在二等三角网基础上的进一步加密,通常可作为各种比例尺地形测图的基本控制。国家基本平面控制网主要的建网方法是三角测量、导线测量和 GNSS,国家基本平面控制网如图 3-1 所示。

国家一等锁　　　　国家二等网

图 3-1　国家基本平面控制网

为城市规划和建设而建立的平面控制网是城市平面控制网,为大中型工程建设而建立的平面控制网是工程平面控制网。相对国家基本平面控制网而言,这两类平面控制网的边长较短,精度较低,范围较小。它们都可以在国家基本平面控制网的基础上加密,当国家平面控制网不能满足它的要求时,必须单独建立城市或工程控制网。独立的城市或工程控制网,其首级控制应根据城市或工程的规模大小及精度要求确定,可以是国家等级的二等、三等或者四等。城市或工程平面控制网一般采用三角测量、边角测量、导线测量和 GNSS 测量的方法进行。

三、地形测图平面控制测量

地形测图平面控制测量完全为地形测图服务。目前,各种大比例尺地形测图大多在小范围内进行,例如一个城镇、一个矿区、一个工程工地。有的测区内很少有或者根本没有国家等级控制点。施测大比例尺地形图时,必须有一定数量的控制点,才能保证地形测图的精度。所以,首先必须在测区内以国家等级控制点为基础布设首级平面控制网,或者布设独立的首级平面高程控制网。从首级控制网的建立,到逐级加密至控制点密度可以满足直接做地形测图图根控制的过程称为区域控制测量。这里主要研究地形测图图根控制测量。

地形图根控制测量分图根平面控制测量和高程控制测量。图根平面控制测量的方法主要有小三角测量、导线测量和 GNSS 测量。

小三角测量是指四等以下的三角测量,它是将地面已知点和未知点构成一系列三角形(锁状或网状),观测各三角形的内角,由已知数据和观测数据推算未知点坐标。这是一种传统的控制测量方法,通视条件要求高,选点困难,观测量大,效率低,但观测量是角度,对仪器设备的要求低,所以长期以来得到很广泛的利用,这种方法目前的实际应用正逐渐减少。

导线测量是将地面已知点和未知点构成一系列的折线,观测相邻折线的水平夹角(折角)和折线的水平距离(边长),由已知数据和观测数据推算未知点坐标。导线测量因选点灵活,工作效率高,在电磁波测距技术普及使用的今天,成了地形平面控制测量的主要方法,广泛应用于实际生产中。

GNSS测量是一种现代的控制测量方法,特别是RTK为地形测图和图根控制测量带来了极大的便利,极大地提高了外业作业效率,它比导线测量更灵活、更快捷,是目前主要使用的新方法。

地形测图平面控制测量的等级,在国家四等以下分为一、二级边角组合网或一级导线、二级(10″级)小三角或二级导线和图根控制测量三级。导线测量也可以依CJJ/T 8—2011《城市测量规范》,在四等以下设立三级导线,即一级、二级和三级导线。地形测图平面控制测量的等级,我国各行业部门的规定略有差异,以下列出CJJ/T 8—2011《城市测量规范》的有关技术指标,见表3-1、表3-2。

表3-1 边角组合网的主要技术指标

等级	测角中误差	平均边长	起始边相对中误差	最弱边相对中误差	测回数 J_2	测回数 J_6	三角形闭合差
一级	±5″	1.0	1/40 000	1/20 000	2	6	±15″
二级	±10″	0.5	1/20 000	1/10 000	1	2	±30″

表3-2 导线测量主要技术指标

等级	测角中误差	导线全长/km	平均边长/m	方位角闭合差	测距中误差/mm	测距相对中误差
一级	±5″	3.6	300	$10\sqrt{n}$ ″	±15	1/14 000
二级	±8″	2.4	200	$16\sqrt{n}$ ″	±15	1/10 000
三级	±12″	1.5	120	$24\sqrt{n}$ ″	±15	1/6 000

注:n为导线转折角的个数。

地形测图平面控制测量要保证各种比例尺测图的精度,单位面积内的各级控制点必须满足一定的要求。各种比例尺测图的控制点的密度要求与地形复杂程度、隐蔽状况有关。一般平坦开阔地区每平方千米,对于1∶2 000比例尺测图应不少于15个控制点,1∶1 000比例尺测图应不少于50个控制点,1∶500比例尺测图应不少于150个控制点。对于地形复杂及城镇建筑区,控制点的密度应视实际情况加大。

四、地形测图平面控制测量的外业工作

地形测图平面控制测量工作在传统实际生产中分为外业和内业两大部分。

地形测图平面控制测量外业工作是指地形平面控制测量在测量现场的野外作业,主要包括踏勘、选点、埋设标志、角度测量、边长测量等工作。在室内进行的数据处理称为内业工作,主要包括检查观测数据、平差计算、资料整理等。现在由于计算机的广泛使用,传统的内业工作也可

以在现场迅速完成。

（一）踏勘与设计

在地形测图任务确定之后，首先要收集有关资料，着手地形平面控制测量的设计工作。要收集测区内和测区附近已有的各级控制点成果资料和各种比例尺地形图，并到测区实地勘察测区范围大小、地形条件、交通条件、物资供应情况及已有控制点保存情况。根据踏勘结果、现有仪器设备情况和测图技术要求，在小比例尺地形图上拟定地形平面控制测量方案，并绘制控制网图。测区范围很小，或者没有可用的地形图时，也可以直接到测区现场，边踏勘边选点。

拟定平面控制测量方案首先要考虑起算数据的问题。平面控制测量的起算数据可以利用测区内或测区附近的国家等级控制点，如果没有可利用的控制点，也可以采用 GNSS 测量的方法获得起算数据。

拟定平面控制测量方案要确定首级控制的等级及加密方案。首级控制的等级主要与测区范围大小有关，测区范围越大，首级控制的等级越高，相应的加密级次越多。大范围地形测图，可以三、四等平面控制作为首级控制；小范围地形测图可以一、二级小三角测量或一、二级导线测量作为首级控制，首级控制也可以采用 GNSS 测量。

拟定平面控制测量方案要确定控制测量的方法。控制测量的方法要根据测区地形条件和现有仪器设备情况来确定。GNSS 测量、导线测量是目前广泛采用的控制测量方法。无论采用哪种方法，设计的控制网都必须满足相关的测量规范要求。

（二）选点与埋标

拟定平面控制测量方案后，就要到现场在实地上把控制点标定出来，实地情况可能与图上有较大的差别，这时就要对原设计方案进行修改调整。所选择的控制点点位应满足下列要求：

(1) 土质坚实，便于保存，应避免在土质松散或易于受损坏的地方选点。

(2) 方便架设仪器和观测。

(3) 需要观测的方向必须通视。

(4) 同一控制点需要观测方向的边长应相近，以减小调焦引起的观测误差。

(5) 必须满足规范对图形的技术要求，例如：使用导线要考虑总长、边长、边数；使用三角锁网需要考虑三角形个数、三角形传递边长的求距角的最大角度、最小角度；交会测量的交会角、交会边长等。

(6) 视野开阔，图根以上等级的控制点要便于加密发展，图根控制点要便于测图。

控制点实地选定后，应按规范埋设点位标志，如图 3-2(a)(b) 所示，并做点之记，如图 3-2(c) 所示。按一般要求，图根控制以上等级的控制点都应埋设永久性标志，永久性标志的规格要符合规范要求。图根控制点可以采用埋设永久性标志和临时性标志相结合的方式。控制点应统一编号,并绘制控制网略图备用。

图 3-2 导线点标志和点之记

(三)角度测量

地形平面控制中的角度测量,根据控制等级的不同,通常采用 J_2 型或 J_6 型经纬仪或全站仪进行观测。观测前,应对所使用的仪器进行检校,保证仪器各项指标满足规范要求。多测回水平角观测,应按规范对每个测回配置度盘;多方向水平角观测应注意选择好零方向,一测站观测方向数超过 3 个时,应严格按全圆方向观测法操作程序进行观测。

导线折角的观测,一般以导线前进方向为准,统一观测左角,并在记录手簿上注明起始方向号。当独立的连接角不参加闭合差计算时,其观测错误无法发现,因此,应特别注意连接角的观测。水平角观测的各种限差应满足规范要求,不合格的成果应重测。

地形平面控制中的角度观测,特别是图根控制中的角度观测,由于边长一般较短,仪器对中误差和目标偏心误差对水平角有较大影响,因此,要特别注意仪器的对中和目标的对中。仪器的光学对中比垂球线对中精度更好,要尽量采用光学对中。照准点上的目标应尽量采用细而直的觇标,太短的边可悬挂垂球线作为照准目标。觇标应严格垂直,觇标的尖端和垂球尖端应精确对准点位。

地形平面控制测量中,水平角观测的限差主要有测回间方向值互差、采用全圆方向观测法时的归零差和三角形角度闭合差。前两种限差与使用的经纬仪精度有关;后一种限差与平面控制等级有关。各种限差的具体规定,按设计任务书指定的规范执行。

(四)距离测量

导线测量中要进行距离测量,根据控制的等级不同,可以采用不同精度的测距仪或全站仪进行距离测量。测距仪或全站仪要进行检验合格才能用于实际生产。

采用测距仪或全站仪进行距离观测时,应同时观测竖直角,记入观测手簿,以便将观测的斜距换算成水平距离。除图根导线外,其他等级导线的距离观测应同时读取温度和气压,记入观测手簿,以便对观测的距离进行气象改正计算。

采用测距仪或全站仪进行距离观测时,距离观测读数的次数和仪器精度指标都要满足有关测量规范的要求,不合格的成果应重测。

场地平坦的地区,无测距仪器时,也可以采用钢尺丈量距离。丈量距离的钢尺要经过检定,不同等级的导线,丈量距离的精度有不同的要求,钢尺丈量距离应满足规范的要求。

▶项目 2　角度测量

一、角度测量原理

角度测量是测量工作的基本内容之一,其目的是为了确定地面点的空间位置。它包括水平角测量和竖直角测量,水平角用于确定地面点的平面位置,竖直角用于确定地面点的高程。

(一)水平角及其测量原理

地面一点到两个目标点的连线在水平面上投影的夹角称为水平角,它也是过两条方向线的铅垂面所夹的两面角。如图 3-3 所示,O、A、B 为三个高度不同的地面点,那么方向线 OA 和 OB 所夹的 $\angle AOB$ 不是水平角。根据水平角的定义,将图 3-3 中的 O、A、B 三点分别沿铅垂线方向投影到水平面上,其投影线 O_1A_1 和 O_1B_1 所夹的 β_1,即为方向线 OA 和 OB 所夹的水平角。为了测定水平角的大小,可以设想在过顶角 O 点上方置一水平刻度圆盘,即水平度盘,圆盘中心 O_2 位于过 O 点的铅垂线上,那么方向线 OA 和 OB 在水平度盘上的投影,相对于水平度盘上的读数分别为 a 和 b,则水平角 β_1 就是两个读数之差,即 $\beta = \beta_1 = b - a$。

图 3-3　水平角观测原理

两条方向线由装在仪器上的望远镜提供,这就是水平角的测角原理。

(二)竖直角及其测量原理

竖直角是指在同一竖直面内,视线与指标线(水平或铅垂方向)的夹角。

当指标线为水平线时,竖直角又被称为倾角,通常用 α 表示。

其测角原理如图 3-4 所示,视线 AB 与水平线 AB' 的夹角 α,即为方向线 AB 的倾角。当指标线指向天顶方向时,竖直角又称为天顶距,通常用 Z 表示,它与竖直角有如下关系:

$$Z = 90° - \alpha \tag{3-1}$$

图 3-4　竖直角观测原理

如图 3-5(a)所示,当视线在竖直面内高于水平线时,倾角 α 为"正",为"仰角";如图 3-5(b)

所示,当视线在竖直面内低于水平线时,竖直角 α 为"负",为"俯角";其角值自水平线起为 0°～±90°。

图 3-5 仰角与俯角

因此,竖直角测量,也可直接进行天顶距测量,原理如图 3-4 所示。为了测定竖直角的大小,需设置一个竖直度盘(竖盘),竖盘平面必须与过视线的铅垂面平行,其中心在过 A 点的水平线上;竖盘能够上下转动,且有一指标线处于铅垂位置,不随度盘的转动而转动。为使指标线处于铅垂位置,必须设置一指标水准管与之相连。水平视线与照准目标的视线在竖直度盘上的读数差就是竖直角。

二、角度测量仪器及其使用

角度测量仪器有经纬仪和全站仪。国产经纬仪按其精度划分为 DJ_{07}、DJ_1、DJ_2、DJ_6,其中字母 D、J 分别表示"大地测量"和"经纬仪"汉语拼音的第一个字母,07、1、2、6 分别表示该仪器一测回方向观测中误差的秒数。

(一) DJ_6 光学经纬仪及其使用

1. 基本构造

DJ_6 光学经纬仪由照准部、水平度盘和基座三大部分组成,如图 3-6 所示。

图 3-6 DJ_6 光学经纬仪的结构

1）照准部

照准部是指水平度盘之上，能绕其旋转轴旋转的全部部件的总称，包括望远镜（用于瞄准目标，由物镜、目镜、调焦透镜、十字丝分划板组成）、管水准器（用于整平仪器）、竖轴（照准部旋转轴的几何中心）、横轴（望远镜的旋转轴）、竖盘指标管水准器（用于指示竖盘指标是否处于正确位置）、光学对点器（用来对中地面点位）、读数显微镜（用来读取水平度盘和竖直度盘的读数）、调节螺旋等。

照准部在水平方向的转动，由水平制动螺旋控制，其在纵向的转动由垂直制动螺旋控制；竖盘指标管水准器的微倾运动由竖盘指标管水准器微动螺旋控制；照准部上的管水准器，用于仪器的精平。

2）水平度盘

水平度盘用于测量水平角，它是圆环形的光学玻璃盘，圆盘的边缘上刻有分划，分划从 $0°\sim 360°$ 按顺时针注记。水平度盘的转动通过复测扳手或水平度盘转换手轮来控制。如图 3-7 所示，18 是常见 DJ_6 光学经纬仪使用的是度盘转换手轮。在转换手轮的外面有一个护盖，使用转换手轮时先把护盖打开，然后再拨动转换手轮将水平度盘的读数配置为需要的数值；不用的时候一定要把护盖盖上，避免不小心碰动转换手轮而导致读数错误。

3）基座

基座就是仪器的底座。经纬仪的照准部通过竖直轴固定在基座上，照准部旋转时，基座不动。基座是通过中心连接螺旋将仪器固定在三脚架上的。基座上有三个脚螺旋，一个圆水准气泡，脚螺旋用于仪器的整平。

（二）经纬仪各部件的名称及作用

经纬仪的外形和各部件的名称，如图 3-7 所示。

（1）水平制动螺旋和水平微动螺旋，可使照准部围绕竖轴做水平转动、制动和微动，主要作用是用于照准目标。

（2）望远镜竖直制动螺旋和竖直微动螺旋，可使望远镜围绕水平轴上下转动、制动和微动，主要作用是精确照准目标。

（3）竖盘指标管水准器，通过该水准器的微动螺旋，可调节其气泡居中，主要作用是使竖盘指标处于正确位置，以便测量竖直角。

（4）照准部管水准器和圆水准器，通过分别调节三个脚螺旋和升降脚架使两水准器气泡居中，主要作用分别是精平仪器和粗平仪器。

（5）水平度盘变换手轮，拨动手轮可使水平度盘处在所需要的位置上（置盘），手轮外有保护盖，用于防止误碰手轮。

1—望远镜竖直制动螺旋;2—望远镜竖直微动螺旋;3—物镜;4—物镜调焦螺旋;5—目镜;6—目镜调焦螺旋;7—粗瞄准器;8—度盘读数显微镜;9—度盘读数显微镜调焦螺旋;10—照准部管水准器;11—光学对中器;12—度盘照明反光镜;13—竖盘指标管水准器;14—竖盘指标管水准器观察反射镜;15—竖盘指标管水准器微动螺旋;16—水平制动螺旋;17—水平微动螺旋;18—水平度盘变换手轮与保护盖;19—圆水准器;20—基座;21—轴套固定螺旋;22—脚螺旋。

图 3-7 DJ$_6$ 光学经纬仪

(6)光学对中器,通过此镜可以看到地面点位。当仪器精确水平时,若从目镜中看到地面点位于对点器的小圆圈中心,说明仪器已对中整平。

(7)轴套固定螺旋,松开它时,整个照准部可从轴套中抽出;固定它时,在观测过程中,水平度盘可始终保持不动,否则,易带动水平度盘引起测角误差。因此,在使用仪器时,不可轻易松动此螺旋。

(8)粗瞄准器,通过其管内的十字标志,可以粗略照准观测目标。

(9)度盘照明反光镜,调整反光镜可使度盘亮度均匀,分划影像清晰,便于准确读数。

(三)DJ$_6$ 光学经纬仪读数方法

测微尺读数装置的光路如图3-8所示。将水平度盘和垂直度盘均刻画为360格,每格的角度是1°,顺时针注记。测微尺60个分格的宽度恰好等于度盘上1°影像的宽度,因此测微尺上一小格代表1′。

如图3-8所示,注记有"水平"(或"H""—")字样窗口的像是水平度盘分划线及其测微尺的像,注记有"竖直"(或"V""⊥")字样窗口的像是竖盘分划线及其测微尺的像。读数方法为"度"数由落在测微尺0~6之间的度盘分划线的注记读出,测微尺的"0"分划线与度盘上的"度"分划线之间的小于1°的角度在测微尺上读出,最小读数可以估读到测微尺上1格的1/10,即0.1′或6″。图3-8的水平度盘读数为180°06′18″(180°06.3′),竖盘读数为75°57′06″(75°57.1′)。

图 3-8 测微尺的读数窗

（四）经纬仪的使用

经纬仪的使用包括对中、整平、调焦和照准、读数及置数等基本操作。

1. 对中

对中的目的是使仪器中心与测站点标志中心位于同一铅垂线上。具体做法：首先将三脚架安置在测站上，使架头大致水平且高度适中。可先用垂球大致对中，整平仪器后取下垂球，再调节对中器的目镜，松开仪器与三脚架间的连接螺旋，两手扶住仪器基座，在架头上平移仪器，使分划板上小圆圈中心与测站点重合，固定中心连接螺旋。平移仪器时，整平可能受到影响，需要重新整平，整平后光学对中器的分划圆中心可能会偏离测站点，需要重新对中。因此，这两项工作需要反复进行，直到对中和整平都满足要求为止。

2. 整平

整平的目的是使仪器竖轴竖直和水平度盘处于水平位置。

如图3-9（a）所示，整平时，先转动仪器的照准部，使照准部水准管平行于任意一对脚螺旋的连线，然后用双手同时以相反方向转动该两脚螺旋，使水准管气泡居中，注意气泡移动方向与左手大拇指移动方向一致；再将照准部转动90°，如图3-9（b）所示，使水准管垂直于原两脚螺旋的连线，转动另一脚螺旋，使水准管气泡居中。如此重复进行，直到在这两个方向气泡都居中为止。居中误差一般不得大于一格。

3. 调焦和照准

照准就是使望远镜十字丝交点精确照准目标。照准前先松开望远镜制动螺旋与照准部制动螺旋，将望远镜朝向天空或明亮背景，进行目镜对光，使十字丝清晰；然后利用望远镜上的照门和准星粗略照准目标，使在望远镜内能够看到物像，再拧紧照准部及望远镜制动螺旋。

图 3-9　用脚螺旋整平方法

转动物镜对光螺旋,使目标清晰,并消除视差;转动照准部和望远镜微动螺旋,精确照准目标。测水平角时,应使十字丝竖丝精确地照准目标,并尽量照准目标的底部,如图 3-10(a)所示;测竖直角时,应使十字丝的横丝(中丝)精确照准目标,如图 3-10(b)所示。

(a)纵丝测水平角　　　　　　　　(b)横丝测竖角

图 3-10　角度测量瞄准照准标志的方法

4. 读数

调节反光镜及读数显微镜目镜,使度盘与测微尺影像清晰,亮度适中,然后按前述的读数方法读数。

(五)全站仪的使用

全站型电子速测仪(简称全站仪)是集测角、测距、自动记录于一体的仪器,由光电测距仪、电子经纬仪、数据自动记录装置三大部分组成。

下面以南方 NTS-350 全站仪为例介绍全站型电子速测仪的结构和使用方法。

1. 南方 NTS-350 全站仪的结构

南方 NTS-350 全站仪的测距精度为 $3\ mm + 2\ mm/km \times D$($D$ 为测距边长,以 km 为单位),测角精度根据系列型号的不同分为 $\pm 2''$、$\pm 5''$。南方 NTS-350 全站仪的基本构造如图 3-

11 所示。

图 3-11　南方 NTS-350 全站仪

南方 NTS-350 全站仪能测量角度和距离，还能进行高程测量、坐标测量，坐标放样，以及对边测量、悬高测量、偏心测量、面积测量等。测量数据可存储到仪器的内存中，它能存储 8 000 个点的坐标数据，或者存储 3 000 个点的坐标数据和 3 000 个点的测量数据（原始数据）。所存数据能进行编辑、查阅和删除等操作，能方便地与计算机相互传输数据。南方 NTS-350 全站仪的竖直角采用电子自动补偿装置，可自动测量竖直角。

2. 反光棱镜与觇牌

与全站仪配套使用的反光棱镜与觇牌如图 3-12 所示，由于全站仪的望远镜视准轴与测距发射接收光轴是同轴的，故反光棱镜中心与觇牌中心一致。对中杆棱镜组的对中杆与两条铝脚架一起构成简便的三脚架系统，操作灵活方便，在低等级控制测量和施工放线测量中应用广泛。在精度要求不很高时，还可拆去其两条铝脚架，单独使用一根对中杆，方便携带和使用。

1) 棱镜组的安置

如图 3-12(a)所示，将基座安放到三脚架上，利用基座上的光学对中器和基座螺旋进行对中整平，具体方法与光学经纬仪相同。将反光棱镜和觇牌组装在一起，安放到基座上，再将反光面朝向全站仪，如果需要观测高程，则用小钢尺量取棱镜高度，即地面标志到棱镜或觇牌中心的高度。

2) 对中杆棱镜组的安置

如图 3-12(b)所示，使用对中杆棱镜组时，将对中杆的下尖对准地面测量标志，两条架腿张开合适的角度并踏稳，双手分别握紧两条架腿上的握式锁紧装置，伸缩架腿长度，使圆气泡居中，完成对中整平工作。

模块三 平面控制测量

(a)单棱镜组　　　　　　　　(b)对中杆棱镜组

图 3-12　全站仪反光棱镜组

3. 南方 NTS-350 全站仪的使用

1)安置仪器

将全站仪安置在测站上,对中整平,方法与经纬仪相同,注意全站仪脚架的中心螺旋与经纬仪脚架不同,两种脚架不能混用。安置反光镜于另一点上,经对中整平后,将反光镜朝向全站仪。

2)开机

按面板(图 3-13)上的 POWER 键打开电源,按 F1(▼)或 F2(▲)键调节屏幕文字的对比度,使其清晰易读,上下转动一下望远镜,完成仪器的初始化,此时仪器一般处于测角状态。

图 3-13　南方 NTS-350 全站仪面板

有关键盘符号的名称与功能如下所示:

ANG(▲)——角度测量键(上移键),进入角度测量模式(上移光标)。

　　(▼)——距离测量键(下移键),进入距离测量模式(下移光标)。

　　(◀)——坐标测量键(左移键),进入坐标测量模式(左移光标)。

MENU(▶)——菜单键(右移键),进入菜单模式(右移光标),可进行各种程序测量、数据采集、放样和存储管理等。

ESC——退出键,返回上一级状态或返回测量模式。

＊——星键,进入参数设置状态。

POWER——电源开关键,短按开机,长按关机。

F1～F4——功能键,对应于显示屏最下方一排所示信息的功能,具体功能随不同测量状态而不同。

0～9——数字键,输入数字和字母、小数点、负号。

开机时要注意观察显示窗右下方的电池信息,判断是否有足够的电池电量并采取相应的措施,电池信息意义如下:

≡——电量充足,可操作使用。

=——刚出现此信息时,电池尚可使用1小时左右;若还需使用较长时间,则应准备好备用的电池。

—— 电量已经不多,尽快结束操作,更换电池并充电。

— 闪烁到消失——从闪烁到缺电关机大约可持续几分钟,表示电池已无电,应立即更换电池。

3) 温度、气压和棱镜常数设置

全站仪测中时发射红外光的光速随大气温度和压力的改变而改变,温度和气压通过输入测量时测站周围的温度和气压设置,由仪器自动对测距结果实施大气改正。棱镜常数是指仪器红外光经过棱镜反射回来时,在棱镜处多走的一段距离,这个距离对同一型号的棱镜来说是固定的,例如南方全站仪配套的棱镜为30 mm,测距结果应加上－30 mm,才能抵消其影响,－30 mm即为棱镜常数,在测距时输入全站仪,由仪器自动进行改正,显示正确的距离值。

预先测得测站周围的温度和气压,例:温度为＋25 ℃,气压为1 017.5 hPa。按 ▲ 键进入测距状态,按F3键执行[S/A]功能,进入温度、气压和棱镜常数设置状态,再按F3键执行[T－P]功能,先进入温度、气压设置状态,依次输入温度15.0和气压1 017.5,按F4回车确认,见图3－14(a)。按ESC键退回到温度、气压和棱镜常数设置状态,按F1键执行[棱镜]功能,进入棱镜常数设置状态,输入棱镜常数(－30),按F4回车确认,见图3－14(b)。

温度和气压设置 温度: ＞ 25.0 ℃ 气压: 1 017.5 hPa 输入 ---- ---- 回车	棱镜常数设置 棱镜: －30.0 mm 输入 ---- ---- 回车	HR: 170° 30′ 20″ HD: 235.342 m VD: 36.551 m 测量 模式 S/A P1↓
(a)	(b)	(c)

图3－14 温度、气压、棱镜常数设置和测距屏幕

4)距离测量

照准棱镜中心,按 ◢ 键,距离测量开始,1~2 s 后在屏幕上显示水平距离 HD,例如"HD:235.343 m",同时屏幕上还显示全站仪中心与棱镜中心之间的高差 VD,例如"VD:36.551 m",见图 3-14(c)。如果需要显示斜距,则按 ◢ 键,屏幕上便显示斜距 SD,例如"SD:241.551"。

测距结束后,如需要再次测距,按 F1 键即可。如果仪器连续地反复测距,说明仪器当时处于"连续测量"模式,可按 F1 键,使测量模式由"连续测量"转为"N 次测量",当光电测距正在工作时,再按 F1 键,测量模式又由"N 次测量"转为"连续测量"。

仪器在测距模式下,即使还没有完全瞄准棱镜中心,只要有回光信号,便会进行测距,因此,一般先按 ANG 键进入角度测量状态,瞄准棱镜中心后,再按 ◢ 键测距。按 F1~F4 功能键可完成测量距离测量等操作(表 3-1)。

表 3-1 南方 NTS-350 距离测量各功能键说明

页数	软件	显示符号	功能
第 1 页 (P1)	F1	测量	启动距离测量
	F2	模式	设置距离测量模式:精测/跟踪
	F3	S/A	温度、气压、棱镜常数等设置
	F4	P1↓	显示第 2 页软件功能
第 2 页 (P2)	F1	偏心	偏心测量模式
	F2	放样	距离放样模式
	F3	m/f/i	距离单位设置:米/英尺/英寸
	F4	P2↓	显示第 1 页软件功能

5)角度测量

角度测量是全站仪的基本功能之一,开机一般默认进入测量角状态,南方 NTS-350 也可按 ANG 键进入测角状态,屏幕上的"V"为竖直角读数,"HR"(度盘顺时针增大)或"HL"(度盘逆时针增大)为水平度盘读数,水平角置零等操作可按 F1~F4 功能键完成(表 3-2)。

表 3-2 南方 NTS-350 角度测量功能键的功能

页数	软件	显示符号	功能
第 1 页 (P1)	F1	置零	水平角置为 0°00′00″
	F2	锁定	水平角读数锁定
	F3	置盘	通过键盘输入数字设置水平角
	F4	P1↓	显示第 2 页软件功能

续表

页数	软件	显示符号	功能
第2页（P2）	F1	倾斜	设置倾斜改正的开和关
	F2	—	—
	F3	V%	垂直角与百分度的转换
	F4	P2↓	显示第3页软件功能
第3页（P3）	F1	H—蜂鸣	转至水平角0°、90°、180°、270°的蜂鸣设置
	F2	R/L	水平角右/左计数转换
	F3	竖角	垂直角（高度角/天顶距）的转换
	F4	P3↓	显示第1页软件功能

三、水平角测量方法与技术

水平角观测的常用方法有测回法和方向观测法两种。

（一）测回法

测回法适用于观测只有两个方向的单个水平角。如图3-15所示，A、B、C三点分别为地面上的三点，欲测定∠ABC，一测回的操作步骤如下。

图3-15　测回法观测水平角

(1)将仪器安置在测站点B，对中、整平。

(2)使仪器置于盘左位置(竖盘在望远镜的左边，又称正镜)，精确瞄准目标A，读取读数$a_左$；顺时针旋转照准部，瞄准目标C，并读取读数$c_左$，以上称为上半测回，上半测回的角值$\beta_左 = c_左 - a_左$。

(3)倒转望远镜成盘右位置(竖盘在望远镜的右边，又称倒镜)，精确瞄准目标C，读取读数$c_右$；逆时针旋转照准部，精确瞄准目标A，读得$a_右$，以上称为下半测回，下半测回角值$\beta_右 = c_右 - a_右$。上、下两个半测回构成一个测回。对DJ_6光学经纬仪，若上、下半测回角度之差$\beta_左 -$

$\beta_{右} \leqslant \pm 40''$,则取 $\beta_{左}$、$\beta_{右}$ 的平均值作为该测回角值,即

$$\beta = \frac{1}{2}(\beta_{左} + \beta_{右}) \tag{3-2}$$

测回法观测水平角的记录和计算实例如表 3-3 所示。

表 3-3 测回法观测手簿

测站:_____ 成像:_____ 仪器:_____ 时间:_____
观测者:_____ 记录者:_____ 天气:_____

测回	测站	竖盘位置	目标	水平度盘读数 /(° ′ ″)	半测回角值 /(° ′ ″)	一测回角值 /(° ′ ″)	各测回平均角值 /(° ′ ″)	备注
Ⅰ	B	左	A	0 01 24	62 11 12	62 11 09	62 11 10	
			C	62 12 36				
		右	C	242 12 42	62 11 06			
			A	180 01 36				
Ⅱ	B	左	A	90 01 12	62 11 06	62 11 12		
			C	152 12 18				
		右	C	332 12 24	62 11 18			
			A	270 01 06				

在测回法测角中,如只测一个测回可以不配置度盘起始位置。当测角精度要求较高,需要观测多个测回时,为了减小度盘刻画误差的影响,第一测回应将起始目标的读数用度盘变换手轮调至 $0°00'$ 附近,其他各测回则按式(3-3)中的 m 配置度盘起始位置。

$$m = \frac{180°}{n}(i-1) \tag{3-3}$$

式中,n——测回数;

i——测回序号。

用 DJ_6 光学经纬仪观测时,所有限差如果不超过表 3-4 的要求,取各测回平均值为最后成果。

表 3-4 DJ_6 测回法水平角观测的限差

项目	半测回角值互差	各测回角值互差
限差	40″	24″

(二)方向观测法

当测站上的方向观测数在 3 个或 3 个以上时,一般采用方向观测法。该方法以某个方向为起始方向(又称零方向),依次观测其余各个目标相对于起始方向的方向值,则每一个角度即为组成该角的两个方向值之差。

如图 3-16 所示，P 为测站点，A、B、C、D 为四个目标点，欲测定 P 到各目标方向之间的水平角，操作步骤如下。

图 3-16　方向法观测水平角

1. 测站观测

(1) 将仪器安置于测站点 P，对中、整平；在 A、B、C、D 中选定一成像清晰、稳定的目标作为零方向（如图所示 A 为零方向）。

(2) 上半测回观测：观测顺序是 $A \rightarrow B \rightarrow C \rightarrow D \rightarrow A$，即盘左瞄准目标 A，将水平度盘读数配置为略大于 $0°$，检查瞄准情况后读取度盘读数并记录；松开制动螺旋，顺时针转动照准部，依次瞄准 B、C、D 的照准标志并读数，最后再次瞄准起始方向 A（归零），并读数。两次瞄准 A 点的读数之差为归零差。对于不同精度等级的仪器，其限差按 CJJ 8—2011《城市测量规范》要求，详见表 3-5。

表 3-5　方向观测法的各项限差

经纬仪型号	半测回归零差	一测回内 2C 互差	同一方向各测回较差
DJ_2 型	8″	13″	9″
DJ_6 型	18″	—	24″

(3) 下半测回观测：观测顺序是 $A \rightarrow D \rightarrow C \rightarrow B \rightarrow A$，即纵转望远镜，盘右瞄准标志 A，读数并记录，松开制动螺旋，逆时针转动照准部，依次瞄准 D、C、B 并读数，最后再次瞄准起始方向 A（下半测回归零）。

上、下半测回构成一个测回，在同一测回内不能再次改变水平度盘的位置。当精度要求较高，需测多个测回时，各测回间应按式(3-3)中的 m 配置度盘起始方向的读数。规范规定：三个方向的方向法可以不归零，超过三个时方向必须归零。

2. 记录计算

方向法的观测手簿见表 3-6，上半测回各方向的读数从上往下记录，下半测回各方向读数则按从下往上的顺序记录。

(1) 归零差的计算。对起始方向 A，应分别计算盘左和盘右位置两次瞄准的读数差 Δ，并记入表格。若"归零差"超限，则应及时进行重测。

(2)两倍视准误差 2C 的计算：
$$2C = L - (R \pm 180°) \quad (3-4)$$

式中，L——盘左读数；

R——盘右读数（当 $R \geqslant 180°$ 时，取"—"；当 $R < 180°$ 时，取"+"）。

各方向的 2C 值分别列入表 3-6 中的第 4 栏。在同一测回内同一台仪器的各方向 2C 应为一个定值，若有互差，其变化值不应超过表 3-5 的限差要求。

(3)各方向平均读数的计算：
$$\text{平均读数} = \frac{L + (R \pm 180°)}{2} \quad (3-5)$$

式中，L——盘左读数；

R——盘右读数（当 $R \geqslant 180°$ 时，取"—"；当 $R < 180°$ 时，取"+"）。

计算时，以 L 为准，R 加减 180°后与 L 取平均值，结果列入表 3-6 中的第 5 栏。

表 3-6 方向法观测手簿

测站：_____ 成像：_____ 仪器：_____ 时间：_____
观测者：_____ 记录者：_____ 天气：_____

觇 点	读数		2C	平均读数	一测回归零方向值	各测回平均方向值	备 注
	盘左(L)	盘右(R)					
1	2	3	4	5	6	7	8
	(° ′ ″)	(° ′ ″)	(″)	(° ′ ″)	(° ′ ″)	(° ′ ″)	
第Ⅰ测回	09″	36″		(0 02 22)			
A	0 02 06	180 02 36	−30	0 02 21	0 00 00	0 00 00	
B	39 29 42	219 30 06	−24	39 29 54	39 27 32	39 27 28	
C	52 08 12	232 08 42	−30	52 08 27	52 06 05	52 06 04	
D	100 48 54	280 49 30	−36	100 49 12	100 46 50	100 46 50	
A	0 02 12	180 02 36	−24	0 02 24			
	Δ左 = +6″	Δ右 = 0″					
第Ⅱ测回	15″	48″		(90 02 32)			
A	90 02 12	270 02 42	−30	90 02 27	0 00 00		
B	129 29 42	309 30 12	−30	129 29 57	39 27 25		
C	142 08 24	322 08 48	−24	142 08 36	52 06 04		
D	190 49 00	10 49 42	−42	190 49 21	100 46 49		
A	90 02 18	270 02 54	−36	90 02 36			
	Δ左 = +6″	Δ右 = +12″					

(4)一测回归零方向值的计算。将各方向的平均读数分别减去起始方向的平均读数,即得归零后的方向值。表3-6中第Ⅰ测回起始方向A的平均读数为$(0°02'21''+0°02'24'')/2=0°02'22''$。各方向一测回归零值列入第6栏。

(5)各测回平均方向值的计算。当一个测站观测两个或两个以上测回时,应检查同一方向值各测回的互差,其限差详见表3-5。若检查结果符合要求,取各测回同一方向归零后方向值的平均值作为最后结果,列入表3-6中第7栏。

(6)水平角的计算。相邻方向值之差,即为两相邻方向所夹的水平角。

一测回观测完成后,应及时进行计算,并对照检查各项限差,如有超限,应立即重测。

(三)水平角观测的注意事项

(1)仪器高度应和观测者的身高相适应;三脚架要踩实,仪器与脚架连接要牢固,操作仪器时不要用手扶三脚架,走动时要防止碰动脚架;转动照准部和望远镜之前,应先松开制动螺旋,使用各种螺旋时用力要轻;任何情况下,观测员都不能离开仪器。

(2)精确对中,特别是对短边测角,对中要求应更严格。

(3)当观测目标间高低相差较大时,更应注意仪器整平。

(4)照准标志要竖直,尽可能用十字丝交点瞄准标杆或测钎底部,瞄准目标时注意消除视差。

(5)一测回水平角观测过程中,不得再调整照准部管水准气泡,如气泡偏离中央超过1格时,应重新整平与对中仪器,重新观测。

(6)有阳光照射时,应打伞遮光观测;成像不清晰时应停止观测。

(7)记录要清楚,应当场计算,发现错误,立即重测。具体记簿规定:

①一切原始观测值和记事项目,必须现场记录在规定格式的外业手簿中。

②一切数字和文字记载应正确、清楚、整齐、美观。凡更正错误,均应将错字用斜线(左上至右下)整齐划去,在其上方填写正确的数字或文字,原错字仍能看清,以便检查,禁止涂擦和转抄。对超限划去的成果,均应在备注栏内注明原因和重测结果所在页数。

③对原始记录的秒值不得做任何修改。原始记录的度、分确属读错、记错,可在现场更正,但不得连环更改(如:同一方向盘左、盘右及其平均值),否则均应重测。

④外业手簿中各记事项目都必须记载完整。

(8)在一个测站上,只有当观测结果全部计算完成并检查合格后,方可迁站。

四、竖直角测量方法与技术

(一)竖直角测量概述

竖直角测量的目的是将观测的倾斜距离换算为水平距离或计算三角高程。

1. 斜距计算为平距

如图 3-17(a)所示,测得 A、B 两点间的斜距 S 及竖直角 α,其水平距离 D 的计算公式为

$$D = S \cdot \cos\alpha \tag{3-6}$$

2. 三角高程计算

如图 3-17(b)所示,当用水准测量方法测定 A、B 两点间的高差 h_{AB} 有困难时,可以利用测得的斜距 S、竖直角 α、仪器高 i、目标高 v,依据下列公式求出:

$$h_{AB} = S\sin\alpha + i - v \tag{3-7}$$

若已知 A 点高程 H_A 时,B 点高程 H_B 为

$$H_B = H_A + h_{AB} = H_A + S\sin\alpha + i - v \tag{3-8}$$

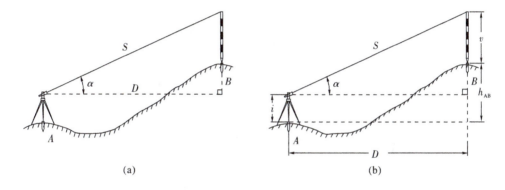

图 3-17 竖直角测量应用

上述测量高程的方法称为三角高程测量。

(二)竖直角的计算

无论竖盘注记采用哪种形式,计算竖直角都是倾斜方向读数与水平方向读数之差。以仰角为例,只需将所用仪器望远镜放在大致水平位置观察一下读数,然后将望远镜逐渐上仰,观察读数是增大还是减小,即可得出计算公式:

(1)若望远镜视线上仰时,竖盘读数逐渐增大,则竖直角 α = 瞄准目标时的读数 - 视线水平时的读数;

(2)当望远镜视线上仰时,竖盘读数逐渐减小,则竖直角 α = 视线水平时的读数 - 瞄准目标时的读数。

如图 3-18(a)所示,望远镜位于盘左位置,当视准轴水平,竖盘指标管水准气泡居中时,竖盘读数为 90°;将望远镜抬高一个角度 α 照准目标,竖盘指标管水准气泡居中时,竖盘读数设为 L,小于 90°,则盘左观测的竖直角为

$$\alpha_{左} = 90° - L \tag{3-9}$$

如图 3-18(b)所示,纵转望远镜于盘右位置,当视准轴水平,竖盘指标管水准气泡居中时,竖盘读数为 270°;将望远镜抬高一个角度 α 照准目标,竖盘指标管水准气泡居中时,竖盘读数设为 R,大于 270°,则盘右观测的竖直角为

$$\alpha_{右} = R - 270° \qquad (3-10)$$

为消除观测误差,通常取 $\alpha_{左}$ 和 $\alpha_{右}$ 的平均值为竖直角 α 的最后结果:

$$\alpha = \frac{1}{2}(\alpha_{左} + \alpha_{右}) = \frac{1}{2}(R - L - 180°) \qquad (3-11)$$

图 3-18 竖直角测量原理

(三)竖盘读数指标差

当竖盘指标水准管气泡居中且视线水平时,读数指标处于正确位置,即指向 90°或 270°。竖直角计算公式(3-9)和(3-10)即在此条件下推导而得。竖盘指标差是指竖直度盘指标线偏离正确位置,与正确位置相差一个小角度 x。如图 3-19 所示,当指标线沿度盘注记增大的方向偏移时,读数增大,则 x 为正,反之 x 为负。

图 3-19(a)中,盘左位置,望远镜上仰时,读数减小。设视线倾斜时竖盘读数为 L,则正确的竖直角为

$$\alpha_{左} = 90° - L + x = \alpha_L + x \qquad (3-12)$$

图 3-19(b)中,盘右位置,望远镜上仰时,读数增大。设视线倾斜时竖盘读数为 R,则正确的竖直角为

$$\alpha_{右} = R - 270° - x = \alpha_R - x \qquad (3-13)$$

图 3-19 竖盘指标差

式(3-12)与式(3-13)相减得

$$x = \frac{1}{2}(\alpha_L + \alpha_R) = \frac{1}{2}(R + L - 360°) \tag{3-14}$$

取盘左、盘右竖直角的平均值得

$$\alpha = \frac{1}{2}(R - L - 180°) \tag{3-15}$$

式(3-15)与无指标差时竖直角的计算公式(3-11)完全相同,说明通过盘左、盘右竖直角取平均值,可以消除指标差的影响。

(四)竖直角观测

竖直角观测分为中丝法和三丝法两种。

1. 中丝法

(1)在测站上安置好仪器,用小钢尺量取仪器高 i。仪器高是指测站点标志顶部到经纬仪横轴中心的垂直距离。

(2)盘左瞄准目标,固定照准部和望远镜,旋转水平微动螺旋和垂直微动螺旋,使十字丝的中丝精确切准目标特定部位,如图 3-10(b)所示。

(3)旋转竖盘指标管水准器微动螺旋,使气泡居中,重新检查十字丝中丝是否切准目标,确认无误后即可读数,记入手簿中相应位置,手簿格式见表3-7。(注:对于有自动安平补偿器的经纬仪不需此项操作,观测时切准目标即可读数。)

(4)纵转望远镜,盘右位置瞄准同一目标的同一特定部位,按第3项操作并读数,记入手簿中相应位置。

(5)根据式(3-14)和式(3-15)计算指标差和竖直角。对于DJ_6经纬仪,指标差互差≤±25″时即为合格成果,超限应重测。

以上操作称为一测回观测。图根控制竖直角观测,一般要求中丝法测2个测回,各测回指标差互差≤±25″时成果合格。当一个测站上观测多个目标时,可将3~4个目标作为一组,先观测本组所有目标的盘左,再纵转望远镜观测本组所有目标的盘右,将该数分别记入手簿相应栏内,这样可以减少纵转望远镜的次数,节约观测时间,但要防止记簿时记错位置。

表3-7 竖直角中丝法记录手簿

测站:_____ 成像:_____ 仪器:_____ 时间:_____
观测者:_____ 记录者:_____ 天气:_____

测站	目标	竖盘位置	竖盘读数 /(° ′ ″)	半测回竖直角 /(° ′ ″)	指标差 /(″)	一测回竖直角 /(° ′ ″)	备注
O	A	左	76 30 24	+13 29 36	+9	+13 29 45	
		右	283 29 54	+13 29 54			
O	B	左	93 29 36	-3 29 36	+12	-3 29 24	
		右	266 30 48	-3 29 12			

2. 三丝法

三丝法就是用望远镜十字丝的上、中、下三根横丝,分别依次切准目标并读数,从而计算竖直角。

三丝法的观测方法与中丝法基本相同,不同点是盘左按上、中、下三丝读数记录,盘右则按下、中、上三丝读数记录。以上操作称为一测回观测,图根控制竖直角观测一般要求三丝法测1个测回。由于上、下丝与中丝间所夹视角均约为17′,所以由上、中、下三丝观测值算得的指标差相差约为17′(表3-8)。按三丝所测得的L和R分别计算出相应的竖直角,对于一、二级导线竖直角互差≤±25″时,取平均值作为最后结果。

表 3-8　竖直角三丝法记录手簿

测站：_____　　成像：_____　　仪器：_____　　时间：_____

观测者：_____　　记录者：_____　　天气：_____

测站	觇点	读数		指标差 /(′ ″)	竖直角 /(° ′ ″)	竖直角平均值 /(° ′ ″)	各测回平均值 /(° ′ ″)
		盘左 /(° ′ ″)	盘右 /(° ′ ″)				
C_7	N	87　32　42	271　53　36	－16　51	＋2　10　27	＋2　10　30	
		87　49　48	272　10　36	＋0　12	＋2　10　24		
		88　06　48	272　28　10	＋17　29	＋2　10　41		
C_7	M	95　06　42	264　20　06	－16　36	－5　23　24	－5　23　18	
		95　23　48	264　37　18	＋0　33	－5　23　15		
		95　41　06	264　54　24	＋17　45	－5　23　21		

（五）竖直角观测的注意事项

(1)横丝切准目标的特定部位,必须在观测手簿相应栏内注明或绘图表示,同一目标必须切准同一部位。

(2)盘左、盘右照准目标时,应使目标影像位于纵丝附近两侧对称位置上,这样有利于消除横丝不水平引起的误差。

(3)每次读数前必须使指标水准器气泡居中(对自动补偿经纬仪则无此要求)。

(4)竖直角的观测时间,宜选择 9 时～15 时目标成像清晰稳定时进行,避免在日出后和日落前 2 小时观测。

(5)每个测站应用钢尺量取仪器高和觇标高,尤其对觇标的各特定部位应量取 2 次,每次读至 mm,2 次结果较差不得超过 1 cm,取中数记入观测手簿内。量取目标高度的位置必须与观测时的照准位置一致。

(6)记录计算要求同水平角观测。

五、角度测量误差与预防

角度测量的误差来源于仪器误差、观测误差及外界条件的影响三个方面。

（一）仪器误差

仪器误差主要包括两个方面,一是仪器制造和加工不完善引起的误差,如度盘分划不均匀、水平度盘偏心等;二是仪器检校不完善引起的误差,如视准轴不垂直于水平轴、水平轴不垂直于竖轴、照准部水准管轴不垂直于竖轴等。这些误差可以用适当的观测方法来消除或减弱,例如采用盘左和盘右两个盘位观测取平均值的方法,消除视准轴不垂直于水平轴,水平轴不垂直于竖轴及水平度盘偏心等误差的影响;采用变换度盘位置观测取平均值的方法可减弱水平度盘刻画不均匀误差的影响等。仪器竖轴倾斜引起的误差,无法用观测方法来消除,因此,在视线倾斜过大的地区观测水平角,要特别注意仪器的整平。

(二)观测误差

1. 仪器对中误差

测角时,若经纬仪对中有误差,将使仪器中心与测站点不在同一条铅垂线上,造成测角误差。如图 3-20 所示,C 为测站标志中心,观测 $\angle ACB = \beta$;C_0 为仪器实际对中位置,测得 $\angle AC_0B = \beta'$;e 为对中误差(CC_0),S_A、S_B 分别为测站至目标的距离,δ_1、δ_2 分别为对中误差 e 对观测目标 A、B 水平方向值的影响,则

$$\beta = \beta' + (\delta_1 + \delta_2)$$

故由对中误差引起的水平角误差为

$$\Delta\beta = \beta - \beta' = \delta_1 + \delta_2$$

若以 δ 代表 δ_1、δ_2(角度误差),S 代表 S_A、S_B,δ 很小,此处不再推证。

$$\delta_{\text{中}} = \frac{e}{\sqrt{2}S}\rho'' \tag{3-16}$$

图 3-20 仪器对中误差

由此可知,当 S 一定时,e 越长,δ 越大;e 相同时,S 越长,δ 越小;e 的长度不变而只是方向改变时,e 与 S 正交的情况 δ 最大,e 与 S 方向一致的情况 δ 为零,故当 $\angle ACC_0 = \angle BCC_0 = 90°$ 时,$(\delta_1 + \delta_2)$ 的值最大。所以观测接近 180°的水平角或边长过短时,应特别注意仪器的对中。

2. 目标偏心误差

目标偏心误差是指照准点上竖立的目标不垂直或没有立在点位中心而引起的测角误差。如图 3-21 所示,O 为测站点,A、B 分别为目标点标志的实际中心,A'、B' 为观测时照准的目标中心,e_1、e_2 分别为目标 A、B 的偏心误差,β 为实际角度,β' 为观测角度,S_A、S_B 分别为目标 A、B 至测站点的距离,δ_1、δ_2 分别为 A、B 目标偏心对水平观测方向值的影响。若以 δ 代表目标偏心所引起的角度误差,S 代表 S_A、S_B,e 代表 e_1、e_2,因 δ 很小,故有

图 3-21 目标偏心误差

$$\delta_{\text{目}} = \frac{e}{S}\rho'' \tag{3-17}$$

由此可以看出,此种误差的影响与对中误差的影响大致相同。目标偏心越大,距离越短,偏心方向与测站方向的夹角成 90°时,对观测方向值的影响越大。因此,观测边越短,越要注意将标志

杆立直,并立在点位中心上,标志杆一定要细一些,观测时尽量照准目标的最底部。

3. 仪器整平误差

角度观测时若气泡不居中,导致竖轴倾斜而引起的角度误差,不能通过改变观测方法来消除。因此,在观测过程中,必须保持水平度盘水平、竖轴竖直,在一测回内,若气泡偏离超过2格,应重新整平仪器,并重新观测该测回。

4. 照准误差

照准误差是人眼通过望远镜照准目标而产生的误差。在角度观测中,影响照准误差的因素有望远镜放大倍率、物镜孔径等仪器参数,人眼的判别能力,照准目标的形状、大小、颜色,目标影像的亮度和清晰度及通视情况等。其中望远镜放大倍率和人眼的判别能力是影响照准精度的主要因素。

照准误差的大小,一般为 $\frac{60''}{V}$,V 为望远镜的放大率,$60''$ 为人眼的最小识别角,对 J_6 经纬仪而言 $V=25$,则其照准误差为 $\pm 2.4''$。

5. 读数误差

读数误差与仪器的读数设备、观测者的经验及照明情况有关,主要取决于读数设备,一般以仪器最小估读数作为读数误差的极限。对于 J_6 级经纬仪,其读数误差的极限为 $\pm 6''$,如果照明情况不佳、显微目镜调焦不好或观测者技术不熟练,其读数误差将会大大超过 $\pm 6''$。

(三)外界条件的影响

外界环境的影响比较复杂,一般难以由人力来控制。大风可使仪器和标杆不稳定;雾气会使目标成像模糊;松软的土质会影响仪器的稳定;烈日曝晒可使三脚架发生扭转,影响仪器的整平;温度变化会引起视准轴位置变化;大气折光变化致使视线产生偏折等,这些都会给角度测量带来误差。因此,应选择有利的观测条件,尽量避免不利因素对角度测量的影响。

六、角度测量仪器的常规检验与校正

在角度测量中,要求经纬仪整平后,望远镜上下转动时视准轴应在同一个竖直面内。如图3-22所示,要达到上述要求,经纬仪各轴线之间必须满足下列几何条件:

(1)照准部水准管轴应垂直于仪器竖轴($LL \perp VV$);
(2)视准轴应垂直于水平轴($CC \perp HH$);
(3)水平轴应垂直于竖轴($HH \perp VV$)。

此外,为了测得正确的水平角和竖直角值,十字丝竖丝应垂直于水平轴,竖盘指标应处于正确位置。

图3-22 经纬仪的轴线

（一）照准部水准管轴垂直于竖轴的检验与校正

1. 检验

先将仪器大致整平，转动照准部，使其水准管平行于任意两只脚螺旋的连线。相对转动这两只脚螺旋使水准管气泡居中，然后将照准部旋转90°，转动第三只脚螺旋使水准管气泡居中。再将照准部转动90°，如水准管气泡仍居中，说明水准管轴与竖轴垂直，若气泡不再居中，则说明水准管轴与竖轴不垂直，需要校正。

2. 校正

校正针拨动水准管一端的校正螺丝使气泡向中央退回偏离格数的一半，这时水准管轴与竖轴垂直。然后相对转动这两只脚螺旋，使水准管气泡居中，这时水准管轴水平，竖轴处于竖直位置。此项检验校正要反复进行，直到气泡偏离零点不大于半格为止。

（二）十字丝纵丝垂直于水平轴的检验与校正

1. 检验

将仪器整平后，用十字丝竖丝一端照准远处一清晰的小点 A，固定照准部和望远镜，旋转望远镜的竖直微动螺旋，若 A 点移动的轨迹偏离十字丝竖丝，则需要校正，如图 3-23 所示。

2. 校正

打开十字丝环护盖，可见如图 3-24 所示的校正装置，松开四个固定螺丝 E，轻轻转动十字丝环，直到望远镜上下仰俯时点 A 与竖丝始终重合为止，最后拧紧固定螺丝，并旋上护盖。此项校正必须反复进行，直到条件满足。

图 2-23 十字丝竖丝的检验

图 3-24 十字丝竖丝的校正

（三）视准轴垂直于水平轴的检验和校正

1. 检验

在一平坦场地上，选择相距大于 20 m 的 A、B 两点，安置经纬仪于 AB 连线的中点 O，在 A 点设置一个与仪器高相等的标志，在 B 点与仪器等高的位置横置一把刻有 mm 分划的直尺，并

使其垂直于视线 OB。先盘左瞄准 A 点标志,固定照准部,然后纵转望远镜,在 B 尺上读数得 m(图 3-25(a));再盘右瞄准 A 点,固定照准部,纵转望远镜,在 B 尺上读数得 n(图 3-25(b))。若 $m=n$,说明视准轴垂直于横轴,否则需要校正。

若视准轴不垂直于横轴,相差一 c 角,则盘左时 mB 之长为 $2c$ 的反映,盘右时 nB 之长亦 $2c$ 的反映,即 mn 之长为 $4c$ 的反映。此时,c 值为

$$c = \frac{1}{4} \cdot \frac{mn}{OB} \cdot \rho$$

当 $c > 1'$ 时,须校正仪器。

图 3-25 视准轴垂直于横轴的检验与校正

2. 校正

当盘右位置再瞄准 A 点,纵转望远镜在 B 尺上读数得 n 时,取 mn 的四分之一,如图 3-25(b)所示 P 点,此时,OP 方向便垂直于横轴 HH。打开十字丝环护盖,用拨针调节十字丝环的左右两个校正螺丝,一松一紧,使十字丝交点与 P 点重合。此项校正必须反复进行,直至满足 $-1' < c < 1'$ 为止。

(四)水平轴垂直于仪器竖轴的检验

若水平轴不垂直于仪器竖轴,则仪器整平后竖轴虽已竖直,但水平轴并不水平,因此,视准轴绕倾斜的水平轴旋转所形成的轨迹是一个倾斜面。当照准同一竖直面内高度不同的目标点时,水平度盘的读数亦不相同,同样产生测角误差。

检验方法如图 3-26 所示,在离墙壁 20~30 m 处安置经纬仪,盘左位置用十字丝交点照准墙上高处一点 P(倾角约 30°),固定照准部,放平望远镜在墙上标定一点 A;再用盘右位置同样照准 P 点,再放平望远镜,在墙上标出另一点 B。若 A、B 两点重合,说明水平轴是水平的,水平轴垂直于竖轴;若 A、B 两点不重合,则水平轴倾斜,需要校正。

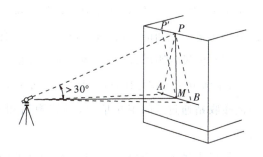

图 3-26 横轴误差的检校

此项校正难度较大，通常由专业仪器检修人员进行。一般来讲，仪器在制造时此项条件是保证的，故通常情况下无需检校。

（五）指标差的检验与校正

1.检验

整平仪器，用盘左、盘右观测同一目标，使竖盘指标水准管气泡居中，分别读取竖盘读数 L 和 R，计算竖盘指标差 x，若 x 值超过 $1'$ 时，应进行校正。

2.校正

先计算出盘右（或盘左）时的竖盘正确读数 $R_0 = R - x$（或 $L_0 = L - x$）。仪器仍保持照准原目标，然后转动竖盘指标水准管微动螺旋，使指标对准正确读数 R_0（或 L_0），此时指标水准管气泡不再居中，用校正针拨动水准管一端的上、下校正螺丝，使气泡居中。

此项检校亦应反复进行，直至指标差小于规定的限差为止。

▶ 项目 3　距离测量

一、距离测量概述

距离是指地面上两点之间的直线长度，距离测量是测量的三大基本工作之一。距离分为水平距离和斜距，在测量工作中，只有当斜距加上各项改正后，才能转化为水平距。坐标的计算常用到的距离是指水平距离。当距离较短时，在距离测量中可以不考虑地球曲率的影响。

距离是长度单位，国际上通用的长度单位是"米"制。定义（1983 年）"米"的长度为"光在真空中 1/299 792 458 s 时间间隔内运行的长度"。根据米的定义，各国建立长度基准，用以检验鉴定各类测量工具，统一精度指标。

确定距离长度的工作为距离测量。按使用的仪器和工具的不同，距离测量分为钢尺量距、视距测量、电磁波测距及全球卫星定位系统（GNSS）测量等形式。钢尺量矩主要通过钢尺沿地面直接丈量两点间的距离；视距测量通过装有视距装置的测量仪器和视距尺，按三角原理测算出仪器至标尺的距离；电磁波测距利用仪器发出的电磁波在被测两点的往返传播时间算出两点距离；全球卫星定位系统（GNSS）测量通过卫星在空中的运行不断向地球表面发射的信号，由地面接收站通过接收卫星信号，得到测站和卫星间距离，从而间接解算出地面两点间的基线长度。

钢尺丈量工具简单，适用于平坦地区的较短距离测量，易受地形条件限制；视距测量工作轻便、灵活，但精度低，适于 200 m 以内的低精度测量；电磁波测距仪是目前主要的测量距离仪器，它分为中短程和长距离两种,具有精度高、操作简单等优点;GNSS测量精度高,测程远,适用于地形条件复杂、距离远的高精度测量。

二、钢尺量距

钢尺量距是利用经检定合格的钢尺直接量测地面上两点之间的距离的方法,又称为距离丈量。它使用的工具简单,又能满足工程建设必需的精度,是工程测量中最常用的距离测量方法。

(一) 钢尺量距的工具

1. 钢尺

钢尺,又称钢卷尺,是用薄钢片制成的带状尺,可卷入金属圆盒内,如图3-27所示。常用钢尺的宽度为10~15 mm,厚度约为0.4 mm,长度有2 m、3 m和5 m等几种,钢尺卷放在圆形盒内或金属架上。钢尺的基本分划为厘米,在每米及每分米处有数字注记。一般钢尺在起点处一分米内刻有毫米分划,有的钢尺,整个尺长内都刻有毫米分划。

根据零点位置的不同,钢尺有刻画尺和端点尺两种。刻画尺是指在钢尺的前端有一条刻画线作为钢尺的零分划值,如图3-28(a)所示;端点尺指钢尺的零点从拉环的外沿开始,如图3-28(b)所示。

钢尺的使用非常广泛,其自身有一定的优缺点。其优点是抗拉强度高,不易拉伸,量距精度较高,工程测量中常用钢尺量距;缺点是钢尺性脆,易折断,易生锈,使用时要避免扭折、防止受潮。

图3-27 钢尺

图3-28 刻画尺和端点尺

2. 其他辅助工具

钢尺量距的其他辅助工具有测钎、标杆、垂球(图 3-29)，以及尺夹等，精密量距还需用到弹簧秤和温度计。

图 3-29 测钎、标杆和垂球

测钎：用于标定所量尺段的起止点，一般用钢筋制成，上部弯成小圆环，下部磨尖，直径为 3~6 mm，长度为 30~40 cm。钎上可用油漆涂出红、白相间的色段，通常 6 根或 11 根测钎系成一组。一般在量距的过程中，两个目标点之间的距离会大于钢尺的最大长度，所以我们要分段进行量距，每一段就用测钎来标定。

标杆：多用木料或铝合金制成，直径约为 3 cm、全长有 2 m、2.5 m 及 3 m 等几种规格。杆上用油漆涂出红、白相间的色段，非常醒目，测杆下端装有尖头铁脚，便于插入地面，作为照准标志。

垂球：垂球用金属制成，上大下尖呈圆锥形，上端中心系一细绳，悬吊后，垂球尖与细绳在同一垂线上。用于在不平坦地面丈量时将钢尺的端点垂直投影到地面。因为用钢尺量距量取的是水平距离，如果地面不平坦，则需抬平钢尺进行丈量，此时可用垂球来投点。

尺夹：安装在钢尺末端，以方便持尺员稳定钢尺。

弹簧秤用于对钢尺施加规定的拉力，温度计用于测定钢尺量距时的温度，以便对钢尺丈量的距离施加温度改正。弹簧秤、温度计在精密量距时使用。

（二）一般量距

1. 直线定线

当两个地面点之间的距离较长或地势起伏较大时，为使量距工作方便，可将被测距离分成几段进行丈量。这时，就需要在直线方向上标定若干点，使它们在同一直线上，这项工作称为直线定线，简称定线。一般量距时用目估定线，精密量距时用仪器定线。

目估定线如图 3-30 所示,设两点 A 和 B 为待测的端点。定线时,先在 A、B 两点上竖立测杆,甲立于 A 点测杆后 1~2 m 处,用眼睛自 A 点测杆后瞄准 B 点测杆。乙持另一测杆沿 BA 方向走到离 B 点大约一尺段长的 1 点附近,按照甲指挥手势左右移动测杆,直到测杆位于 AB 直线上为止,插下测杆(或测钎),定出 1 点。乙又带着测杆走到 2 点处,同法在 AB 直线上竖立测杆(或测钎),定出 2 点,依此类推。

图 3-30 两点间定线

用经纬仪定线的方法:将经纬仪安置在直线端点 A,对中、整平后,用望远镜纵丝瞄准直线另一端 B 点上标志,制动照准部。望远镜上下转动瞄准标杆,观测者指挥持标杆者左右移动至视线方向上即可。高精度量距时,为了减小视准轴误差的影响,可采用盘左盘右分中法定线。

2. 量距方法

1)平坦地面距离测量

丈量距离时一般需要三人,前、后尺各一人,记录一人。如图 3-31 所示,后尺手(甲)持钢尺的零端位于 A 点,前尺手(乙)持尺的末端并携带一束测钎,沿 AB 方向前进,至一尺段长处停下,将尺拉平。后尺手以尺的零点对准 A 点,两人同时将钢尺拉紧、拉平、拉稳后,前尺手喊"预备",后尺手将钢尺零点准确对准 A 点,并喊"好",前尺手随即将测钎对准钢尺末端刻画竖直插入地面(在坚硬地面处,可用铅笔在地面画线做标记),得 1 点。这样便完成了第一尺段 $A1$ 的丈量工作。接着后尺手与前尺手共同举尺前进,后尺手走到 1 点时,即喊"停"。同法丈量第二尺段,然后后尺手拔起 1 点上的测钎,如此继续丈量下去,直至最后量出不足一整尺的余长 q,则 A、B 两点间的水平距离为

$$D_{AB} = nl + q \qquad (3-18)$$

图 3-31 平坦地面量距方法

式中，n——整尺段数（即在 A、B 两点之间所拔测钎数）；

l——钢尺长度，m；

q——不足一整尺的余长，m。

为了防止丈量错误和提高精度，一般还应由 B 点量至 A 点进行返测，返测时应重新进行定线。取往、返测距离的平均值作为直线 AB 最终的水平距离。

$$D_{av} = \frac{1}{2}(D_f + D_b) \tag{3-19}$$

式中，D_{av}——往、返测距离的平均值，m；

D_f——往测的距离，m；

D_b——返测的距离，m。

量距精度通常用相对误差 K 来衡量，相对误差 K 化为分子为 1 的分数形式，即

$$K = \frac{|D_f - D_b|}{D_{av}} = \frac{1}{\frac{D_{av}}{|D_f - D_b|}} \tag{3-20}$$

例 3-1 用 30 m 长的钢尺往返丈量 A、B 两点间的水平距离，丈量结果分别为往测 4 个整尺段，余长为 9.98 m；返测 4 个整尺段，余长为 10.02 m。计算 A、B 两点间的水平距离 D_{AB} 及其相对误差 K。

解： 两点间的往测水平距离为

$$D_{AB} = nl + q = 4 \times 30 \text{ m} + 9.98 \text{ m} = 129.98 \text{ m}$$

两点间的返测水平距离为

$$D_{BA} = nl + q = 4 \times 30 \text{ m} + 10.02 \text{ m} = 130.02 \text{ m}$$

两点间的平均水平距离为

$$D_{av} = \frac{1}{2}(D_{AB} + D_{BA}) = \frac{1}{2}(129.98 \text{ m} + 130.02 \text{ m}) = 130.00 \text{ m}$$

相对误差 K 为

$$K = \frac{|D_{AB} - D_{BA}|}{D_{av}} = \frac{|129.98 \text{ m} - 130.02 \text{ m}|}{130.00 \text{ m}} = \frac{1}{3\ 250}$$

相对误差分母愈大,则 K 值愈小,精度愈高。在平坦地区,钢尺量距一般情况下的相对误差不应大于 1/3 000;在量距较困难的地区,其相对误差也不应大于 1/1 000。

2)倾斜地面距离测量

(1)水平量距法。在倾斜地面上量距时,如果地面起伏不大,可将钢尺拉平进行丈量。如图 3-32 所示,由 A 向 B 进行。后尺手以尺的零点对准地面 A 点,前尺手将钢尺拉在 AB 直线方向上并使钢尺抬高水平,然后用垂球尖端将尺段的末端投影于地面上,再插以插钎,得 1 点,此时钢尺上分划读数即为 A、1 两点间的水平距离,同法继续丈量其余各尺段。

(2)倾斜量距法。当倾斜地面的坡度比较均匀时,如图 3-33 所示,可以沿倾斜地面丈量出 A、B 两点间的斜距 L_{AB},测出地面的倾斜角 α,或 A、B 两点的高差 h_{AB},然后计算 AB 的水平距离 D_{AB},即

$$D_{AB} = L_{AB} \cos\alpha$$

或

$$D_{AB} = \sqrt{L_{AB}^2 - h_{AB}^2} \tag{3-21}$$

图 3-32　水平量距法　　　　图 3-33　倾斜量距法

(三)精密量距

当量距精度要求在 1/10 000 以上时,要用钢尺精密量距。精密量距前,要对钢尺进行检定。

1. 钢尺的检定

由于钢尺的材料性质、制造误差等原因,使钢尺的实际长度与名义长度(尺上所标注的长度)不一样。通常在使用前对钢尺进行检定,用钢尺的尺长方程式来表达尺长:

$$l_t = l_0 + \Delta l + \alpha(t - t_0)l_0 \tag{3-22}$$

式中,l_t——钢尺在温度 t 时的实际长度,m;

l_0——钢尺的名义长度,m;

Δl——尺长改正数,即钢尺在温度 t_0 时的改正数,m;

α——钢尺的线膨胀系数,一般取 $\alpha = 1.25 \times 10^{-5}$ m/℃;

t_0——钢尺检定时的温度,℃;

t——钢尺使用时的温度,℃。

检定钢尺常用比长法,即将欲检定的钢尺与有尺长方程式的标准钢尺进行比较,认为它们的膨胀系数是相同的,求出尺长改正数,进一步求出欲检定的钢尺的尺长方程式。

设丈量距离的基线长度为 D,丈量结果为 D',则尺长改正数为

$$\Delta l = \frac{D - D'}{D'} l_0 \qquad (3-23)$$

2. 量距方法

量距前先使用经纬仪定线。如果地势平坦或坡度均匀,则可测定直线两端点高差作为倾斜改正的依据。若沿线坡度变化,地面起伏,定线时应注意坡度变化,两标志间的距离要略短于钢尺长度。丈量用弹簧秤对钢尺施加标准拉力,并测定温度。每段要丈量三次,每次丈量应略微变动尺子位置,三次读得长度之差允许值一般不超过 2~5 mm,如果在限差范围内,取三次的平均值作为最后结果。

1) 尺长改正

钢尺名义长度 l_0 一般和实际长度不相等,每量一段都需加入尺长改正。在标准拉力、标准温度下经过检定实际长度为 l',其差值 Δl 为整尺段的尺长改正,即

$$\Delta l = l' - l_0 \qquad (3-24)$$

任一长度 l 尺长改正公式为

$$\Delta l_d = \Delta l \times l / l_0 \qquad (3-25)$$

2) 温度改正

设钢尺在检定时的温度为 t_0 ℃,丈量时的温度为 t ℃,钢尺的线膨胀系数 α(一般为 1.25×10^{-5} m/℃),则某尺段 l 的温度改正为

$$\Delta l_t = \alpha(t - t_0) l \qquad (3-26)$$

3) 倾斜改正

设沿地面量斜距为 l,测得高差为 h,换成平距 d 要进行倾斜改正,则倾斜改正数 Δl_h 为

$$\Delta l_h = -\frac{h^2}{2l} \qquad (3-27)$$

每一尺段改正后的水平距离为

$$d = l + \Delta l_d + \Delta l_t + \Delta l_h \qquad (3-28)$$

(四) 钢尺量距的误差分析及注意事项

1. 钢尺量距的误差分析

影响钢尺量距精度的因素很多,下面简要分析产生误差的主要来源和注意事项。

1) 尺长误差

钢尺的名义长度与实际长度不符,就产生了尺长误差,用该钢尺所量距离越长,则误差累积越大,因此,新购的钢尺必须进行检定,以求得尺长改正值。

2)温度误差

钢尺丈量的温度与钢尺检定时的温度不同,将产生温度误差。按照钢的线膨胀系数计算,温度每变化 1 ℃,丈量距离为 30 m 时对距离的影响为 0.4 mm。在一般情况下,丈量温度与标准温度之差不超过±8.5 ℃时,可不考虑温度误差,但在精密量距时,必须进行温度改正。

3)拉力误差

钢尺在丈量时的拉力与检定时的拉力不同而产生误差。对于精确的距离丈量,应使保持钢尺的拉力是检定时的拉力。

4)钢尺倾斜和垂曲误差

量距时钢尺两端不水平或中间下垂成曲线时,都会产生误差。因此,丈量时必须注意保持尺子水平,整尺段悬空时,中间应有人托住钢尺,精密量距时须用水准仪测定两端点高差,以便进行高差改正。

5)定线误差

由于定线不准确,所量得的距离是一组折线而产生的误差称定线误差。在一般量距中,用标杆目估定线能满足要求,但精密量距时需用经纬仪定线。

2. 量距时的注意事项

(1)丈量时应检验钢尺,看清钢尺的零点位置。

(2)量距时定线要准确,尺子要水平,拉力要均匀。

(3)读数时要细心、精确,不要看错、读错。

(4)丈量工作结束后,要用软布擦干净尺上的泥和水,然后涂上机油,以防生锈。

三、视距测量

视距测量是利用望远镜内十字丝分划板上的视距丝在视距尺(或水准尺)上进行读数,根据几何光学和三角学原理,同时测定水平距离和高差的一种方法。普通视距测量的相对精度为 1/200~1/300,只能满足地形测量的要求,主要用于地形测量中。

(一)视距测量的原理

1. 视准轴水平时的视距公式

常规测量的望远镜内都有视距丝装置,从视距丝的上、下丝 a_2 和 b_2(图 3-34)发出的光线在竖直面内所夹的角度 φ 是固定角。该角的两条边在尺上截得一段距离 $a_ib_i = l_i$(称为尺间隔)。由图可以看出,已知固定角 φ 和尺间隔 l_i 即可推算出两点间的距离(视距)$D_i = \dfrac{l_i}{2}\cot\varphi_i$。因 φ 保持不变,尺间隔 l_i 将与距离 D_i 成正比例变化。这种测距方法称为定角测距,经纬仪、水准仪和全站仪等都是以此来设计测距的。

图 3-34　视准轴水平时的视距测量

如图 3-34 所示，尺间隔 $l_i = 1.490 - 1.289 = 0.201$ m。

2. 视准轴倾斜时的视距公式

在地面起伏较大的地区进行视距测量时，必须使视线倾斜才能读取视距间隔，由于视线不垂直于视距尺，故不能直接应用上述公式。

设想将目标尺以中丝读数 l 这一点为中心，转动一个 α 角，使目标尺与视准轴垂直，由图 3-35 可推算出视线倾斜时的视距测量计算公式：

$$D = Kl \cdot \cos^2\alpha \quad (3-29)$$

$$h = \frac{1}{2}kl\sin2\alpha + i - v \quad (3-30)$$

式中：k——视距常数；

α——竖直角；

i——仪器高；

v——中丝读数，即目标高。

图 3-35　视准轴倾斜时视距测量

（二）视距测量的方法

欲计算地面上两点间的距离和高差,在测站上应观测 $i、l、v、\alpha$ 四个量,视距测量通常按下列基本步骤进行观测和计算。

(1)在 A 点安置经纬仪,量取仪器高 i,在 B 点竖立水准尺。

(2)盘左位置,转动照准部瞄准 B 点水准尺,分别读取上、下、中三丝读数,并算出尺间隔 l。

(3)转动竖盘指标水准管微动螺旋,使竖盘指标水准管气泡居中,读取竖盘读数,并计算垂直角 α。

(4)根据公式计算出水平距离和高差。

（三）视距测量的误差来源及注意事项

1.视距测量的误差

影响视距测量精度的主要有以下几个方面。

1)视距丝读数误差

视距丝读数误差是影响视距测量精度的重要因素,它与尺子最小分划的宽度、距离的远近、望远镜的放大率及成像清晰情况有关。因此,读数误差的大小,视具体使用的仪器及作业条件而定。因为距离越远误差越大,所以视距测量中要根据精度的要求限制最远视距。

2)视距尺分划的误差

如果视距尺的分划误差是系统性的增大或减小,对视距测量将产生系统性的误差。这个误差在仪器常数检测时将反映在视距常数 K 上,即是否仍能使 $K=100$,只要对 K 加以测定,此误差即可得到改正。

如果视距尺的分划误差是偶然性误差,即有的分划间隔大,有的分划间隔小,那么它对视距测量也将产生偶然性的误差影响。如果用水准尺进行普通视距测量,因通常规定水准尺的分划线偶然中误差为 ± 0.5 mm,所以按此值计算的距离误差为 $m_d = k(\sqrt{2} \times 0.5) = 0.071$ m。

3)视距常数 K 不准确的误差

一般视距常数 $K=100$,但由于视距丝间隔有误差,标尺有系统性误差,仪器检定有误差,会使 K 值不为 100。K 值误差会使视距测量产生系统误差,K 值应在 100 ± 0.1 之内,否则应加以改正。

4)竖角观测的误差

由距离公式 $D = kl\cos^2\alpha$ 可知,α 有误差必然影响距离,即 $m_d = kl\sin 2\alpha \dfrac{m_\alpha}{\rho}$,设 $kl=100$ m,$\alpha=45°$,$m_\alpha = \pm 10''$,则 $m_d \approx \pm 5$ mm,可见竖直角观测误差对视距测量影响不大。

5)视距尺竖立不直的误差

如果标尺不能严格竖直,将对视距值产生误差。标尺倾斜误差的影响与竖直角有关,影响不可忽视，观测时可借助标尺上水准器保证标尺竖直。

6）外界条件的影响

外界环境的影响主要是大气垂直折光的影响和空气对流的影响。大气垂直折光的影响较小，可用控制视线高度削弱，测量时应尽量使上丝读数大于 1 m，同时选择适宜的天气进行观测，可削弱空气对流造成成像不稳甚至跳动的影响。

2. 注意事项

（1）观测时应抬高视线，使视线距地面 1 m 以上，以减少垂直折光的影响。

（2）为减少水准尺倾斜误差的影响，在立尺时应将水准尺竖直，尽量采用带有水准器的水准尺。

（3）水准尺一般应选择整尺，如用塔尺，应注意检查各节的接头处是否正确。

（4）竖直角观测时，应注意将竖盘水准管气泡居中或将竖盘自动补偿开关打开，在观测前，应对竖盘指标差进行检验与校正，确保竖盘指标差满足要求。

（5）观测时应选择风力较小，成像较稳定的情况下进行。

四、电磁波测距

与钢尺量距的烦琐和视距测量的低精度相比，电磁波测距具有测程长、精度高、操作简便、自动化程度高的特点。本节主要介绍电磁波测距的原理、测距仪种类、测距步骤及注意事项等内容。

（一）电磁波测距原理

电磁波（光电）测距通过测量光波在待测距离上往返一次所经历的时间，来确定两点之间的距离。如图 3-36 所示，在 A 点安置测距仪，在 B 点安置反射棱镜，测距仪发射的调制光波到达反射棱镜后又返回到测距仪。设光速 c 为已知，如果调制光波在待测距离 D 上的往返传播时间为 t，则距离 D 为

图 3-36 光电测距

$$D = \frac{1}{2} c \cdot t \qquad (3-31)$$

式中，$c = c_0/n$，其中 c_0 为真空中的光速，其值为 299 792 458 m/s，n 为大气折射率，它与光波波长 λ，测线上的气温 T、气压 P 和湿度 e 有关。因此，测距时还需测定气象元素，对距离进行气象改正。

由式（3-31）可知，测定距离的精度主要取决于时间 t 的测定精度，即 $dD = \frac{1}{2} c dt$。当要求测距误差 $dD < 1$ cm 时，时间测定精度 dt 要求准确到 6.7×10^{-11} s，这是难以做到的。因此，时

间的测定一般采用间接的方式来实现,间接测定时间的方法有以下两种。

1. 脉冲法测距

由测距仪发出的光脉冲经反射棱镜反射后,又回到测距仪而被接收系统接收,测出这一光脉冲往返所需时间间隔 t 的钟脉冲的个数,进而求得距离 D。由于钟脉冲计数器的频率所限,测距精度只能达到 $0.5\sim 1$ m,故此法常用在激光雷达等远程测距上。

2. 相位法测距

相位法测距是通过测量连续的调制光波在待测距离上往返传播所产生的相位变化来间接测定传播时间,从而求得被测距离。红外光电测距仪就是典型的相位式测距仪。

红外光电测距仪的红外光源是由砷化镓(GaAs)发光二极管产生的。如果在发光二极管上注入一恒定电流,它发出的红外光光强则恒定不变。若在其上注入频率为 f 的交变电流(交变电压),则发出的光强随着注入的交变电流呈正弦变化,如图 3-37 所示,这种光称为调制光。

测距仪在 A 点发射的调制光在待测距离上传播,被 B 点的反射棱镜反射后又回到 A 点而被接收机接收,然后由相位计将发射信号与接收信号进行相位比较,得到调制光在待测距离上往返传播所引起的相位移 φ,其相应的往返传播时间为 t。如果将调制波的往程和返程展开,则有如图 3-38 所示的波形。

设调制光的频率为 f(每秒振荡次数),其周期 $T=\dfrac{1}{f}$(每振荡一次的时间(s)),则调制光的波长为

图 3-37 光的调制

$$\lambda = c \cdot T = \frac{c}{f} \qquad (3-32)$$

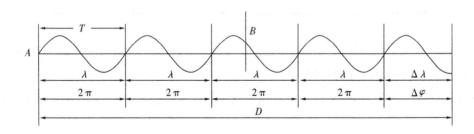

图 3-38 相位式测距原理

从图 3-38 中可看出,在调制光往返的时间 t 内,其相位变化了 N 个整周(2π)及不足一周的余数 $\Delta\varphi$,而对应 $\Delta\varphi$ 的时间为 Δt,距离为 $\Delta\lambda$ 则

$$t = NT + \Delta t \qquad (3-33)$$

由于变化一周的相位差为 2π,则不足一周的相位差 $\Delta\varphi$ 与时间 Δt 的对应关系为

$$\Delta t = \frac{\Delta \varphi}{2\pi} \cdot T \qquad (3-34)$$

于是得到相位测距的基本公式：

$$D = \frac{1}{2} c \cdot t \left(NT + \frac{\Delta \varphi}{2\pi} T \right)$$
$$= \frac{1}{2} c \cdot T \left(N + \frac{\Delta \varphi}{2\pi} T \right) = \frac{\lambda}{2} (N + \Delta N) \qquad (3-35)$$

式中，$\Delta N = \frac{\Delta \varphi}{2\pi}$ 为不足一整周的小数。

在相位测距基本公式(3-35)中，常将 $\frac{\lambda}{2}$ 看作是一把"光尺"的尺长，测距仪就是用这把"光尺"去丈量距离。N 则为整尺段数，ΔN 为不足一整尺段之余数。两点间的距离 D 就等于整尺段总长和余尺段长度之和。

测距仪的测相装置(相位计)只能测出不足整周(2π)的尾数 $\Delta \varphi$，而不能测定整周数 N，因此使式(3-35)产生多值解，只有当所测距离小于光尺长度时，才能有确定的数值。例如，"光尺"为 10 m，只能测出小于 10 m 的距离；"光尺"为 1 000 m，则可测出小于 1 000 m 的距离。又由于仪器测相装置的测相精度一般为 1/1 000，故测尺越长测距误差越大，其关系可参见表 3-9。

表 3-9 测尺长度与测距精度

测尺长度/($\frac{\lambda}{N}$)	10 m	100 m	1 km	2 km	10 km
测尺频率/(f)	15 MHz	1.5 MHz	150 kHz	75 kHz	15 kHz
测距精度	1 cm	10 cm	1 m	2 m	10 m

为了解决扩大测程与提高精度的矛盾，目前的测距仪一般采用两个调制频率，即两把"光尺"进行测距。用长测尺(称为粗尺)测定距离的大数，以满足测程的需要；用短测尺(称为精尺)测定距离的尾数，以保证测距的精度。将两者结果衔接组合起来，就是最后的距离值，并自动显示出来。例如：
```
    1.682
  571.6
  ─────
  571.682 m  组合距离
```

若想进一步扩大测距仪器的测程，可以多设几个测尺。

(二) 电磁波测距仪的种类

目前电磁波测距仪已发展为一种常规的测量仪器，其型号、工作方式、测程、精度等级也多种多样，对于电磁波测距仪的分类通常有以下几种。

1. 按载波分类

2. 按测程分类

(1)短程：<3 km，用于普通工程测量和城市测量。

(2)中程：3～5 km，常用于国家三角网和特级导线。

(3)长程：>15 km，用于等级控制测量。

3. 按测量精度分类

电磁波测距仪的精度，由其机械结构和工作原理决定，常用如下公式表示：

$$m_D = a + b \cdot D \tag{3-36}$$

式中，a——不随测距长度变化的固定误差，mm；

b——随测距长度变化的误差比例系数，mm/km，常记为 ppm(part per million)；

D——测距边长度，km。

在式(3-36)中，设 $D=1$ km，可划分为三级。

Ⅰ级：<5 mm(每千米测距中误差)；

Ⅱ级：5～10 mm；

Ⅲ级：11～20 mm。

(三)电磁波测距步骤

目前国内外生产的测距仪种类很多，测距步骤也不尽相同，但基本都包括如下操作步骤：

(1)在测站点安置经纬仪，安装测距仪；照准点安置反射棱镜，量取仪器高和棱镜高(目标高)，检查无误后开机，仪器自检。

(2)测定大气温度和气压，加入气象改正数。目前，使用的测距仪，可以通过输入气温、气压后，自动加入气象改正数。

(3)设置测距参数。

(4)松开制动瞄准目标，用经纬仪十字丝照准反射棱镜规板中心，观测垂直图。测距仪瞄准反射棱镜中心，当听到信号返回提示时，轻轻制动仪器，并用微动螺旋调整仪器，精确瞄准目标，使信号指针在回光信号强度的30%～80%范围内。

(5)轻轻按动测距按钮，直到显示测距成果并记录。测距完成后，应当松开制动，并在关机后收装仪器。

（四）电磁波测距注意事项

（1）使用主机时要轻拿轻放，运输时应将主机箱装入防震木箱内，避免摔伤和跌落。

（2）测距时，应避免在同一条直线上有两个以上反射体或其他明亮物体，以免测错距离。

（3）气象条件对光电测距影响较大，微风的阴天是观测的良好时机。

（4）避免在高压线下或有电磁场影响的范围内作业。例如测距时应暂停无线电通话，不接近变压器、高压线等。

（5）要严防阳光及其他强光直射接收物镜，避免光线经镜头聚焦进入机内，将部分元件烧坏，在阳光下作业应撑伞保护仪器。

（6）测线应高出地面或障碍物 1.3 m 以上，测线应避免通过吸热、散热不同的地区，如湖泊、河流和沟谷等。观测时选择有利时间进行。

（7）到达测站后，应立刻打开气压计并放平，避免日晒。温度计应悬于离地面 1.5 m 左右处，待与周围温度一致后，才能读数。

（8）在高差较大的情况下，反光镜必须准确瞄准主机，若瞄准偏差大，则会产生较大的测量误差。

项目 4　直线定向

确定地面上两点之间的相对位置，除了需要测定两点之间的水平距离外，还需确定两点所连直线的方向。确定直线与标准方向之间的关系，称为直线定向。（一条直线的方向，是根据某一标准方向来确定的。）

一、标准方向线

（一）真子午线方向

通过地球表面某点的真子午线的切线方向被称为该点的真子午线方向，其北端指示方向，所以又称真北方向。可以应用天文测量方法或者陀螺经纬仪来测定地表任一点的真子午线方向。

（二）磁子午线方向

磁针在地球磁场的作用下，自由静止时所指的方向被称为磁子午线方向，磁子午线方向都指向磁地轴。通过地面某点磁子午线的切线方向为该点的磁子午线方向，又称磁北方向，可用罗盘仪测定。

(三)坐标纵轴方向

高斯平面直角坐标系以每带的中央子午线作坐标纵轴,在每带内把坐标纵轴作为标准方向,称为坐标纵轴方向或中央子午线方向。坐标纵轴北向为正,所以又称轴北方向。如采用假定坐标系,则用假定的坐标纵轴(X轴)作为标准方向。坐标纵轴方向是测量工作中常用的标准方向,以上真北、磁北、轴北方向称为三北方向。

二、方位角

(一)方位角的定义

测量工作中,常采用方位角表示直线的方向。从直线起点的标准方向北端起,顺时针方向量至该直线的水平夹角,此角称该直线的方位角,方位角取值范围是 $0°\sim360°$。图 3-39 中 $O1$、$O2$、$O3$ 和 $O4$ 的方位角分别为 A_1、A_2、A_3 和 A_4。

确定一条直线的方位角,首先要在直线的起点做出基本方向(图 3-40)。如果以真子午线方向作为基本方向,那么得出的方位角称真方位角,用 A 表示;如果以磁子午线方向为基本方向,则其方位角称磁方位角,用 A_m 表示;如果以坐标纵轴方向为基本方向,则其角称坐标方位角,用 α 表示。

图 3-39 方位角

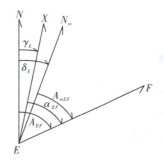

图 3-40 真方位角和磁方位角之间的关系

因为一点的真子午线方向与磁子午线方向之间的夹角是磁偏角 δ,真子午线方向与坐标纵轴方向之间的夹角是子午线收敛角 γ,所以从图 3-40 可以看出:
真方位角和磁方位角之间的关系为

$$A_{EF} = A_{mEF} + \delta_E \tag{3-37}$$

真方位用和坐标方位角的关系为

$$A_{EF} = \alpha_{EF} + \gamma_E \tag{3-38}$$

式中 δ 和 γ 的值东偏时为"+",西偏时为"—"。

(二)正、反坐标方位角

一条直线有正、反两个方向,直线的两端可以按正、反方位角进行定向。若设定直线 AB 为正方向,则 AB 直线的方位角为正方位角,相应的 BA 直线的方位角为反方位角。直线 AB 方向与直线 BA 方向是完全不同的两个方向。

在实际的测量计算中,经常需进行同一直线正、反方位角的换算。通过不在同一真子午线(或磁子午线)上的地面点的真子午线方向(或磁子午线)是不平行的,因此,直线的真方位角或磁方位角的正、反方位角之间的换算较复杂。为了便于计算,实际工作中一般都采用正、反方位角之间关系较为简单的坐标方位角来表示直线方向,简称方位角。如图 3-41 所示,直线 AB,从 A 到 B 的方位角为正方位角,用 α_{AB} 表示;从 B 到 A 的方位角就是反方位角,用 α_{BA} 表示。

图 3-41 正、反方位角

从图 3-41 中很容易看出,同一直线正、反坐标方位角相差 180°,即

$$\alpha_{AB} = \alpha_{BA} \pm 180° \text{ 或 } \alpha_{正} = \alpha_{反} \pm 180°$$

三、象限角

直线的方向还可以用象限角来表示。由坐标纵轴的北端或南端起,沿顺时针或逆时针方向量至直线的锐角,称为该直线的象限角,用 R 表示,其角值范围为 0°~90°。象限角亦有真象限角、磁象限角和坐标象限角。测量中采用的磁象限角 R 用方位罗盘仪测定。如图 3-42 所示,直线 O1、O2、O3 和 O4 的象限角分别为北东 R_1、南东 R_2、南西 R_3 和北西 R_4。象限角 R 与坐标方位角 α 的关系见表 3-10 所示。

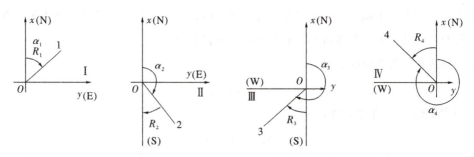

图 3-42 象限角与坐标方位角的关系

表 3-10　象限角 R 与坐标方位角 α 的关系

象限及名称	坐标方位角值	由方位角到象限角
Ⅰ（北东）	0°～90°	$R=\alpha$
Ⅱ（南东）	90°～180°	$R=180°-\alpha$
Ⅲ（南西）	180°～270°	$R=\alpha-180°$
Ⅳ（北西）	270°～360°	$R=360°-\alpha$

四、坐标方位角的推算

为了整个测区坐标系统的统一，测量工作中并不直接测定每条边的坐标方位角，而是通过与已知点（已知坐标和方位角）的连测，观测相关的水平角和距离，推算出各边的坐标方位角，计算直线边的坐标增量，而后再推算待定点的坐标。

由图 3-43 可以看出：

$$\alpha_{23} = \alpha_{21} - \beta_2 = \alpha_{12} + 180° - \beta_2 \tag{3-39}$$

$$\alpha_{34} = \alpha_{32} + \beta_3 = \alpha_{23} + 180° + \beta_3 \tag{3-40}$$

图 3-43　坐标方位角的推算

因为 β_2 在推算路线前进方向的右侧，所以该转折角为右角；β_3 在左侧为左角。从而可归纳出推算坐标方位角的一般公式为

$$\alpha_{前} = \alpha_{后} + \beta \pm 180° \tag{3-41}$$

$$\alpha_{前} = \alpha_{后} - \beta_{右} \pm 180° \tag{3-42}$$

计算中，如果 $\alpha_{前} > 360°$，应自动减去 360°；如果 $\alpha_{前} < 0°$，则自动加上 360°。

五、坐标正、反算

在测量工作中，高斯平面直角坐标系是以投影带的中央子午线投影为坐标纵轴，用 X 表示，赤道线投影为坐标横轴，用 Y 表示，两轴交点为坐标原点。平面上两点的直角坐标值之差称为坐标增量，纵坐标增量用 Δx_{ij}、表示，横坐标增量用 Δy_{ij} 表示。坐标增量是有方向性的，脚标 ij 的顺序表示坐标增量的方向。如图 3-44 所示，设 A、B 两点的坐标分别为 $A(x_A, y_A)$，

$B(x_B, y_B)$,则 A 至 B 点的坐标增量为

$$\begin{cases} \Delta x_{AB} = x_B - x_A \\ \Delta y_{AB} = y_B - y_A \end{cases}$$

B 至 A 点的坐标增量为

$$\begin{cases} \Delta x_{BA} = x_A - x_B \\ \Delta y_{BA} = y_A - y_B \end{cases}$$

很明显,A 至 B 与 B 至 A 的坐标增量,绝对值相等,符号相反。可见,直线上两点的坐标增量的符号与直线的方向有关,坐标增量的符号与直线方向的关系如图 3-44、表 3-11 所示。坐标增量和坐标方位角均有方向性,因此务必注意下标的书写。

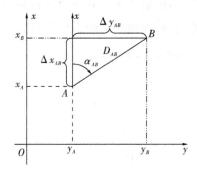

图 3-44 坐标正、反算

表 3-11 坐标方位角的取值范围与计算公式

象限	方位角	Δx	Δy	换算公式
Ⅰ	0°～90°	+	+	$\alpha_{AB} = \arctan \Delta y / \Delta x$
Ⅱ	90°～180°	−	+	$\alpha_{AB} = \arctan \Delta y / \Delta x + 180°$
Ⅲ	180°～270°	−	−	$\alpha_{AB} = \arctan \Delta y / \Delta x + 180°$
Ⅳ	270°～360°	+	−	$\alpha_{AB} = \arctan \Delta y / \Delta x + 360°$

(一) 坐标正算

根据直线起点的坐标、直线长度及其坐标方位角计算直线终点的坐标,称坐标正算。

如图 3-44 所示,A 为已知点,B 为未知点,假设已知水平距离 D_{AB} 和 AB 边的方向角 α_{AB},则可以计算出 B 点的坐标。

$$\begin{cases} x_B = x_A + \Delta x_{AB} = x_A + D_{AB} \times \cos\alpha_{AB} \\ y_B = y_A + \Delta y_{AB} = y_A + D_{AB} \times \sin\alpha_{AB} \end{cases} \quad (3-43)$$

由此可以看出,坐标正算主要是坐标增量的计算,计算中要注意坐标增量的正、负符号。

例 3-2 已知 N 点的坐标为 $x_N = 3\,088.366$ m, $y_N = 6\,443.522$ m, NP 的水平距离 $S_{NP} = 110.509$ m, NP 的坐标方位角 $\alpha_{NP} = 292°08'47''$, 试求 P 点的坐标 x_P、y_P。

解：$\Delta x_{NP} = 110.509 \times \cos 292°08'47'' = 41.659$ m

$\Delta y_{NP} = 110.509 \times \sin 292°08'47'' = -102.356$ m

$x_P = 3\,088.366 + 41.659 = 3\,130.025$ m

$y_P = 6\,443.522 - 102.356 = 6\,341.166$ m

（二）坐标反算

根据已知两点坐标，计算两点间水平距离和两点所成直线坐标方位角，称坐标反算。

假设已知 A、B 两点的平面坐标值，则可以由此计算 A、B 两点间的水平距离 D_{AB} 和方位角 α_{AB}：

$$D_{AB} = \sqrt{\Delta x_{AB}^2 + \Delta y_{AB}^2} \tag{3-44}$$

$$\alpha_{AB} = \arctan\left(\frac{\Delta y_{AB}}{\Delta x_{AB}}\right) \tag{3-45}$$

式中，$\Delta y_{AB} = y_B - y_A$，$\Delta x_{AB} = x_B - x_A$。

特别说明：式（3-45）中的方位角 α_{AB}，其值域为 $0° \sim 360°$，而等式右侧的 arctan 函数，其值域为 $-90° \sim 90°$，两者是不一致的。故当按式（3-45）的反正切函数计算坐标方位角时，计算器上得到的是象限值，因此应根据坐标增量 Δx、Δy 的符号按表 3-11 决定其所在象限再把象限角转换成相应的坐标方位角。

例 3-3 已知 AB 两点的坐标分别为 $x_A = 5\,443.211$ m, $y_A = 2\,099.384$ m, $x_B = 5\,384.657$ m, $y_B = 2\,206.700$ m, 试求 AB 的水平距离 S 和坐标方位角 α_{AB}。

解：$\Delta x_{AB} = 5\,384.657 - 5\,443.211 = -58.554$ (m)

$\Delta y_{AB} = 2\,206.700 - 2\,099.384 = 107.316$ (m)

$R_{AB} = \arctan(107.316/58.554) = 61°22'56''$

$\alpha_{AB} = 180° - 61°22'56'' = 118°37'04''$

$S = \sqrt{(-58.554)^2 + (107.316)^2} = 122.251$ (m)

检核计算：$S = 107.316/\sin 118°37'04'' = 122.251$ (m)

六、罗盘仪及其使用

罗盘仪是用来测定直线磁方位角的仪器。其精度虽不高，但具有结构简单、使用方便等特点，在普通测量中，常用罗盘仪测定起始边的磁方位角，用以近似代替起始边的坐标方位角，作为独立测区的起算数据。

1. 罗盘仪的构造

罗盘仪的主要部件有磁针、望远镜和刻度盘等。

1)磁针

磁针由人造磁铁制成,其中心装有镶着玛瑙的圆形球窝,刻度盘中心装有顶针,磁针球窝支在顶针上,为了减轻顶针尖不必要的磨损,在磁针下装有小杠杆,不用时拧紧下面的顶针螺丝,使磁针离开顶针。磁针静止时,一端指向地球的南磁极,一端指向北磁极,为了减小磁倾角的影响,在南端绕有铜丝。

2)望远镜

望远镜由物镜、十字丝分划板和目镜组成,是一种小倍率的外对光望远镜。此外,罗盘仪还附有圆形或管形水准器及球臼装置,用以整平仪器。为了控制度盘和望远镜的转动,附有度盘制动螺旋及望远镜制动螺旋和微动螺旋。一般罗盘仪都附有三脚架和垂球,用以安置仪器。

3)刻度盘

刻度盘为钢或铝制成的圆环,最小分划为1°或30′,每10°有一注记,按逆时针方向从0°注记到360°。望远镜物镜端与目镜端分别在0°与180°刻度线正上方,如图3-45所示。罗盘仪在定向时,刻度盘与望远镜一起转动指向目标,当磁针静止后,刻度盘上由0沿逆时针方向至磁针北端所指的读数即为所测直线的磁方位角。图3-46为象限罗盘仪,由北、南向东、西各0°~90°刻画。

图3-45 罗盘仪

图3-46 刻度盘

2.用罗盘仪测定直线的磁方位角

(1)将仪器搬到测线的一端,并在测线另一端插上花杆。

(2)安置仪器。

①对中。将仪器装于三脚架上,并挂上垂球后,移动三脚架,使垂球尖对准测站点,此时仪器中心与地面点处于同一条铅垂线上。

②整平。松开仪器球形支柱上的螺旋,上、下俯仰度盘位置,使度盘上的两个水准气泡同时居中,旋紧螺旋,固定度盘,此时罗盘仪主盘处于水平位置。

(3)瞄准读数。

①转动目镜调焦螺旋,使十字丝清晰。

②转动罗盘仪,使望远镜对准测线另一端的目标,调节调焦螺旋,使目标成像清晰稳定,再转动望远镜,使十字丝对准立于测点上的花杆的最底部。

③松开磁针制动螺旋,等磁针静止后,从正上方读取磁针指北端所指的读数,即为测线的磁方位角。

④读数完毕后,旋紧磁针制动螺旋,将磁针顶起以防止磁针磨损。

3. 使用罗盘仪注意事项

(1)在磁铁矿区或离高压线、无线电天线、电视转播台等较近的地方不宜使用罗盘仪,会有电磁干扰现象。

(2)观测时一切铁器,如斧头、钢尺、测钎等物体,不要接近仪器。

(3)读数时,眼睛的视线方向与磁针应在同一竖直面内,以减小读数误差。

(4)观测完毕后搬动仪器时应拧紧磁针制动螺旋,固定好磁针,以防损坏磁针。

◆项目 5　全站仪导线测量

导线测量的过程是将地面已知点和未知点连成一系列连续的折线,观测这些折线的水平距离和折线间的折角,根据已知点坐标和观测值,推算各未知点的平面坐标。由于导线测量布设灵活,计算简单,适应面广,因此,广泛地应用于各等级的平面控制测量中,是目前地形平面控制测量中最主要的测量方法之一。导线测量的外业工作参考项目 1 中地形测图平面控制测量的外业工作相关内容,这里主要介绍导线测量的内业工作。

一、导线测量的布设形式

(一)附合导线

如图 3-47 所示,我们先约定双线为已知边,单线为待定边。导线始于一个已知点,连接一系列未知点,最后终于另一个已知点。两端都有已知方向的称双定向附合导线,简称附合导线。

若只有一端有已知方向,则称单定向附合导线,若两端均无已知方向,则称无定向附合导线。单定向附合导线和无定向附合导线通常在井下应用,地面应用较少。

图 3-47 附合导线

(二)闭合导线

如图 3-48 所示,导线自一个已知点开始,连接一系列未知点,最后终于原来的起始点。闭合导线的起点一般应有已知方向,除了观测各折角外,还应观测已知方向与导线边的连接角,否则,各导线边的坐标方位角无法推算。

图 3-48 闭合导线

(三)支导线

如图 3-49 所示,导线自一个已知点开始,连接一系列未知点,最后终于一个未知点。支导线既不附合到另一个已知点,也不回到原来的起始点,没有检核条件,不易发现错误,故一般不宜采用。

图 3-49 支导线

附合导线、闭合导线和支导线统称单一导线。

二、导线测量的内业计算

导线的外业观测工作结束后,经检查无误,即可进行内业计算工作。内业计算工作之前,必须先对外业记录进行全面的整理与检查,以确保原始数据的正确性,然后绘制导线略图,注明点号和相应的角度与边长,供计算时使用。导线测量观测略图绘制后,应严格校对,防止抄写错误。

(一)闭合导线的内业计算

由于在导线的边长和角度测量中不可避免地存在误差,因此在导线计算中将会出现两个矛盾：一是观测角的总和与几何图形的理论值不符的矛盾，其差值称角度闭合差；二是从已知点出发逐点计算各点坐标，最后闭合到原出发点其推算的坐标与已知点坐标不符，其差值为坐标闭合差。合理地处理这两个矛盾，最后正确计算出各导线点的坐标，就是导线测量内业计算的主要内容。

1. 角度闭合差的计算与调整

1）闭合导线角度闭合差的计算

设闭合导线有 n 条边，由几何学可知，平面多边形的内角总和的理论值为

$$\sum \beta_{理} = (n-2) \times 180°$$

若闭合导线内角观测值之和为 $\sum \beta_{测}$，则角度闭合差按下式计算：

$$f_\beta = \sum \beta_{测} - \sum \beta_{理} = \sum \beta_{测} - (n-2) \times 180° \quad (3-46)$$

f_β 的绝对值大小表明了角度观测的精度。根据《工程测量规范》规定，首级图根控制导线及加密图根控制导线的 f_β 的允许值，分别不应超过 $\pm 40\sqrt{n}''$ 和 $\pm 60\sqrt{n}''$（n 为导线转折角个数）。若计算出的 f_β 没有超出规定的范围，就可以进行角度闭合差的分配与调整。若计算出的结果超出规范规定的范围，则应检查原始记录，重新观测有问题的测站，查不出原因时，应重新观测所有测站。

2）角度闭合差的调整

由于各导线的转折角均是同精度观测值，可认为每个角度的观测值具有同样的误差，因此角度闭合差的分配原则为将角度闭合差以相反的符号平均分配到各观测角中，使改正后的角度之和等于理论值。每个角度的改正数用 v_β 表示，则

$$v_\beta = -f_\beta / n \quad (3-47)$$

当按上式计算不能整除时，通常对一些短边的邻角多分配一些，最后使各角改正数的总和等于负的闭合差，即

$$\sum v_\beta = -f_\beta$$

将各角度观测角加上相应改正数后，即得改正后的角值，亦称平差角值。

2. 推算导线各边的坐标方位角

根据已知边的坐标方位角和调整后的转折角，利用方位角推算式(3-41)、式(3-42)进行计算。为检查计算正确与否，最后必须推算到起始边的坐标方位角。

$$\alpha_前 = \alpha_后 + \beta_左 \pm 180°$$
$$\alpha_前 = \alpha_后 - \beta_右 \pm 180°$$

3. 坐标增量计算

依据导线各边边长及推算出的坐标方位角，利用相应的增量计算公式计算出各边的坐标

增量。

1) 坐标增量闭合差的计算及其分配

(1) 闭合导线坐标增量闭合差的计算。

对于闭合导线，无论边数多少，其纵、横坐标增量的代数和理论上应等于 0，即

$$\left. \begin{array}{l} \sum \Delta x = 0 \\ \sum \Delta y = 0 \end{array} \right\} \tag{3-48}$$

在实际工作中，由于边长丈量有误差，平差角值中也仍然含有残余误差。因此，计算的纵、横坐标增量的代数和不一定等于 0，也就是说，存在着纵、横坐标增量闭合差，分别以 f_x、f_y 表示，即

$$\left. \begin{array}{l} f_x = \sum \Delta x_{测} - \sum \Delta x_{理} \\ f_y = \sum \Delta y_{测} - \sum \Delta y_{理} \end{array} \right\} \tag{3-49}$$

将式(2-48)代入式(2-49)，得

$$\left. \begin{array}{l} f_x = \sum \Delta x_{测} \\ f_y = \sum \Delta y_{测} \end{array} \right\} \tag{3-50}$$

导线存在坐标增量闭合差，反映了导线没有闭合，其几何意义如图 3-50 所示。图中的 1—1′ 段距离叫作导线全长闭合差，以 f_S 表示，按几何关系得

$$f_S = \sqrt{f_x^2 + f_y^2}$$

一般来说，导线越长，误差的累积越大，这样 f_S 也会相应增大。所以衡量导线的精度不能单纯以 f_S 的大小来判断。导线的精度通常以全长相对闭合差来表示，若以 K 表示导线全长相对闭合差，以 $\sum S$ 表示导线的全长，则

$$K = \frac{f_S}{\sum S} = \frac{1}{\dfrac{\sum S}{f_S}} \tag{3-51}$$

全长相对闭合差 K 的分母越大，导线精度越高。导线全长相对闭合差的容许值，视不同情况而有具体的规定。对于图根电磁波测距导线，规范规定 $K \leqslant 1/4\ 000$，图根钢尺导线 K 不应超过 $1/2\ 000$。如施测导线计算的相对精度低于上述要求，应首先检查外业观测手簿的记录和全部内业计算，如仍不能发现错误，则应到现场检查或重测。如果相对闭合差在容许范围内，那么就可以进行坐标增量闭合差分配。

(2) 坐标增量闭合差的调整。

坐标增量闭合差调整的目的是消除观测结果与理论值不符的矛盾，其常用的调整方法是将

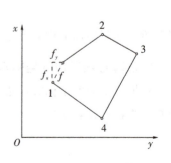

图 3-50　导线全长相对闭合差

f_x、f_y 反符号并按与边长成正比的原则分配到各边的坐标增量中去。若以 V_x、V_y 分别表示纵横坐标增量的改正数,则

$$V_{xi} = -\frac{f_x}{\sum S} S_i \qquad (3-52)$$

$$V_{yi} = -\frac{f_y}{\sum S} S_i \qquad (3-53)$$

坐标增量改正数要求计算到毫米,由于数字凑整的原因,可能还会有微小的不符值,可调整到长边的坐标增量改正数上,使改正数的代数和满足

$$\sum V_x = -f_x$$

$$\sum V_y = -f_y$$

以此作为计算的检核。

4. 坐标计算

根据已知点的坐标和改正后的坐标增量,利用坐标计算公式,依次推算出各点坐标,最后还需推算出起始点的坐标。起始点的坐标计算值应与已知值完全一致,否则说明计算有误,需查找原因。

例 3-4 现以图 3-51 所注记的数据为例(该例为图根导线),结合表 3-12 闭合导线坐标计算表,计算闭合导线坐标。

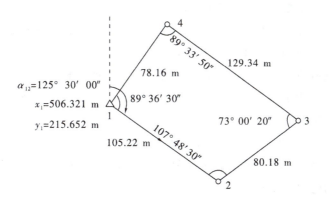

图 3-51 闭合导线坐标算例

1)利用计算器计算

解:导线计算一般均在固定规范的计算表格中进行,本例的计算均在表 3-12 中完成。

表 3-12 闭合导线坐标计算表

点号	观测角（左角）/(° ′ ″)	改正数/(″)	改正角/(° ′ ″)	坐标方位角/(° ′ ″)	距离/m	坐标增量		改正后的坐标增量		坐标值		点号
						Δx/m	Δy/m	$\hat{\Delta x}$/m	$\hat{\Delta y}$/m	$\hat{x}$/m	$\hat{y}$/m	
1	2	3	4	5	6	7	8	9	10	11	12	13
1										506.321	215.652	1
2	107 48 30	+13	107 48 43	125 30 00	105.22	−0.02 −61.10	+0.02 +85.66	−61.12	+85.68	445.20	301.33	2
3	73 00 20	+12	73 00 32	53 18 43	80.18	−0.02 +47.90	+0.02 +64.30	+47.88	+64.32	493.08	365.65	3
4	89 33 50	+12	89 34 02	306 19 15	129.34	−0.03 +76.61	+0.02 −104.21	+76.58	−104.19	569.66	261.46	4
1	89 36 30	+13	89 36 43	215 53 17	78.16	−0.02 −63.32	+0.01 −45.82	−63.34	−45.81	506.321	215.652	1
2				125 30 00								
总和	559 59 10	+50	360 00 00		392.90	+0.09	−0.07	0.00	0.00			
辅助计算	$\sum \beta_测 = 359°59'10''$ $\sum \beta_地 = 360°$ $f_\beta = \sum \beta_测 - \sum \beta_地 = 50''$ $f_{\beta允} = \pm 60''\sqrt{n} = \pm 120''$			$f_x = \sum \Delta x_测 = 0.09$ m, $f_y = \sum \Delta y_测 = 0.07$ m 导线全长闭合差 $f = \sqrt{f_x^2+f_y^2} = 0.11$ m 导线相对闭合差 $K = \dfrac{1}{\sum D/F} \approx \dfrac{1}{3\,500}$ 允许相同闭合差 $K_允 = 1/2\,000$									

2）使用 Excel 程序进行闭合导线坐标计算

使用 Excel 计算闭合导线坐标的界面如图 3-52 所示，操作步骤如下。

①用第 1 行作表题，第二行作标题栏，在 A3~A8 单元输入点号。

②水平角观测值的输入：在 B4~B7 单元输入水平角的度数，C4~C7 单元输入水平角的分数，D4~D7 单元输入水平角的秒数。将每个水平角的度分秒分成三列输入，为了便于将 60 进制的角度换算为十进制的度。

③水平距离的输入：I3~I6 单元输入水平距离值。

④已知数据的输入：在 N3 单元输入 1 号点的 x 坐标，在 O3 单元输其 y 坐标，在 H3 单元输入以度为单位的已知坐标方位角。

⑤将 60 进制的水平角换算为十进制的度为单位，其结果放置在 E4~E7 单元中。其中 E4 单元的公式为"=B4+C4/60+D4/3 600"，将 E4 单元的公式复制到 E5~E7。在 E9 单元输入公式"=SUM(E4:E7)"计算 $\sum \beta_测$。

⑥在 F11 单元输入公式"=E9−360"计算以度为单位的 f_β，在 F12 单元输入公式"=F11*3 600"计算以秒为单位的 f_β，在 G12 单元输入公式"=60*SQRT(4)"计算 f_β 允许值。

⑦在 F4 单元输入公式"=−F11/4"计算角度改正数 V_β，将 F4 单元的公式复制到 F5~F7；在 F9 单元输入公式"=SUM(F4:F7)"计算角度改正数之和 $\sum V_\beta$，它应等于 F11 单

元值的反号。

⑧在 G4 单元输入公式"=E4+F4"计算改正后的角度值,将 G4 单元的公式复制到 G5~G7;在 G9 单元输入公式"=SUM(G4:G7)"计算改正后的角度之和,它应等于 360°。

⑨在 H4 单元输入公式"=H3+G4+IF(H3+G4>180,-180,180)"计算坐标方位角,将 H4 单元的公式复制到 H5~H7。

⑩在 I9 单元输入公式"=SUM(I3:I6)"计算距离之和 $\sum D$。

⑪在 J3 单元输入公式"=I3*COS(RADIANS(H3))"计算坐标增量 Δx_{12},将 J3 单元的公式复制到 J4~J6;在 J9 单元输入公式"=SUM(J3:J6)"计算 f_x;在 K3 单元输入公式"=I3*SIN(RADIANS(H3))"计算坐标增量 Δy_{12},将 K3 单元的公式复制到 K4~K6;在 K9 单元输入公式"=SUM(K3:K6)"计算 f_y。

⑫在 I11 单元输入公式"=SQRT(J9^2+K9^2)"计算 f,在 J12 单元输入公式"=I9/I11"计算导线相对误差 K 的分母值。

⑬计算调整后的坐标增量。在 L3 单元输入公式"=J2-I3/\$I\$9*\$J\$",计算 $\widehat{\Delta x_{12}}$,将 L3 单元的公式复制到 L4~L6;在 L9 单元输入公式"=SUM(L3:L6)",计算 $\sum \widehat{\Delta x}$,它应等于 0;在 M3 单元输入公式"=K2-I3/\$I\$9*\$J\$",计算 $\widehat{\Delta y_{12}}$,将 M3 单元的公式复制到 M4~M6;在 M9 单元输入公式"=SUM(M3:M6)",计算 $\sum \widehat{\Delta y}$,它应等于 0。

⑭计算导线点的坐标。在 N4 单元输入"=N3+L3"计算 x_2,将 N4 单元的公式复制到 N5~N7,其中 N7 单元的值应等于 N3 单元的值;在 O4 单元输入公式"=O3+M3"计算 y_2,将 O4 单元的公式复制到 O5~O7,其中 O7 单元的值应等于 O3 单元的值。

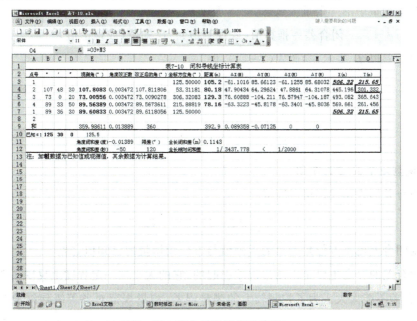

图 3-52 闭合导线坐标计算表

(二)附合导线测量内业计算

附合导线测量内业计算与闭合导线基本相同,两者的主要差异在于角度闭合差 f_β 和坐标增量闭合差 f_x, f_y 的计算下面以图所示的导线为例进行讨论。

1. 角度闭合差 f_β 的计算

如图 3-53 所示的附合导线,M、A、B、N 为已知点,$\beta_1 \sim \beta_5$ 为左折角,β_0、β_6 为连接角,α_{MA} 为已知方向 MA 的方位角,α_{BN} 为已知方向 BN 的方位角。

由于 M、A、B、N 为已知点,α_{MA}、α_{BN} 可以由坐标反算求得。我们先将 BN 边的方位角看成是未知的,按照方位角沿连续折线传递的方法,由 α_{MA} 和 β_0、$\beta_1 \sim \beta_5$、β_6 来推算 BN 边的方位角。如果 α_{MA} 和 β_0、$\beta_1 \sim \beta_5$、β_6 没有误差,则 BN 边方位角的推算值应与已知值一致。但是,观测不可能没有误差,因此,一般情况下 BN 边方位角的推算值应与已知值不相等,这个差值为附合导线的角度闭合差。

图 3-53 附合导线的计算

闭合差是测量中的一个重要概念,一般规定:

$$\text{闭合差} = \text{推算值(或观测值)} - \text{已知值(或理论值)}$$

角度闭合差以 f_β 表示,参照式(3-41),即

$$f_\beta = \alpha_{MA} + \sum \beta \pm 7 \times 180° - \alpha_{BN}$$

写成通式为

$$f_\beta = \alpha_0 + \sum \beta \pm n \times 180° - \alpha \tag{3-54}$$

式中,n 为观测角个数,β 为左角。

角度闭合差的表达式还可以写成:

$$f_\beta = \sum \beta \pm n \times 180° - (\alpha_n - \alpha_0) \tag{3-55}$$

这表示角度闭合差也是方位角增量的观测值与方位角增量的已知值之差。

角度闭合差的存在主要是由测角误差引起的,它的大小在一定程度上反映了观测误差的大小,角度闭合差不能太大。为了控制较大的测量误差,测量规范对各等级导线测量的角度闭合差的限差做了规定。导线测量角度闭合差的限差一般为该等级测角中误差的 $2\sqrt{n}$ 倍,n 为导线

折角个数。当角度闭合差超过限差,经检查计算无误,则表明观测的误差太大,观测的质量不符合本级别的精度要求,应返工重新观测折角。角度闭合差若没有超限,将闭合差反号平均分配给各折角的观测值,这就是角度闭合差的配赋,也称平差,配赋后的观测值为平差值。各折角的分配数叫作观测值的改正数,以 V_i 表示,即

$$V_1 = V_2 = V_3 = \cdots = V_n = -f_\beta/n \tag{3-56}$$

角度闭合差的配赋是为了消除闭合差。在计算到整秒时,改正数由于凑整问题,造成配赋后仍然不能完全消除闭合差而存在残差。这时,应调整个别角度的改正数,以使闭合差完全消除,即满足 $f_\beta = -\Sigma V$,残差一般可加在短边所夹的角或长短边所夹的角上。经调整的改正数会不相等,此时,应该把余值间隔均匀地分配到导线折角上,或者分配到较短的边长上。例如,$f_\beta = 40''$,$n=9$,则 $V=-40''/9=-4.4''$,凑整到秒为 $V=-4''$,显然,$f_\beta \neq -\Sigma V$,不能使闭合差完全消除,这时,应将其中 4 个改正数调整为 $-5''$,另外 5 个改正数仍然为 $-4''$,$-5''$ 的改正数即为余值。

2. 坐标方位角的计算

角度闭合差分配后,要用角度平差值和已知方向来推算导线各边的坐标方位角。如图 3-53 中,先按坐标反算求出 α_{MA},然后依次计算各边坐标方位角,即

$$\begin{cases} \alpha_{A1} = \alpha_{MA} + \beta_0 + V_0 \pm 180° \\ \alpha_{12} = \alpha_{A1} + \beta_1 + V_1 \pm 180° \\ \alpha_{23} = \alpha_{12} + \beta_2 + V_2 \pm 180° \\ \quad\quad\quad \vdots \\ \alpha_{BN} = \alpha_{5B} + \beta_6 + V_6 \pm 180° \end{cases} \tag{3-57}$$

由于消除了角度闭合差,故 BN 边的计算方位角应与由坐标反算的已知方位角完全一致,若不一致,则说明计算有误,应重新检查计算。

3. 坐标增量闭合差的计算与配赋

导线各边的坐标方位角确定后,就可以根据坐标方位角和观测的水平距离计算各边的坐标增量,从而确定各未知点的坐标。由于存在观测误差,推算的 B 点坐标与 B 点的已知坐标必然存在一个差值,这个差值为坐标增量闭合差。坐标增量闭合差是由测角误差和测边误差共同引起的,测角误差虽然经过角度闭合差配赋有所减弱,但并没有完全消除。纵、横坐标增量闭合差以 f_x、f_y 表示:

$$\begin{aligned} f_x &= x_A + \sum_1^n \Delta x - x_B \\ f_y &= y_A + \sum_1^n \Delta y - y_B \end{aligned} \tag{3-58}$$

式中,Δx、Δy 为导线各边计算的纵、横坐标增量。

推算点与已知点之间的平面距离以 f_S 表示,称导线全长闭合差。

$$f_S = \sqrt{f_x^2 + f_y^2} \qquad (3-59)$$

f_S 的大小与导线总长有关，通常以 f_S 与导线总长的比值来表示导线测量的精度，即导线的全长相对闭合差，常常简称相对闭合差。导线的相对闭合差一般以分子为 1 的分数形式表示，即

$$\frac{f_S}{\sum S} = \frac{1}{T} \qquad (3-60)$$

测量规范规定了各等级导线的相对闭合差的限差，图根导线的相对闭合差的限差一般为 1/4 000。导线的相对闭合差若超过了限差，经检查计算无误后，应返工重新观测。导线的相对闭合差若没有超过限差，则应将纵、横坐标闭合差反号并按与边长成正比分配到相应的纵、横坐标增量上。分配到坐标增量上的数值称坐标改正数，以 V_x、V_y 表示，各边的纵、横坐标改正数分别为

$$\begin{cases} V_{xi} = -\dfrac{f_x}{\sum S} S_i \\ V_{yi} = -\dfrac{f_y}{\sum S} S_i \end{cases} \qquad (3-61)$$

加入坐标改正数后的坐标增量为坐标增量的平差值。

与角度闭合差分配一样，坐标闭合差的分配，也可能因为改正数凑整的影响，最后造成推算坐标不能与已知坐标完全闭合。因此，也需要对个别改正数进行调整，以满足

$$\begin{cases} \sum V_x = -f_x \\ \sum V_y = -f_y \end{cases} \qquad (3-62)$$

4. 坐标计算

根据导线起始点坐标、各边坐标增量平差值可依次计算各未知点的坐标：

$$\begin{cases} x_1 = x_A + \Delta x_{A1} + V_{xA1} & y_1 = y_A + \Delta y_{A1} + V_{yA1} \\ x_2 = x_1 + \Delta x_{12} + V_{x12} & y_2 = y_1 + \Delta y_{12} + V_{y12} \\ x_3 = x_2 + \Delta x_{23} + V_{x23} & y_3 = y_2 + \Delta y_{23} + V_{y23} \\ \quad\vdots & \quad\vdots \\ x_B = x_5 + \Delta x_{5B} + V_{x5B} & y_B = y_5 + \Delta y_{5B} + V_{y5B} \end{cases} \qquad (3-63)$$

由于消除了坐标闭合差，故 B 的计算坐标应与 B 点的已知坐标完全一致，若不一致，则说明计算有误，应重新检查计算。

导线计算一般是在专用的表格中进行，附合导线的计算步骤如下：

(1) 按导线推算方向填写导线点号，将已知数据和观测数据分别抄录到导线计算表中相应的位置，并检查无误。

(2) 在表格下方备注栏计算角度闭合差并检查角度闭合差是否超限，若不超限，则计算角度改正数，并将角度改正数填入表中相应位置。

(3) 根据改正后的角度依次推算各边的坐标方位角，推算到最后已知边的方位角应与已知

方位角相等。

(4)根据各边坐标方位角及水平距离,计算各边纵、横坐标增量。

(5)在表格下方备注栏计算纵、横坐标闭合差并检查相对闭合差是否超限,若不超限,则计算纵、横坐标改正数,并将纵、横坐标改正数填入表中相应位置。

(6)根据改正后的坐标增量依次计算各未知点坐标,计算到最后已知点的坐标应与已知坐标相等。

例 3-5 某附合导线如图 3-54 所示,导线点号、已知数据和观测数据已抄录,具体内容见表 3-13。

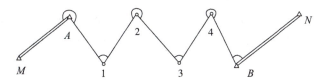

图 3-54 附合导线的计算

表 3-13 附合导线计算

点名	观测角 β /(° ′ ″)	V /(″)	方位角 α /(° ′ ″)	边长 S /m	Δx/m	V_x/mm	Δy/m	V_y/mm	x/m	y/m
M			108 12 33						3 972.102	5 458.367
A	123 22 16	3	51 34 52	112.311	69.791	−15	87.994	11	3 923.008	5 607.606
1	111 51 27	2	343 26 21	76.500	73.327	−10	−21.805	7	3 992.784	5 695.611
2	288 07 33	3	91 33 57	108.584	−2.967	−14	108.543	11	4 066.101	5 673.813
3	151 46 44	3	63 20 44	150.443	67.490	−20	134.455	15	4 063.120	5 782.367
4	172 55 03	2	56 15 49	97.404	54.096	−13	81.001	9	4 130.590	5 916.837
B	143 00 48	3	19 16 40						4 184.673	5 997.847
N									4 405.063	6 074.930
Σ	991 03 51	16		545.242	261.737	−72	390.188	53		
备注	$f_\beta = 108°12'33'' + 991°03'51'' \pm 6 \times 180° - 19°16'40''$ $= 108°12'33'' + 271°03'51'' - 19°16'40''$ $= -16'' < 40\sqrt{6}'' = 98''$ $V_\beta = 16''/6 = 2.7''$ $f_x = 3\ 923.008 + 261.737 - 4\ 184.673 = 0.072\ (\mathrm{m})$ $f_S = 0.089\ (\mathrm{m})$ $f_y = 5\ 607.606 + 390.188 - 5\ 997.847 = -0.053\ (\mathrm{m})$ $f_S/\Sigma S = 0.089/545.242 = 1/6\ 126 < 1/4\ 000$										

在上列附合导线中,如果不给出 M、N 的已知坐标数据,而给出两端起始方位角数据,导线计算可同样进行。

项目6 交会测量

在地形测量及普通工程测量中,当用三角锁(网)或导线的方法布设的平面控制点密度不足时,还可用交会定点的方法进行加密。所谓交会定点的测量方法,就是根据几个平面已知点,测定一个或少量的几个未知点的平面坐标的测量方法。基本方法是先在实地布设一个较为简单的图形,然后用经纬仪测量水平角,或另外再用测距仪(或全站仪)测定某条(或某些)边的边长,经过计算求得未知点的坐标。

交会法定点分为测角交会和测边交会两种。

一、测角交会

测角交会又分为前方交会、侧方交会和后方交会三种。

(一)前方交会

如图 3-55 所示,已知 A 点的坐标为 (x_A, y_A),B 点的坐标为 (x_B, y_B)。分别在 A、B 两点处设站,测出图示的水平角 α 和 β,通过计算确定出未知点 P 的坐标,此方法为前方交会。P 点的坐标可按以下公式进行计算:

$$\begin{cases} x_P = \dfrac{x_A \cot\beta + x_B \cot\alpha + (y_B - y_A)}{\cot\alpha + \cot\beta} \\ y_P = \dfrac{y_A \cot\beta + y_B \cot\alpha + (x_A - x_B)}{\cot\alpha + \cot\beta} \end{cases} \quad (3-64)$$

图 3-55 前方交会

式(3-64)常称为余切公式或戎洛公式。在利用式(3-64)计算时,三角形的点号 A、B、P 应按逆时针顺序排列,其中 A、B 为已知点,P 为未知点。

为了校核和提高 P 点精度,前方交会通常是在三个已知点上进行观测,如图 3-56 所示,从 A、B、C 三个已知点分别向 P 点进行角度观测,即观测出两组角度 α_1、β_1 和 α_2、β_2。然后将由两个交会三角形观测出的角度和已知点的坐标各自代入式(3-64)计算 P 点坐标,得到 $P_1(x_1, y_1)$,$P_2(x_2, y_2)$,两组数据。因测角误差的影响,计算所得出的两组 P 点坐标一般不会完全相同,其坐标较差为

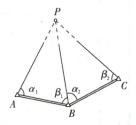

图 3-56 三点前方交会

$$\begin{cases} \delta_x = x_1 - x_2 \\ \delta_y = y_1 - y_2 \end{cases} \qquad (3-65)$$

由此可计算出点位移为 $\Delta D = \sqrt{\delta_x^2 + \delta_y^2}$，当 $\Delta D \leqslant 2 \times 0.1M(\text{mm})$（$M$ 为测图比例尺分母）时，可取两组坐标的平均值作为 P 点的最后坐标，即

$$\begin{cases} x_P = \dfrac{x_1 + x_2}{2} \\ y_P = \dfrac{y_1 + y_2}{2} \end{cases} \qquad (3-66)$$

例 3-6 前方交会算例，见表 3-14。

表 3-14 前方交会计算表

略图与公式	略图：A、B、C、P，观测角 α_1、β_1、α_2、β_2 $\begin{cases} x_P = \dfrac{x_A \cdot \cot\beta + x_B \cdot \cot\alpha + (y_B - y_A)}{\cot\alpha + \cot\beta} \\ y_P = \dfrac{y_A \cdot \cot\beta + y_B \cdot \cot\alpha - (x_B - x_A)}{\cot\alpha + \cot\beta} \end{cases}$							
已知数据	x_A	3 646.35	y_A	1 054.54	x_B	3 873.96	y_B	1 772.68
	x_B	3 873.96	y_B	1 772.68	x_C	4 538.45	y_C	1 862.57
观测角	α_1	64°03′30″	β_1	59°46′40″	α_2	55°30′36″	β_2	72°44′47″
计算结果	x_{P1}	4 421.71	y_{P1}	1 168.43	x_{P2}	4 421.68	y_{P2}	1 168.50
	$x_P = 4421.70 \quad y_P = 1168.46$							
校核计算	$\Delta D = \sqrt{\delta_x^2 + \delta_y^2} = \sqrt{0.03^2 + (-0.07)^2} = 0.076(\text{m}) < \Delta D_{容} = 0.2 \times 1\,000 = 0.2(\text{m})$ 测图比例尺 1∶1 000							

在实际应用中具体采用哪一种交会法进行观测，需要根据现场的实际情况而定。为了提高交会的精度，在选用交会法的同时，还要注意交会图形的好坏。一般情况下，当要加密的控制点与已知点所成的水平角接近于 90°时，其交会精度最高。

（二）侧方交会

前方交会基本图形中的两个观测角，有一个因为某种原因不能在已知点上观测，而改在未知点上观测，这种交会测量称为侧方交会，如图 3-57 所示。A、B、C 为已知点，P 为未知点，α、γ 为观测角，ε 为检查角。

侧方交会仍然按余切公式计算未知点坐标，所不同的是在应用公式前，先必须将另一个已

知点上的内角计算出来,再按公式计算。

侧方交会只有一个三角形,且只观测了两个角,缺少检核条件。为了检核观测成果,侧方交会一般要求在未知点上多观测一个检查角ε,而且这个检查方向的目标点必须是已知点,具体的检查方法如下。

按余切公式求出 P 点坐标后,由 B、C、P 的坐标分别反算出 PB、PC 的坐标方位角 α_{PB}、α_{PC} 及 PC 的距离 S_{PC},由 PB、PC 的坐标方位角计算检查角的计算值:

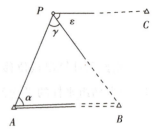

图 3-57 侧方交会

$$\varepsilon_{计} = \alpha_{PB} - \alpha_{PC}$$

计算检查角计算值与观测值之差 $\Delta\varepsilon$:

$$\Delta\varepsilon = \varepsilon_{计} - \varepsilon$$

$\Delta\varepsilon$ 的容许值取决于 C 点横向位移 e 的容许值,一般规定 e 不大于 $0.1M$(mm),即不大于 $M/10\,000$(m),M 为测图比例尺分母。

$\Delta\varepsilon$ 一般较小,以秒为单位,e 与 $\Delta\varepsilon$ 的关系式可以写成

$$e = \Delta\varepsilon'' S_{PC}/\rho''$$

则

$$\Delta\varepsilon'' = e\rho''/S_{PC}$$

将 e 的容许值代入,即得到 $\Delta\varepsilon''$ 容许值的表达式:

$$\Delta\varepsilon''_{容} \leqslant M \times 10^{-4} \rho''/S_{PC} \tag{3-67}$$

若 $\Delta\varepsilon$ 满足上式要求,则计算的 P 点坐标可用,否则,侧方交会应重新观测。侧方交会图形以交会角 γ 为 90°最佳。

例 3-7 侧方交会计算,如表 3-15 所示。

表 3-15 侧方交会计算

点号	点名	角号	观测角/(° ′ ″)	cot(i)	x/m	y/m
				1.312 762		
P	交5	γ	75 22 48	0.260 853	7 095.750	5 266.749

续表

A	C11	α	43 33 03	1.051 909	7 115.706	5 128.454
B	D23	(β)	(61 04 09)	0.552 732	6 994.369	5 224.067
C				1.604 641	6 932.678	5 377.600
方向	Δx	Δy	α	S	ε计/(° ′ ″)	57 02 17
PB	−101.381	−42.682	202 49 53		ε/(° ′ ″)	57 01 56
PC	−163.072	110.851	145 47 36	197.181	Δε/(″)	21
ε计/(° ′ ″)		57 02 17		(M=1 000)	Δε容/(″)	105

(三) 后方交会

只在未知点上设站的单点测角交会称为后方交会。后方交会的图形如图 3-58 所示, $A、B、C、D$ 为已知点, P 为未知点, 仅在未知点 P 上观测 $α、β$ 角及检查角 $ε$, 通过计算就可以求得 P 点的坐标。

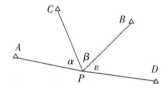

图 3-58 后方交会

后方交会的优点是只在未知点上安置经纬仪观测水平角, 外业工作量小, 选点灵活方便; 缺点是要求与多个已知点通视, 内业计算复杂一些。

后方交会的计算有多种方法, 以下介绍其中一种常用的方法。

按图 3-58 中的点位和角度编号(注意点 C 排在中间), 先求出下列中间参数:

$$\begin{cases} a=(x_A-x_C)+(y_A-y_C)\cot α \\ b=-(y_A-y_C)+(x_A-x_C)\cot α \\ c=-(x_B-x_C)+(y_B-y_C)\cot β \\ d=(y_B-y_C)+(x_B-x_C)\cot β \end{cases} \quad (3-68)$$

$$K=(a+c)/(b+d) \quad (3-69)$$

再求坐标增量:

$$\begin{cases} \Delta x_{CP}=(a-bK)/(1+K^2)=(dK-c)/(1+K^2) \\ \Delta y_{CP}=K\Delta x_{CP} \end{cases} \quad (3-70)$$

式中, 坐标增量的两种算法可以检核计算正确与否。

最后计算坐标:

$$\begin{cases} x_P = x_C + \Delta x_{CP} \\ y_P = y_C + \Delta y_{CP} \end{cases} \qquad (3-71)$$

后方交会观测检查是在未知点上多观测一个检查角,以检核观测成果的质量。具体检查计算可以采用两种方法进行:一种方法是将 α、β 和 β、ε 看作是两组观测,分别按后方交会计算 P 点的两组坐标,然后按前方交会观测检查的方法进行;另一种方法同侧方交会观测检查的方法一样,即求出 P 点的坐标后,由 B、P、D 三点的坐标反算 $\angle BPD$($\angle BPD$ 就是 ε_{it}),并与观测的检查角进行比较,以判断是否符合规范要求,只有观测满足规范要求,计算的坐标才可用。

若后方交会的未知点 P 恰好位于三个已知点 A、C、B 的外接圆上(四点共圆),如图 3-59 所示,则无论 P 点在圆周上任何位置,α、β 角的大小不变,恒等于已知三角形的内角 $\angle B$、$\angle A$,此时 P 点的坐标无定解,该圆被称为危险圆。

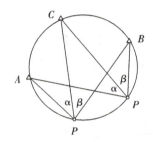

图 3-59 后方交会的危险圆

实际生产中,P 点绝对位于危险圆上的情况极少发生,但 P 点靠近危险圆的情况很容易出现。P 点靠近危险圆时,虽然能解出坐标,但其误差很大。为避免 P 点在危险圆上或靠近危险圆,选用的已知点尽可能地分布在 P 点的四周,P 点位置离危险圆的距离不得小于该圆半径的 1/5。

例 3-8 后方交会的计算如表 3-16 所示。

表 3-16 后方交会计算

点号	已知数据		观测角 /(° ′ ″)	略图	
	x	y			
A	4 342.992	3 814.293	43 29 50		
C	4 194.938	3 745.892	77 53 42		
B	4 191.150	3 510.275	64 59 44		
D	4 342.346	3 411.612			
	第一组			第二组	
	CA	CB		BC	BD
Δx	148.054	−3.788	Δx	3.788	151.196
Δy	68.401	−235.617	Δy	235.617	−98.663

续表

$\alpha、\beta$		43 29 50	77 53 42	$\alpha、\beta$	77 53 42	64 59 44
$\cot(i)$		1.053 882	0.214 473	$\cot(i)$	0.214 473	0.466 402
a		\multicolumn{2}{l	}{220.140 58}	a	\multicolumn{2}{l	}{54.321 48}
b		\multicolumn{2}{l	}{87.630 45}	b	\multicolumn{2}{l	}{−234.804 58}
c		\multicolumn{2}{l	}{−46.745 48}	c	\multicolumn{2}{l	}{−197.212 62}
d		\multicolumn{2}{l	}{−236.429 42}	d	\multicolumn{2}{l	}{−28.144 88}
K		\multicolumn{2}{l	}{−1.165 297 7}	K	\multicolumn{2}{l	}{0.543 416 7}
Δx		\multicolumn{2}{l	}{136.670}	Δx	\multicolumn{2}{l	}{140.445}
Δy		\multicolumn{2}{l	}{−159.261}	Δy	\multicolumn{2}{l	}{76.320}
X		\multicolumn{2}{l	}{4 331.608}	X	\multicolumn{2}{l	}{4 331.595}
Y		\multicolumn{2}{l	}{3 586.631}	Y	\multicolumn{2}{l	}{3 586.595}
平均	X	\multicolumn{2}{l	}{4 331.602}	\multicolumn{3}{l	}{$f_x=0.013$ m, $f_y=0.036$ m, $f_S=0.038$ m}
	Y	\multicolumn{2}{l	}{3 586.613}	\multicolumn{3}{l	}{$f_{S容}=0.2\times 1\,000$ mm $=0.200$ m(取 $M=1\,000$)}

二、测边交会

测边交会是指通过观测距离来确定控制点的坐标。如图 3-60 所示,$A、B、C$ 为已知点,P 为未知点,$S_1、S_2、S_3$ 为观测边长。本来 P 点的坐标由 $S_1、S_2$ 就可以确定,但是,没有观测检查,不能发现错误,所以要求再观测 S_3,以便进行观测检查。

测边交会由于没有观测角度,因此不能推算方位角。计算坐标时,先要由三角形边长反算内角,然后按一般方法计算坐标即可,具体计算步骤如下。

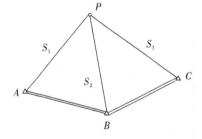

图 3-60 测边交会

(1)由 AB 的坐标反算 AB 边的边长 S_{AB} 和方位角 α_{AB}。

(2)由余弦定律反算三角形 ABP 的内角 $\angle A$(或 $\angle B$):

$$\cos\angle A = \frac{S_1^2 + S_{AB}^2 - S_2^2}{2S_1 S_{AB}} \qquad (3-72)$$

(3)计算 AP 边的坐标方位角 α_{AP}:

$$\alpha_{AP} = \alpha_{AB} - \angle A \qquad (3-73)$$

(4)计算 AP 边坐标增量 $\Delta x、\Delta y$:

$$\Delta x_{AP} = S_1 \cos\alpha_{AP}$$
$$\Delta y_{AP} = S_1 \sin\alpha_{AP} \qquad (3-74)$$

(5)计算点 P 坐标：

$$\begin{cases} x_P = x_A + \Delta x_{AP} \\ y_P = y_A + \Delta y_{AP} \end{cases} \tag{3-75}$$

测边交会的观测检查，如同前方交会的观测检查一样，分别以 S_1、S_2 和 S_2、S_3 计算两组坐标，然后比较其较差，是否满足规范要求。若满足要求，可取两组坐标的平均值为最后结果，若不满足规范要求，则应重新观测。

测边交会的图形，交会角为 90°时最为有利。

例 3 - 9 测边交会计算，如表 3 - 17 所示。

表 3 - 17 测边交会计算

点号	已知坐标		边号	观测边长	观测略图
	x	y		边长	
D7	5 944.602	3 187.359	S_1	212.243	
D8	5 821.360	3 300.369	S_2	271.370	
D10	6 032.004	3 480.119	S_3	149.072	

	第一组		第二组	
已知坐标反算	$\Delta x_{AB} = -123.242$ $\Delta y_{AB} = 113.010$ $S_{AB} = 167.212$ $\alpha_{AB} = 137°28'48''$		已知坐标反算	$\Delta x_{BC} = 210.644$ $\Delta y_{BC} = 179.750$ $S_{BC} = 276.913$ $\alpha_{BC} = 40°28'31''$
未知坐标计算	$\angle A = 90°30'45''$ $\alpha_{AP} = 46°58'03''$ $S_1 = 212.243$ $\Delta x_{AP} = 144.837$ $\Delta y_{AP} = 155.143$ $x_P = 6\ 089.439$ $y_P = 3\ 342.502$		未知坐标计算	$\angle B = 31°31'58''$ $\alpha_{BP} = 8°56'33''$ $S_2 = 271.370$ $\Delta x_{BP} = 268.071$ $\Delta y_{BP} = 42.183$ $x_P = 6\ 089.431$ $y_P = 3\ 342.552$
平均	x_P	6 089.435	$f_x = 0.008$ m，$f_y = -0.050$ m，$f_S = 0.051$ m	
	y_P	3 342.527	$f_{S容} = 0.2 \times 1\ 000$ mm $= 0.200$ m（取 $M = 1\ 000$）	

思考题和习题

(1) 什么叫水平角？经纬仪为什么能测出水平角？

(2) 仪器对中和整平的目的是什么？试述光学经纬仪对中、整平和照准的操作步骤。

(3) 经纬仪由哪几部分组成？说明各部分的功能。

(4) 光学经纬仪如何进行读数？

(5) 试述测回法测水平角的操作步骤。

(6) 完成表3-18中测回法观测水平角的计算。

表3-18 测回法观测手簿

测站：

测回	竖盘位置	目标	水平度盘读数 /(° ′ ″)	半测回角值 /(° ′ ″)	一测回角值 /(° ′ ″)	各测回平均值 /(° ′ ″)	备注
第一测回	左	1	0　00　06				
		2	98　48　54				
	右	1	180　00　36				
		2	278　49　06				
第二测回	左	1	90　00　12				
		2	188　49　06				
	右	1	270　00　30				
		2	8　49　12				

(7) 观测水平角时，什么情况下采用测回法，什么情况下采用方向观测法？

(8) 观测水平角时，为何有时要测几个测回？若要测四个测回，各测回起始方向的读数应置为多少？

(9) 观测水平角时产生误差的主要原因有哪些？为提高测角精度，测角时要注意哪些事项？

(10) 什么叫竖直角？观测竖直角时，在读数前为什么要使竖盘指标水准管气泡居中？

(11) 为什么测水平角时要在两个方向上读数，而测竖直角时只要在一个方向上读数？

(12) 计算水平角时，如果被减数不够减时，为什么可以再加360°？

(13) 什么是竖盘指标差？怎样用竖盘指标差来衡量垂直角观测成果是否合格？

(14) 完成表3-19中竖直角观测的计算。

(15) 用盘左、盘右读数取平均值的方法，能消除哪些仪器误差对水平角的影响？能否消除仪器竖轴倾斜引起的测角误差?

表 3-19 竖直角观测记录

测站	目标	竖直位置	竖直读数 /(° ′ ″)	半测回竖直角 /(° ′ ″)	指标差 /(° ′ ″)	一测回竖直角 /(° ′ ″)	备注
O	1	左	72 18 18				
		右	287 42 00				
	2	左	96 32 48				
		右	263 27 30				

(16) 怎样确定竖直角的计算公式?

(17) 如图 3-61 所示,因仪器对中误差使仪器中心 O' 偏离测站标志中心 O,试根据图中给出的数据,计算由于对中误差引起的水平角测量误差。

(18) 在图 3-62 中,B 为测站点,A、C 为照准点。在观测水平角 $\angle ABC$ 时,照准 C 点标杆顶部,由于标杆倾斜,在 BC 的垂直方向上杆顶偏离 C 点的距离为 20 mm。若 BC 长 100 m,问目标偏心引起的水平角误差有多大?

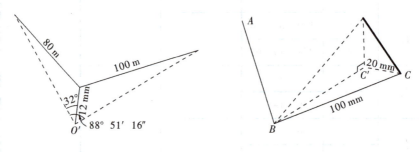

图 3-61 水平角观测照准方法　　图 3-62 竖直角观测照准方法

(19) 经纬仪有哪些主要轴线?各轴线之间应满足什么条件?为什么要满足这些条件?这些条件如不满足,如何进行检验与校正?

(20) 检验视准轴是否垂直于水平轴时,为什么选定的目标应尽量与仪器同高?检验水平轴垂直于竖轴时,为什么目标点要选得高些,而在墙上投点时又要把望远镜放平?

(21) 怎样进行竖盘指标差的检验与校正?

(22) 距离测量的方法主要有哪几种?

(23) 什么叫直线定线?量距时为什么要进行直线定线?如何进行直线定线?

(24) 用目估定线的方法,在距离 50 m 处标杆中心偏离直线 0.80 m,由此产生的量距误差为多少?

(25) 用钢尺丈量倾斜地面的距离有哪些方法,各适用于什么情况?

(26)何为距离测量的相对误差？

(27)用钢尺往、返丈量 A、B 间的距离，其平均值为 273.58 m，现要求量距的相对误差为 1/5 000，则往、返丈量距离之差不能超过多少？

(28)用钢尺丈量了 AB、CD 两段距离，AB 的往测值为 206.32 m，返测值为 206.17 m；CD 的往测值为 102.83 m，返测值为 102.74 m。这两段距离丈量的精度是否相同，为什么？

(29)怎样衡量距离丈量的精度？设丈量了 AB、CD 两段距离；AB 的往测长度为 246.68 m，返测长度为 246.61 m；CD 的往测长度为 435.888 m，返测长度为 435.98 m。哪一段的量距精度较高？

(30)下列情况使丈量结果比实际距离增大还是减少？

①钢尺比标准尺长；②定线不准；③钢尺不平；④拉力偏大；⑤温度比检定时低。

(31)某钢尺的尺长方程式为 $l_t = 30.000\ 0 + 0.008\ 0 + 1.2 \times 10^{-5} \times 30(t - 20\ ℃)$ m。用此钢尺在 10 ℃ 条件下丈量一段坡度均匀，长度为 160.380 m 的距离，丈量时的拉力与钢尺检定拉力相同，并测得该段距离两端点高差为 -1.8 m，试求其水平距离。

(32)某钢尺的尺长方程式为 $l_t = 30\ \text{m} - 0.002\ \text{m} + 1.25 \times 10^{-5} \times 30(t - 20\ ℃)$ m，现用它丈量了两个尺段的距离，所用拉力为 10 kg，丈量结果见表 3-20，试进行尺长、温度及倾斜改正，求出各尺段的实际水平长度。

表 3-20 钢尺量距测量

尺段	尺段长度/m	温度/℃	高差/m
12	29.987	16	0.11
23	29.905	25	0.85

(33)试整理表 3-21 中的观测数据，并计算 AB 间的水平距离。已知钢尺为 30 m，尺长方程式为 $30 + 0.005 + 1.25 \times 10^{-5} \times 30(t - 20\ ℃)$。

表 3-21 钢尺量距计算表

线段	尺段	距离 d_i'/m	温度/℃	尺长改正 Δd_l/mm	温度改正 Δd_t/mm	高差 h/mm	倾斜改正 Δd_h/mm	水平距离 d_i/m
A	A~1	29.391	10			+860		
	1~2	23.390	11			+1280		
	2~3	27.682	11			-140		
	3~4	28.538	12			-1030		
	4~B	17.899	13			-940		
B						$\Sigma_{往}$		

续表

线段	尺段	距离 d_i'/m	温度 /℃	尺长改正 $\Delta d_l/\text{mm}$	温度改正 $\Delta d_t/\text{mm}$	高差 h/mm	倾斜改正 $\Delta d_h/\text{mm}$	水平距离 d_i/m
B	B~1	25.300	13			+860		
	1~2	23.922	13			+1 140		
	2~3	25.070	11			+130		
	3~4	28.581	10			−1 100		
	4~A	24.050	10			−1 180		
A						$\Sigma_{返}$		

(34) 完成表 3-22 中所列视距测量观测成果的计算。

表 3-22 视距测量计算表

测站:A　　　测站高程:45.86 m　　　仪器高:1.42 m　　　指标差:0

点号	视距间隔	中丝	竖盘读数	竖直角	高差	高程	平距	备注
1	0.874	1.42	86°43′					竖盘为顺时针分划注记
2	0.922	1.42	88°07′					
3	0.548	1.42	93°13′					
4	0.736	2.42	85°22′					
5	1.038	0.42	90°07′					
6	0.689	1.42	94°51′					
7	0.817	1.42	87°36′					
8	0.952	2.00	89°38′					

(35) 为什么要进行直线定向？怎样确定直线的方向？

(36) 何谓直线定向？在直线定向中有哪些标准方向线？它们之间存在什么关系？

(37) 设已知各直线的坐标方位角分别为 47°27′、177°37′、226°48′、337°18′，试分别求出它们的象限角和反坐标方位角。

(38) 如图 3-63 所示，已知 $\alpha_{AB}=55°20'$，$\beta_B=126°24'$，$\beta_C=134°06'$，求其余各边的坐标方位角。

模块三 平面控制测量

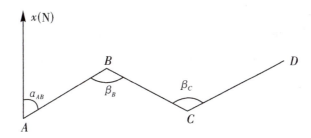

图 3-63 坐标方位角计算示意图

(39) 已知某直线的象限角为南西 45°18′,求它的坐标方位角。

(40) 控制测量分为哪几种?各有什么作用?

(41) 导线的布设形式有几种?分别需要哪些起算数据和观测数据?

(42) 选择导线点应注意哪些问题?导线测量的外业工作包括哪些内容?

(43) 根据表 3-23 中所列数据,计算图根闭合导线各点坐标。

表 3-23 闭合导线的已知数据

点号	角度观测值(右角) /(° ′ ″)	坐标方位角 /(° ′ ″)	边长/m	坐标	
				x/m	y/m
1				500.00	600.00
2	139 05 00	42 45 00	103.85		
3	94 15 54		114.57		
4	88 36 36		162.46		
5	122 39 30		133.54		
1	95 23 30		123.68		

(44) 根据图 3-64 中的数据,计算图根附合导线各点坐标。

图 3-64 图根附合导线计算示意图

(45)角度前方交会观测数据如图 3-65 所示,已知 $x_A=1112.342$ m、$y_A=351.727$ m、$x_B=659.232$ m、$y_B=355.537$ m、$x_C=406.593$ m、$y_C=654.051$ m,求 P 点坐标。

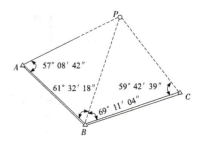

图 3-65 角度前方交会示意图

(46)距离交会观测数据如图 3-66 所示,已知 $x_A=1223.453$ m,$y_A=462.838$ m,$x_B=770.343$ m,$y_B=466.648$ m,$x_C=517.704$ m,$y_C=765.162$ m,求 P 点坐标。

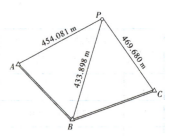

图 3-66 距离交会示意图

模块四 三角高程测量

对于山地或丘陵等地形起伏很大的测区,用水准测量方法进行高程测量进程会非常缓慢,甚至非常困难,在对高程测量精度要求不高时,常采用三角高程测量的方法进行高程测量。使用电磁波测距三角高程测量时,宜在平面控制点的基础上布设成三角高程网或高程导线。

▶项目 1 三角高程测量原理

一、三角高程测量原理

三角高程测量的基本思想:根据由测站对照准点所观测的竖直角和测站至照准点之间的水平距离来计算两点之间的高差。三角高程测量所测定的地面高程为三角高程,三角高程测量所经过的路线为三角高程路线。

如图 4-1 所示,已知 A 点高程 H_A,欲求 B 点高程 H_B,可将仪器安置在 A 点,在 B 点竖立标杆,当照准 B 点目标高为 v 时,测得竖直角为 α,量取仪器高 i。

设 AB 两点间水平距离为 D,AB 两点高差为 h_{AB},则由图 4-1 可得

$$h_{AB} = D\tan\alpha + i - v \quad (4-1)$$

如果用测距仪测得 AB 两点间的斜距为 S,则高差 h_{AB} 为

$$h_{AB} = S\sin\alpha + i - v \quad (4-2)$$

B 点高程为

$$H_B = H_A + h_{AB} \quad (4-3)$$

图 4-1 三角高程测量原理

具体应用上述公式时,要注意竖直角的正负号,当竖直角 α 为仰角时取正号,当竖直角 α 为俯角时取负号。

仪器在已知点上设测站,观测已知点和未知点之间的高差为直觇;反之,在未知点设站,观测未知点和已知点之间的高差称为反觇。图 4-1 中,若 A 为已知点,则 h_{AB} 为直觇高差。三角高程测量中,往往需要直反觇观测来计算 A、B 两点的平均高差 h:

$$h = \frac{h_{AB} - h_{BA}}{2} \qquad (4-4)$$

二、地球曲率和大气折光的影响

在上述三角高程测量的公式中,将水平面近似看成了平面,视线视为直线,没有考虑地球曲率与大气折光对所测高差的影响。当两点之间的距离较远时,就要考虑地球曲率及观测视线受大气垂直折光的影响。地球曲率对高差的影响为地球曲率差,简称球差,大气折光引起视线成弧线的差异为气差。

如图 4-2 所示,已知 A 点的高程为 H_A,现要测定 B 点的高程 H_B,首先要测出 AB 两点的高差 h_{AB}。在 A 点安置仪器,仪器高为 i,在 B 点立标杆 BF,杆高为 v,图 4-2 中,由于大气折光的影响,来自目标 F 的光沿弧线 IF 进入仪器望远镜,而望远镜却位于弧线 IF 的切线 IG 上,FG 用符号 r 表示。假设视线的垂直角为 α,IE 为通过仪器中心的水平面,ID 为通过仪器中心的水准面,DE 用符号 p 表示。通过前面的学习我们已经知道球面对高差的影响为

$$p = \frac{D^2}{2R} \qquad (4-5)$$

式中,D 为 A、B 两点的距离。

大气折光对高差的影响为

$$r = \frac{K}{2R} D^2 \qquad (4-6)$$

图 4-2 地球曲率与大气折光的影响

大气折光主要与空气密度有关,而空气密度除了与高差有关之外,还受温度、气压等气候条件影响,其准确值很难求得。

通常令 $f = p - r$,称球气差,则

$$f = \frac{1-K}{2R} D^2 \qquad (4-7)$$

式中,K 为大气折光系数,在一天内 K 值是变化的,一般中午前后 K 值最小,并且比较稳定;日出日落时数值较大,而且变化较快,因此垂直角观测最好在中午前后进行。阴天观测时 K 值可以不受时间限制。

K 值的变化是复杂的,在不同的地区、不同的时间、不同的天气等都会不相同,甚至在同一个测站上各个方向的 K 值也不相同,主要的影响因素是气温和气压。实用中是将我国大部分地区的折光系数取平均值,一般取 0.11~0.14。

经计算,AB 点的高差为

$$h_{AB} = i + DE + EG - GF - FB = i + p + EG - r - v = D\tan\alpha + i - v + f$$

直觇时,三角高程测量的基本公式为

$$h_{AB} = D\tan\alpha_{AB} + i_A - v_B + f$$

$$H_B = H_A + h_{AB} \tag{4-8}$$

反觇时,三角高程测量的基本公式为

$$h_{BA} = D\tan\alpha_{BA} + i_B - v_A + f$$

$$H_B = H_A - h_{BA} \tag{4-9}$$

当取二者的平均值作为最后高差值时,

$$h = \frac{h_{AB} - h_{BA}}{2} = \frac{D}{2}(\tan\alpha_{AB} - \tan\alpha_{BA}) + \frac{1}{2}(i_A - i_B) - \frac{1}{2}(v_A - v_B) \tag{4-10}$$

由式(4-10)可知,采用直返觇观测可以消除地球曲率和大气折光对高差的影响。

为了计算方便,表 4-1 是式(4-7)中取不同的 D 值所对应的球气差 f 的数值,用时可在表中查取。

表 4-1 球气差查取表

$(D/100)$/m	1	2	3	4	5	6	7	8	9	10
f/cm	0.1	0.3	0.6	1.1	1.7	2.4	3.3	4.3	5.5	6.7

由表 4-1 可以看出,当两点水平距离 $D<300$ m 时,其影响不足 1 cm,故一般规定当水平距离 $D<300$ m 时,不考虑球气差的影响;只有当水平距离 $D>300$ m 时,才考虑球气差的影响。

项目 2　三角高程测量的应用

一、电磁波测距三角高程测量

电磁波测距三角高程测量一般分为四等、一级(五等)、二级(图根)三个等级。四等应起止于不低于三等水准的高程点上,一级(五等)应起止于不低于四等水准的高程点上。各条边长不超过 1 km,路线边数不超过 6 条。若边长不超过 0.5 km,或单独作高程控制时,边数可增加一倍。二级(图根)三角高程测量应按同等级经纬仪三角高程测量的相应布设要求实施。当边数超过上述规定时,路线应布设成三角高程网。目前电磁波测距的标称精度一般不低于(5+3×10^{-6}×D),满足计算三角高程精度的测距要求。仪器高、觇标高的量取应满足:四等应在观测前后各量取一次,取至 mm,较差不大于 2 mm;一级(五等)量取两次,较差不大于 4 mm;二级(图根)量至 cm 即可。各等级电磁波测距三角高程测量的主要技术要求见表 4-2。

表 4-2 电磁波测距三角高程测量的主要技术要求

等级	仪器	竖直角测回数		指标差较差/(″)	竖直角较差/(″)	对向观测高差较差	附合或环线闭合差
		三丝法	中丝法				
四等	J_2	1	3	7	7	$\pm 40\sqrt{D}$	$\pm 20\sqrt{[D]}$
一级(五等)	J_2	1	2	10	10	$\pm 60\sqrt{D}$	$\pm 30\sqrt{[D]}$
二级(图根)	J_6	1	2	25	25		$\pm 40\sqrt{[D]}$

注:①D 为电磁波测距边长度,km;

②单向观测时,应考虑地球曲率和大气折光的影响。

二、经纬仪三角高程测量

经纬仪三角高程测量,一般分为两个等级。一级路线边数不超过 7 条,起算点为四等高程点,二级(图根)路线边数不应超过 15 条,起算点精度为图根水准或一级三角高程点。对于单一三角高程路线和三角高程网,各边的竖直角均应进行对向观测;对于独立高程点,必须有三个合格的单觇观测成果取中数;经纬仪三角高程测量中,仪器高和觇标高,应用钢尺准确量至 0.5 cm。各等级经纬仪三角高程测量的主要技术要求见表 4-3。

表 4-3 经纬仪三角高程测量的主要技术要求

等级	仪器	总长/km	竖直角测回数		指标差较差/(″)	竖直角较差/(″)	对向观测高差较差	附合或环线闭合差
			三丝法	中丝法				
一级	J_2	1.5	1	2	15	15	$\pm 0.2S$	$\pm 0.07\sqrt{n}$
二级(图根)	J_6	0.5		2	25	25	$\pm 0.4S$	$\pm 0.11 H_c \sqrt{n}$

注:①S 为边长,以 km 为单位;n 为边数;H_c 为等高距,以 m 为单位。

②单向观测时,应考虑地球曲率和大气折光的影响。

三、独立高程点

三角高程测量独立高程点通常应用于地形平面控制中的交会测量点,即用三角高程测量的方法来确定交会测量点的高程,如前方交会。现阶段,三角测量独立高程点方法已不常用。

例 4-1 三角高程直反觇观测及计算表见表 4-4。

表 4-4 三角高程直反觇观测及计算表

所求点	杜岗		
起算点	王店	李集	李集
觇法	反觇	直觇	反觇
α	1°20′33″	5°08′42″	−4°57′56″

续表

S	193.456	222.077		222.077
i	1.48	1.52		1.48
v	1.50	1.50		2.35
f	0.00	0.00		0.00
h	4.51	20.02		−20.16
H_0	132.22	107.65		107.65
H	127.71	127.67		127.81
中数 H		127.73		

例 4－2 三角高程路线的计算。

三角高程路线略图如图 4－3 所示。

图 4－3 三角高程路线略图

(1)将观测数据记入表 4－5,然后进行计算。

表 4－5 三角高程路线各站高差计算

路线	C3～D1		D1～D2		D2～D3		D3～C7	
觇法	直觇	反觇	直觇	反觇	直觇	反觇	直觇	反觇
α	−0 27 42	0 32 26	0 37 32	−0 37 25	0 56 52	−0 54 43	2 34 09	−2 30 55
斜距 S	206.133	206.133	267.904	267.904	184.617	184.617	220.005	220.005
i	1.424	1.518	1.518	1.477	1.477	1.383	1.383	1.456
v	1.500	1.750	1.500	1.500	1.500	1.500	1.500	1.550
f	0.003	0.003	0.005	0.005	0.002	0.002	0.003	0.003
h	−1.734	1.716	2.948	−2.934	3.033	−3.054	9.758	−9.755
Δh	−0.018		0.014		−0.021		0.003	
$h_{中}$	−1.725		2.941		3.044		9.756	

(2) 三角高程路线平差计算,见表 4-6。

观测总高差:
$$\sum h = -1.725 + 2.941 + 3.044 + 9.756 = 14.016 (m)$$

闭合差:
$$f_h = H_{C3} + \sum h - H_{C7} = 179.326 + 14.016 - 193.360 = -0.018 (m)$$

改正数计算:
$$v_i = \frac{-f_h}{\sum s_i} s_{ij}$$

三角高程路线闭合差应满足规范要求,如果超限,则应重测;若不超限,则按路线距离成比例地反号分配到各边高差中数上。闭合差的分配也应遵循凑整闭合的原则,完全消除闭合差。

表 4-6 闭合差分配

点号	距离/m	观测高差/m	改正数/m	改正高差/m	高程/m	备注
C3					179.326	已知点
	206.133	-1.725	0.004	-1.721		
D1					177.605	
	267.904	2.941	0.005	2.946		
D2					180.551	
	184.617	3.044	0.004	3.048		
D3					183.599	
	220.005	9.756	0.005	9.761		
C7					193.360	已知点
$\sum$	878.659	14.016	0.018	14.034		
$f_h = 179.326 + 14.016 - 193.360 = -0.018$ m $f_{h容} = \pm 30 \times \sqrt{0.879} = \pm 28$ mm $= \pm 0.028$ m						

四、中间觇法观测

如图 4-4 所示,这种观测方法与用水准仪进行观测的方法相似,即在两点上设置照准目标,在两点中间安放仪器,对每个目标进行单向观测并计算仪器与目标点间的高差 h_f、h_b,从而求得两点间的高差 h_{AB}。

可写出下列相应的近似高差计算公式:
$$\begin{aligned} h_{AB} &= h_f - h_b \\ &= (S_f \sin\delta_f + C_f S_f^2 + i - v_f) - (S_b \sin\delta_b + C_b S_b^2 + i - v_b) \\ &= (S_f \sin\delta_f - S_b \sin\delta_b) + (C_f S_f^2 - C_b S_b^2) - v_f + v_b \end{aligned} \quad (4-11)$$

图 4-4 中间觇法观测

用中间觇法也可进行往返观测,以提高精度。由于此法的视线远短于单向或对向观测法的视线,因而高差中受测角误差和大气折光影响小。此外,若使前、后视线的长度基本相当,则由于观测时间短暂,折光对前、后视线影响的相同部分较多,因此在计算出的两点高差中折光影响的大部分抵消了,从而能得出较对向观测法精度高的结果。同时,这种方法若连续观测偶数站,计算高差时,中间站的前视目标高相互抵消,提高了精度。这种方法为许多实验所证实,因此全站仪普及的今天它已广泛应用于测量实践。

▶项目 3　三角高程测量的误差来源

三角高程测量误差的主要来源:竖直角测定误差、距离测量误差、仪器高和觇标高量取误差、地球曲率和大气折光的影响。

一、竖直角测定误差

竖直角测定误差主要包括观测误差、仪器误差和外界条件的影响。观测误差中有照准误差、读数误差和竖盘指标水准管气泡居中误差等。仪器误差中有竖盘刻画误差和单指标竖盘偏心差等。外界条件的影响主要是大气折光、空气对流和空气能见度等的影响。竖直角测定误差对高差的影响与两点间的水平距离成正比,且垂直角愈大,影响愈大,因此,竖直角观测应选择较好的观测时段来进行,一般以正午时分为好。

二、距离测量误差

距离误差主要取决于测量仪器的精度,现阶段,仪器标称精度较低的为$(5+3\times10^{-6}\times D)$,常见的仪器精度为$(3+2\times10^{-6}\times D)$,要在使用前对仪器进行检定,保证精度完全满足地形三角高程测距要求。在经纬仪和独立三角高程测量中,距离误差主要取决于平面控制测量的精度。另外,水平距离误差对高差的影响与竖直角的大小有关,当竖直角很小时,甚至可以忽略。

三、仪器高和觇标高量取误差

仪器高和觇标高一般用钢尺量取斜高或直高,量取方法要统一,误差控制在 3 mm 以内。对于低等级三角高程测量,此项误差可以忽略;但进行高精度的三角高程测量时,则应使用专用设备,控制仪器高和觇标高的量取误差。

四、地球曲率和大气折光的影响

地球曲率对高差的影响能够精确地计算并加以改正,而大气折光对高差的影响随外界条件的不同变化不定,即使按近似模型加入改正后,仍然存在较大的残余误差。大气折光对高差的影响与两点间水平距离的平方成正比,随着距离的增长,影响明显增大,并逐渐成为三角高程测量的主要误差来源之一。用中间觇法观测时,可有效减弱大气折光对高差的影响,直反觇观测同样可以减弱大气折光对高差的影响。

例 4-3 已知某边三角高程单向观测的竖直角中误差为 $\pm 10''$,垂直角 $\alpha=5°$,仪器高、觇标高的测量误差均为 ± 0.003 m,两点间水平距离为 500 m,精度为 1/10 000,取 $m_f=\pm 0.010$ m,试计算该单向观测高差的中误差。

解:高差公式为

$$h = D\tan\alpha + i - v + f$$

依据误差理论得高差中误差为

$$m_h = \pm \sqrt{\tan^2\alpha \cdot m_D^2 + \frac{D^2}{\cos^4\alpha} \cdot \frac{m_\alpha^2}{\rho^2} + m_i^2 + m_v^2 + m_f^2}$$

代入相关数据得

$$m_h = \pm \sqrt{(\tan 5° \times 0.050)^2 + \left(\frac{500}{\cos^2 5°} \times \frac{10}{206\,265}\right)^2 + 0.003^2 + 0.003^2 + 0.010^2}$$

$$= \pm \sqrt{(0.004)^2 + (0.024)^2 + 0.003^2 + 0.003^2 + 0.010^2}$$

$$= \pm 0.027 \text{(m)}$$

从上例可以看出,竖直角测定误差的影响是三角高程测量的主要误差来源。竖直角测定误差的影响与两点间水平距离成正比,距离越长,影响越大。因此,采用三角高程测量传递高程时,选择较短的边和较小垂直角对传递高程有利。

思考题和习题

(1) 简述三角高程测量原理并说明三角高程公式中各元素的含义。

(2) 什么叫两差改正?两差对观测高差有何影响?

(3) 直反觇是如何定义的?高差测量为何直反觇观测?

(4) 中间站法观测高差的精度如何?该方法能否代替水准法,为何?

(5) 设有地面两点 A、B,测得斜长 $s_{AB}=256.355$ m,垂直角 $\alpha_{AB}=8°32'00''$,若 $H_A=1\,102.658$ m,仪器高 $i=1.456$ m,觇标高 $v=1.559$ m,求 B 点的高程(不考虑两差影响)。

模块五 测量误差与数据处理

▶项目 1 观测值最可靠值的计算

一、测量误差的基本知识

（一）测量误差的概念

测量生产实践表明，不管使用的测量仪器精度等级有多高，也无论观测者在观测过程中多么认真细致，对同一个量进行多次观测时，其结果总是存在一定的差异。例如：对某一角度、两点间的高差或距离等进行多次重复观测时，所测得的各次结果往往存在差异；又如，对三角形的三个内角进行观测，每次测得的三个内角观测值之和常常不等于 180°；在水准测量中，对闭合水准路线每段高差进行测量，所测得的闭合水准路线高差闭合差常常不等于 0 等。这些现象都说明了测量结果不可避免地存在误差。

设观测量的真值为 $\tilde{L}$，则观测量 L_i 的真误差 Δ_i 为

$$\Delta_i = L_i - \tilde{L}(i = 1,2,\cdots,n) \tag{5-1}$$

（二）测量误差产生的原因

测量误差产生的原因很多，主要有以下三个方面。

(1)仪器误差：由于仪器本身制造和校正不十分完善，观测值不可避免地存在误差。例如：仪器各轴线间的几何关系不能完全满足要求；用只有厘米分划的水准尺进行水准测量时，就不能保证厘米以下的读数准确无误等，这些原因都会给观测结果带来误差。

(2)观测误差：由于观测者感觉器官的鉴别能力有限，在仪器操作过程中，无论多么认真，都会在仪器的安置、照准、读数等方面产生一定的误差。同时，不同观测者的技术水平及工作态度，对观测结果也会有直接的影响。

(3)外界环境：观测过程中的外界条件，如温度、湿度、气压、风力和大气折光等因素的不断变化，都必然导致观测结果中带有误差。

上述三个方面的因素是引起误差的主要来源,通常总称观测条件。当观测条件好时,观测中产生的误差相对较小,观测成果的质量就会高些;反之,观测条件差时,观测成果的质量就会低些。如果观测条件相同,则所进行的各次观测质量相同,称等精度观测;观测条件不同时,各次观测称不等精度观测。由此可见,观测条件的好坏直接决定观测成果质量的高低。但无论观测条件如何,在整个观测过程中,都会受到上述因素的影响,使观测结果不可避免地带有误差。

(三)测量误差的分类

根据测量误差对观测成果影响性质的不同,将其分为系统误差和偶然误差两种。

1. 系统误差

在相同的观测条件下,对某量进行一系列观测,如果误差的大小和符号保持不变,或按照一定的规律变化,这种误差为系统误差。钢尺丈量距离时,如果使用没有经过鉴定的名义长度为 50 m,其实际长度为 49.996 m 的钢尺量距,则每丈量 50 m 的距离,就会产生 +4 mm 的误差;丈量 100 m 的距离,就会产生 +8 mm 的误差。显然,这种误差的大小与所量的直线长度成正比,而符号始终保持一致,不能抵消,具有累积性。

系统误差对测量成果的影响具有一定的规律性,因此,在测量的过程中,可以采取一定的措施来消除系统误差的影响或减少到可以忽略不计的程度。例如:量距时,对丈量结果进行尺长改正和温度改正;在水准测量中,用前后视距相等的办法来消除 i 角误差对高差的影响;在水平角观测中,采用正倒镜观测的方法消除 $2c$ 的影响等。

2. 偶然误差

在相同的观测条件下,对某量进行一系列观测,如果少量的误差大小和符号呈现偶然性,但大量的误差服从统计规律性,这种误差为偶然误差,有时也被称为随机误差。例如:水准测量时,毫米位的估读数据有时偏大有时偏小等。

在观测过程中,系统误差和偶然误差总是同时产生的。当采取适当的方法消除或削弱了系统误差时,决定观测成果质量的关键就是偶然误差。因此,在测量误差理论中讨论的主要是偶然误差。

(四)错误与粗差

在测量中,除了不可避免的误差之外,还可能产生错误与粗差。例如:为了确定一个三角形的形状,只需测量其任意两个内角,第三个内角可以用内角和的真值 180°减去已测得的两个角度值获得,所以确定一个三角形形状的必要观测数是 2。但是如果在测量某个内角时,瞄错了目标或读错、记错数据,则测得的这个内角就存在错误,由于没有检核条件,这个错误将不能被发现。同样,观测者瞄准目标不精确,就会产生粗差。如果测量了三个内角,则称第三个内角为多余观测,这时三内角之和应等于 180°,就构成了一个检核条件,此时,若某个角度值存在错误或粗差,则三角形内角和与180°就会相差很大,闭合差就会超过限差的几倍。在观测结果中是不允许存在错误和粗差的,通过多余观测可以发现粗差,一旦发现,应及时舍弃重新观测。

规范规定:测量仪器使用前应进行检验校正;操作时应严格按照规范要求进行;布设平面和高程控制网测量控制点的三维坐标时,要有一定的多余观测量。一般认为,当严格按照规范要求进行测量工作时,粗差和系统误差是可以消除的,即使不能完全消除,也可以将其影响减弱到可以忽略不计的程度。因此,通常认为测量误差只包含偶然误差。

(五)偶然误差的特性

偶然误差从表面上看其大小和符号没有规律性,但在相同的条件下对某观测量进行大量的重复观测,可看出大量偶然误差呈现一定的规律性,而且重复次数越多,其规律性也越明显。

通过对大量测量观测结果的研究、统计,归纳出偶然误差具有如下特性。

(1)有限性:在一定观测条件下的有限次观测中,偶然误差的绝对值不会超过一定的限值。

(2)集中性:绝对值小的偶然误差,比绝对值大的偶然误差出现的机会多。

(3)对称性:绝对值相等的正、负偶然误差,出现的机会相等。

(4)抵消性:随着观测次数无限增加,偶然误差的算术平均值趋于零,即:

$$\lim_{n\to\infty}\frac{[\Delta]}{n}=0 \tag{5-2}$$

式中,n 为观测次数;$[\Delta]=\Delta_1+\Delta_2+\cdots+\Delta_n$。

对于一系列的观测而言,不论其观测条件好还是差,也不论是对同一个量还是对不同的量进行观测,只要这些观测是在相同的条件下独立进行的,则所产生的一组偶然误差必然都具有上述的四个特性。

为简单而形象地表示偶然误差的上述特性,以偶然误差 Δ 的大小为横坐标,以其误差出现的个数为纵坐标,画出偶然误差大小与其出现个数的关系曲线,如图 5-1 所示,该曲线又称误差分布曲线。

由图 5-1 可明显地看出,曲线的峰愈高、愈陡峭,表示误差分布愈密集,观测成果质量越高;反之,曲线的峰愈低、愈平缓,表明误差分布越离散,观测成果质量越低。如图 5-1 所示,曲线 a 的观测成果质量比曲线 b 的观测成果质量高。

图 5-1 偶然误差分布曲线

实践证明,偶然误差不能用计算改正数或采用一定的观测方法简单地消除,根据偶然误差的特性,采用增加观测次数,取其算术平均值,可大大减弱偶然误差对观测成果的影响。

二、观测值最可靠值的计算

（一）等精度独立观测的平差计算

设在相同的条件下对某未知量观测了 n 次，得观测值为 $L_1, L_2, \cdots, L_n$，其算数平均值为

$$\bar{L} = \frac{L_1 + L_2 + \cdots + L_n}{n} = \frac{[L]}{n} \tag{5-3}$$

设未知量的真值为 $\tilde{L}$，则有真误差 $\Delta_1, \Delta_2, \cdots, \Delta_n$，其中

$$\Delta_i = L_i - \tilde{L} \quad (i = 1, 2, \cdots, n) \tag{5-4}$$

取上式的和并除以观测次数 n 得

$$\frac{[\Delta]}{n} = \frac{[L]}{n} - \tilde{L} \tag{5-5}$$

由偶然误差的第四特性可知：

$$\lim_{n \to \infty} \frac{[\Delta]}{n} = 0$$

即 $n \to \infty$ 时，$\tilde{L} = \frac{[L]}{n} = \bar{L}$，也就是说，当 $n \to \infty$ 时，算数平均值等于未知量真值。

但在实际工作中，n 总是有限的，所以算术平均值最接近未知量真值，无论观测次数多少，均以算术平均值 $\bar{L}$ 作为未知量的最可靠值（平差值）。

（二）不等精度独立观测的平差计算

在一组不等精度观测值中，由于观测值的精度不同，其可靠程度也不同。观测值的精度高，可靠程度大，反之，可靠程度小。所以，在处理数据时，就不能将这些观测值等同看待。为了区别观测值的精度高低，确定观测值在计算中所占的比重，就必须引入权的概念。

1. 权

权是一个与精度成正比的正实数，设观测值 L_i 的中误差为 m_i，则其权的计算公式为

$$p_i = \frac{m_0^2}{m_i^2} \tag{5-6}$$

式中，m_0^2 为任意正实数。由式（5-6）知，观测值 L_i 的权与其中误差 m_i 成反比，中误差越大，其权就越小，精度越低；反之，中误差越小，其权就越大，精度越高。

当 $p_i = 1$ 时，有 $m_0^2 = m_i^2$，即 m_0 为权等于1的观测值的中误差，也称单位权中误差。定权时，虽然单位权中误差 m_0 可以取任意实数，但一经选定，所有观测值的权都应用这个 m_0 来计算。

2. 加权平均值

设有一组不等精度观测值 $L_1, L_2, \cdots, L_n$，其权分别为 $p_1, p_2, \cdots, p_n$，则加权平均值为

$$\bar{L} = \frac{p_1 L_1 + p_2 L_2 + \cdots + p_n L_n}{p_1 + p_2 + \cdots + p_n} = \frac{[pL]}{[p]} \tag{5-7}$$

加权平均值即为不等精度观测时的最可靠值（平差值），平差值与观测值之差为改正数，即

$$v_i = \bar{L} - L_i \tag{5-8}$$

例 5-1 某角度的观测结果如下，试求该角度的平差值。

$$L_1 = 45°30'15'', p_1 = 2$$
$$L_2 = 45°30'10'', p_2 = 3$$
$$L_3 = 45°30'16'', p_3 = 4$$
$$L_4 = 45°30'08'', p_4 = 5$$

解：由已知条件得平差值为

$$\bar{L} = \frac{p_1 L_1 + p_2 L_2 + \cdots + p_n L_n}{p_1 + p_2 + \cdots + p_n}$$
$$= 45°30'11.7''$$

● 项目 2 测量结果的精度评定

一、评定精度的指标

在一定的观测条件下进行的一组观测，它对应有一种确定不变的误差分布。如果分布较为密集，则表示该组观测质量较好，即这一组观测精度较高；反之，如果分布较为离散，则表示其观测质量较差，即观测精度较低。因此，精度是指误差分布的密集或离散的程度。在实际工作中，为了考核测量成果是否满足工程建设的要求，常用以下指标来评定精度的高低。

1. 中误差

在相同的观测条件下，对某量进行 n 次独立观测，设其观测值为 L_1、L_2、$\cdots$、L_n，若该未知量的真值为 $\tilde{L}$，由式(5-1)得相应的真误差为 Δ_1、Δ_2、$\cdots$、Δ_n，则中误差可通过这组独立误差平方的平均值进行计算。中误差又称标准差，以 m 表示，用来衡量观测值精度的高低，即

$$m = \pm \sqrt{\frac{[\Delta\Delta]}{n}} \tag{5-9}$$

式中，$[\Delta\Delta] = \Delta_1^2 + \Delta_2^2 + \cdots + \Delta_n^2 = \sum_{i=1}^{n} \Delta_i^2$，$\Delta_i = L_i - \tilde{L}$。

例 5-2 设对 12 个三角形各进行了两组观测,计算各内角和的真误差如下,试比较两组观测结果精度的高低。

第一组:$-3''$,$+1''$,$-4''$,$+2''$,$0''$,$-4''$,$+3''$,$+2''$,$-3''$,$-1''$,$-1''$,$-2''$;

第二组:$0''$,$-1''$,$-5''$,$+2''$,$+1''$,$+1''$,$-3''$,$0''$,$+3''$,$-1''$,$-2''$,$-3''$。

解:将三角形内角和的真误差代入式(5-9),得三角形内角和的中误差分别为

$$m_1 = \pm\sqrt{\frac{[\Delta\Delta]}{n}}$$

$$= \pm\sqrt{\frac{(-3)^2+1^2+(-4)^2+2^2+0^2+(-4)^2+3^2+2^2+(-3)^2+(-1)^2+(-1)^2+(-2)^2}{12}} = \pm 2.5''$$

$$m_2 = \pm\sqrt{\frac{[\Delta\Delta]}{n}}$$

$$= \pm\sqrt{\frac{0^2+(-1)^2+(-5)^2+2^2+1^2+1^2+(-3)^2+0^2+3^2+(-1)^2+(-2)^2+(-3)^2}{12}} = \pm 2.3''$$

因 $|m_1| > |m_2|$,所以第二组的精度高于第一组的精度。

2. 极限误差

由偶然误差的特性知道,在一定的观测条件下,偶然误差的绝对值有一定的限值,这个限值为极限误差。如果观测值的偶然误差超过了极限误差,就认为它含有系统误差或粗差,不符合精度要求,应剔除它。经计算,误差出现在区间 $(-1m, +1m)$,$(-2m, +2m)$,$(-3m, +3m)$ 内的概率分别是 68.3%、95.4% 和 99.7%。可见,大于三倍中误差的误差,出现的概率只有 0.3%,是小概率事件,可认为是不发生的事件。因此,可规定三倍中误差为极限误差,即

$$\Delta_{限} = 3m \tag{5-10}$$

在测量实践中,如对观测成果精度要求较高,则往往取两倍中误差作为极限误差,即

$$\Delta_{限} = 2m \tag{5-11}$$

3. 相对误差

在某些测量工作中,仅用中误差还不能完全反映出观测精度的高低。例如,在同一观测条件下,丈量两段距离,一段为 100 m,另一段为 150 m,它们的中误差是 ±6 mm。虽然二者中误差相同,但由于不同的距离长度,二者的精度并不相同,显然,后者单位长度的精度高于前者。通常,这种衡量单位长度的精度被称为相对误差。

相对误差是个无名数,在测量中经常将分子化为 1,分母化为整数 M,即用 $\frac{1}{M}$ 表示,如上述两段距离,其相对中误差分别为

$$\frac{1}{M_1} = \frac{m_1}{L_1} = \frac{0.006}{100} = \frac{1}{16\ 666}$$

$$\frac{1}{M_2} = \frac{m_2}{L_2} = \frac{0.006}{150} = \frac{1}{25\ 000}$$

因 $\frac{1}{M_1} > \frac{1}{M_2}$，所以 M_2 的精度比 M_1 的精度高。

相对误差常用于距离丈量的精度评定，而不能用于角度和水准测量中，因为其误差与观测值本身量的大小无关。

二、误差传播定律

前面已经阐述了评定一组观测值质量的精度指标，通常采用中误差，但在实际工作中，经常会遇到某些量的大小不是直接测定的，而是由观测值通过一定的函数关系计算出来的。例如，在三角高程测量中，直接观测值是平距 D、垂直角 α、仪高 i 和觇标高 v，而高差为

$$h = D \times \tan\alpha + i - v$$

那么，观测值函数的中误差如何根据观测值的中误差来确定呢？阐述观测值函数中误差与独立观测值中误差之间关系的定律为误差传播定律。

设有函数：

$$z = f(x_1, x_2, \cdots, x_n)$$

式中，$x_1, x_2, \cdots, x_n$ 均为独立观测值，其中误差分别为 $m_1, m_2, \cdots, m_n$；若 z 的中误差为 m_z，则

$$m_z = \pm \sqrt{\left(\frac{\partial f}{\partial x_1}\right)^2 (m_1)^2 + \left(\frac{\partial f}{\partial x_2}\right)^2 (m_2)^2 + \cdots + \left(\frac{\partial f}{\partial x_n}\right)^2 (m_n)^2} \qquad (5-12)$$

式(5-12)可表述为一般函数的中误差的平方，等于该函数各观测值的偏导数与相应观测值中误差乘积的平方和。

1. 倍数函数的中误差

设函数为

$$z = kx$$

式中，x——未知量的直接观测值；

z——x 的函数，未知量的间接观测值；

k——常数。

利用式(5-12)得

$$m_z = \pm \sqrt{\left(\frac{\partial z}{\partial x}\right)^2 m_x^2} = \pm \left(\frac{\partial z}{\partial x}\right) m_x = \pm k m_x \qquad (5-13)$$

例 5-3 在 1∶2 000 的地形图上，量得 a、b 两点间的距离 $s = 56.2$ mm，量测中误差 $m_s = \pm 0.2$ mm，求 s 的实际距离 D 及其中误差。

解：因 $\qquad D = 2\ 000s = 2\ 000 \times 56.2$ mm $= 112.4$ m

根据误差传播定律得

$$m_D = 2\ 000 \times m_s = 2\ 000 \times 0.2 \text{ mm} = \pm 0.4 \text{ m}$$

2. 和差函数的中误差

设函数为
$$z = x \pm y$$

式中，z——x、y 的和或差的函数；

x、y——彼此独立的可直接观测的未知量。

利用式(5-12)得

$$m_z = \pm \sqrt{\left(\frac{\partial z}{\partial x}\right)^2 m_x^2 + \left(\frac{\partial z}{\partial y}\right)^2 m_y^2} = \pm \sqrt{1^2 \times m_x^2 + 1^2 \times m_y^2} = \sqrt{m_x^2 + m_y^2} \quad (5-14)$$

例 5-4 某条水准路线，共观测了 n 站高差，高差之和为 h，若每站高差观测的中误差均为 $m_{站}$，试求 h 的中误差 m_h。

解：设第 i 站的观测高差为 h_i，则有 $h = h_1 + h_2 + \cdots + h_n$，若每站观测高差独立时，由误差传播定律得

$$m_h^2 = m_1^2 + m_2^2 + \cdots + m_n^2 = n m_{站}^2$$

则

$$m_h = \sqrt{n} \, m_{站}$$

例 5-5 某长方形厂房，量得其长为 $a = 100 \text{ m} \pm 3 \text{ mm}$，宽为 $b = 60 \text{ m} \pm 2 \text{ mm}$，试求厂房的面积 s 及其中误差。

解：长方形的面积

$$s = ab = 100 \times 60 = 6 \times 10^3 \, (\text{m}^2)$$

根据误差传播定律，由上式得厂房面积的中误差为

$$m_s = \pm \sqrt{\left(\frac{\partial f}{\partial a}\right)^2 m_a^2 + \left(\frac{\partial f}{\partial b}\right)^2 m_b^2} = \pm \sqrt{b^2 m_a^2 + a^2 m_b^2} = \pm \sqrt{60^2 \times 3^2 + 100^2 \times 2^2}$$
$$= \pm 0.269 \text{ m}^2$$

三、等精度独立观测的精度评定

等精度独立观测值中误差的计算公式为

$$m = \pm \sqrt{\frac{[\Delta\Delta]}{n}} \quad (5-15)$$

这是利用观测值真误差计算得到的中误差的定义公式，由于实际工作中未知量的真值往往并不知道，真误差也就不能获得。因此，一般不能直接利用上式求观测值的中误差，但是未知量的最值是可以得到的，它和观测值的差数（改正数）也可以求得，即

$$v_i = \bar{L} - L_i \quad (5-16)$$

联立方程组(5-15)和(5-16)可得中误差的计算公式为

$$m = \pm \sqrt{\frac{[vv]}{n-1}} \quad (5-17)$$

上式就是利用改正数求观测值中误差的公式,称贝塞尔公式。

因平差值 $\overline{L} = \dfrac{[L]}{n}$,故由误差传播定律知平差值中误差为

$$m_{\overline{l}} = \pm \dfrac{m}{\sqrt{n}} = \pm \sqrt{\dfrac{[vv]}{n(n-1)}} \qquad (5-18)$$

例 5-6 已知某段距离的 6 次观测结果如表 5-1 所示,试求观测值的中误差和算术平均值的中误差。

解: 6 次观测的平均值 $\overline{L} = \dfrac{[L]}{n} = 165.449$ m,其余计算在表 5-1 中进行。

表 5-1 等精度独立观测值平差计算

观测次序	观测值/m	v/mm	vv	计算
1	165.445	4	16	$m = \pm \sqrt{\dfrac{[vv]}{n-1}}$
2	165.448	1	1	
3	165.452	-3	9	$= \pm \sqrt{\dfrac{52.00}{6-1}}$
4	165.446	3	9	
5	165.450	-1	1	$= \pm 3.22$ mm
6	165.453	-4	16	$m_{\overline{l}} = \sqrt{\dfrac{[vv]}{n(n-1)}} = \pm 1.32$ mm
Σ			52.00	

使用 Excel 计算中误差时(图 5-2),第一行用作表题,第二行用作标题栏,在 A 列输入 6 个观测值,A10 单元计算观测值的算术平均值,计算公式为"=AVERAGE(A3:A8)";B 列为以 mm 为单位的改正数,其中 B3 单元的计算公式为"=(A10-A3)*1 000",将 B3 单元的公式复制到 B4~B8;C 列为改正数的平方,C3 单元的计算公式为"=B3^2",将 C3 单元的公式复制到 C4~C8;C9 单元为改正数的平方和,计算公式为"=SUM(C3:C8)";C10 单元为中误差 m,计算公式为"=SQRT(C9/5)",或使用标准差函数"=STDEV(A3:A8)*1 000"一次计算出中误差 m,二者结果相同;C11 单元为算数平均值的中误差 $m_{\overline{l}}$,计算公式为"=C10/SQRT(6)"。

图 5-2 用 Excel 计算中误差

四、不等精度独立观测的精度评定

由贝塞尔公式可推知,不等精度观测中单位权中误差的计算公式为

$$m_0 = \pm\sqrt{\frac{[pvv]}{n-1}} \tag{5-19}$$

则根据式(5-6)可知观测值 L_i 的中误差为

$$m_i = \frac{m_0}{\sqrt{p_i}} \tag{5-20}$$

由误差传播定律知加权平均值的中误差为

$$m_{\bar{l}} = \frac{m_0}{\sqrt{[p]}} \tag{5-21}$$

思考题和习题

(1)什么是系统误差？什么是偶然误差？偶然误差有哪些特性？

(2)什么是中误差、极限误差、相对误差？

(3)什么是观测条件？观测条件与观测成果的质量有什么关系？

(4)什么是精度？常用的衡量观测精度的标准有哪几种？

(5)在测角中用正倒镜观测；在水准测量中使前后视距相等。这些规定都是为了消除什么误差？

(6)用钢尺丈量线段 AB、CD 的距离，AB 的距离为 $D_{AB}=150.500\pm0.050$ m；CD 的距离为 $D_{CD}=385.480\pm0.100$ m，哪一段距离丈量的精度高？两段距离之和的中误差及其相对误差各是多少？

(7)对某距离等精度丈量了 8 次，观测结果为 912.660 m、912.668 m、912.659 m、912.658 m、912.663 m、912.664 m、912.663 m、912.662 m，试使用计算器或 Excel 表格计算其算术平均值、观测值中误差、算术平均值的中误差及相对误差。

(8)在相同条件下，用经纬仪对已知水平角 α($\alpha=45°00'03''$，设 α 无误差)做了 10 次观测，其观测结果为

$45°00'06''$，$44°59'55''$，$44°59'58''$，$45°00'03''$，$45°00'04''$
$45°00'00''$，$44°59'58''$，$45°00'04''$，$45°00'06''$，$44°59'03''$

试求观测值的中误差。

(9)在△ABC 中，已知其内角的观测中误差为 $\pm9''$，容许误差为中误差的两倍，求该三角形闭合差的容许误差。

(10)测回法进行水平角观测时，若一个方向的一次读数中误差为 $\pm12''$，试求半测回角值的中误差和一测回平均角值中误差。

(11)一正方形建筑物,量得其一边长为 a,a 的中误差为 m_a,试求周长 L 及其中误差 m_L。

(12)在 1∶1 000 的地形图上有一长 8.63±0.03 cm,宽 3.79±0.03 cm 的矩形地块,试求该地块的实地面积中误差。

(13)用经纬仪测得两个水平角分别为 12°06′54″ 和 208°15′30″,中误差均为 ±2″,哪个角测量精度高?

(14)某角度等精度观测 6 个测回,观测值分别为 155°20′36″、155°20′38″、155°20′42″、155°20′39″、155°20′43″、155°20′35″,试求观测值的一测回中误差、算术平均值及其中误差。

(15)量得一斜距 $S=356.396$ m,中误差 $m_S=±3$ mm;竖直角 $\alpha=11°20′$,中误差为 $m_\alpha=±2′$,试求水平距离 D 及其中误差 m_D。

(16)在 △ABC 中,直接观测了 ∠A 和 ∠B,其中误差分别为 $m_A=±12″$ 和 $m_B=±10″$,求 ∠C 的中误差 m_C。

(17)用经纬仪观测水平角,每测回的观测中误差为 ±6″,今要求测角精度达到 ±3″,需要观测几个测回?

(18)在水准测量中,设每站的观测中误差为 ±5 mm,若从已知点到待定点一共观测了 8 站,试求其高差中误差是多少。

模块六 地形图测绘

● 项目 1 地形图的基础知识

一、地形图的概念

地球表面的形状十分复杂,物体种类繁多,地势起伏形态各异,但总体上可分为地物和地貌两大类。具有明显轮廓、固定性的自然形成或人工构筑的各种物体称为地物,如河流、湖泊、草地、森林等属于自然地物,道路、房屋、电线、水渠等属于人工地物;地球表面的自然起伏,变化各异的形态称为地貌,如山地、盆地、丘陵、平原等;地物和地貌统称为地形。

应用相应的测绘方法,通过实地测量,将地面上的各种地形沿铅垂方向投影到水平面上,并按规定的地形图图式符号和一定的比例尺缩绘成的图为地形图。地形图在图上既表示地物的平面位置,又表示地面的起伏状态,即地貌的情况。在图上仅表示地物平面位置的图为地物图。

地形图能客观地反映地面的实际情况,特别是大比例尺地形图是各项工程规划、设计和施工必不可少的基础资料,因此,要全面学习地形图的基础知识,正确识读和应用地形图,正确进行地形图的测绘工作。

二、地形图的比例尺

地形图上某线段的长度 l 与地面上相应线段的水平长度 L 之比,被称为地形图的比例尺。比例尺一般分为数字比例尺和图示比例尺两大类。

1. 数字比例尺

数字比例尺一般用分子为 1 的分数形式表示:

$$\frac{l}{L} = \frac{1}{\frac{L}{l}} = \frac{1}{M} \tag{6-1}$$

式中,M 为比例尺分母,表示图上的单位长代表实地平距的 M 个单位长。例如,某地形图上 2 cm 的长度是实地平距 100 m 缩小的结果,则该图的比例尺是

$$\frac{2\text{ cm}}{100\text{ m}} = \frac{2\text{ cm}}{10\ 000\text{ cm}} = \frac{1}{5\ 000}$$

比例尺 1/5 000 表示,图上 1 cm 代表实地平距 5 000 cm(即 50 m)。

数字比例尺也可用两数相比的形式表示,如 1∶500、1∶1000 等。

比例尺的大小是以其比值来衡量的,M 越小,比例尺越大;M 越大,比例尺越小。通常称 1∶500、1∶1 000、1∶2 000 和 1∶5 000 的地形图为大比例尺地形图;1∶10 000、1∶25 000、1∶50 000 和 1∶100 000 的地形图为中比例尺地形图;1∶250 000、1∶500 000、1∶1 000 000 的地形图为小比例尺地形图。按照地形图图式规定,比例尺以 20K 宋体进行注记,标注在外图廓正下方 9 mm 处。

中比例尺地形图是国家基本地图,由国家专业测绘部门负责测绘,目前均采用航空摄影测量方法成图。小比例尺地形图一般由中比例尺地形图缩小编绘而成。城市和工程建设一般需要大比例尺地形图,其中比例尺为 1∶500 和 1∶1 000 的地形图一般用全站仪、RTK 等仪器测绘,平板仪、经纬仪测绘已淘汰;比例尺为 1∶2 000 和 1∶5 000 的地形图一般由 1∶500 或 1∶1 000 的地形图缩小编绘而成。大面积 1∶500~1∶5 000 的地形图也可用航空摄影测量方法成图。

2. 图示比例尺

为了用图方便,以及减弱由于图纸伸缩而引起的变形误差,在绘制地形图时,常在图上绘制图示比例尺,如图 6-1 所示。例如,要绘制 1∶500 的图示比例尺,绘制时先在图上绘两条平行线,再把它分成若干相等的线段,称为比例尺的基本单位,一般为 2 cm;将左端的一段基本单位又分成十等分,每等分的长度相当于实地 1 m,而每一基本单位所代表的实地长度为 2 cm×500=10 m。

图 6-1 图示比例尺

3. 比例尺的精度

在正常情况下,人们用肉眼能分辨出图上两点间的最小距离为 0.1 mm,因此一般在图上量度或在实地测图绘制时,就只能达到图上 0.1 mm 的精确性,因此把地形图上 0.1 mm 所代表的实地水平距离,称为比例尺精度,用 ε 表示,即

$$\varepsilon = 0.1\text{ mm} \times M \tag{6-2}$$

式中,M 为比例尺分母。

显然比例尺大小不同,则其比例尺精度的高低也不同,如表 6-1 所示。

表 6-1 相应比例尺的比例尺精度

比例尺	1∶500	1∶1 000	1∶2 000	1∶5 000	1∶10 000
比例尺精度/m	0.05	0.1	0.2	0.5	1.0

比例尺精度的概念,对测图和设计用图都有重要的意义。例如,测绘 1∶2 000 比例尺的地形图时,测量碎部点距离的精度只需达到 0.1 mm×2 000=0.2 m,因为测量得再精细,图上也是表示不出来的。又如某项工程设计,要求在图上能反映出地面上 0.05 m 的精度,则所选图的比例尺就不能小于 1∶500。

不同的测图比例尺有不同的比例尺精度。图的比例尺越大,其表示的地物地貌就越详细,精度也越高,但测图的时间、费用消耗也将随之增加。因此,采用哪一种比例尺测图,应从工程规划、施工实际需要的精度出发,用图部门可依工程需要参照《城市测量规范》(CJJ/T 8—2011)规定的各种比例尺地形图的适用范围(表 6-2)选择测图比例尺,以免比例尺选择不当造成浪费。

表 6-2 测图比例尺的选用

比例尺	用途
1∶10 000	城市规划设计
1∶5 000	
1∶2 000	城市详细规划和工程项目的初步设计等
1∶1 000	城市详细规划和管理、地下管线和地下普通建(构)筑工程的现状图、工程项目的施工图设计等
1∶500	

三、地形图的图名、图号和图廓

1. 地形图的图名

图名即本幅图的名称,一般以本图幅中的主要地名、厂矿企业或村庄等的地理名称来命名。

2. 地形图的图号

为了区别各幅地形图所在的位置关系,每幅地形图上都有图号,图号是根据地形图分幅和编号方法编定的,图名和图号标在北图廓上方的中央。如图 6-2 所示,其中"建设新村"是图名,"31.05-54.05"是按纵横坐标所编的图号。

3. 地形图的接合图表

为了便于查取相邻图幅,通常在图幅的左上方绘有该图幅和相邻图幅的接合图表,以表明本图幅与相邻图幅的联系。如图 6-2 所示,接合图表中间画有斜线的矩形块代表本幅图,其余为其四邻图幅,四邻图幅分别注明相应的图名或图号。在中比例尺地形图上,除了接合图表外,把相邻图幅的图号分别注在东、南、西、北图廓线中间,进一步表明与四邻图幅的相互关系。

4. 地形图的图廓

图廓是地形图的边界线,有内、外图廓之分。如图6-2所示,正方形图幅外图廓线以粗线描绘,内图廓线以细线描绘,它也是坐标格网线。内、外图廓相距12 mm,在其四角标有以km为单位的坐标值。图廓内以"+"表示10 cm×10 cm方格网的交点,以此可量测图上任何一点的坐标值。

图6-2 地形图的图名、图号和图廓

项目2 地物地貌在地形图上的表示方法

一、地物及其表示

地物分为两大类:一类是自然地物,如河流、湖泊、森林、草地、独立岩石等;另一类是人工地物,如房屋、铁路、公路、各种管线、水渠、桥梁等。这些物体都要求其尽可能表示在地形图上。

地物的表示,是将地面上各种地物按预定的比例尺和要求,以其平面投影的轮廓或特定的符号绘制在地形图上。表示要严格执行国家和行业部门颁布的有关地形测量的规范和相应比例尺的图式。

地物的表示符号有三种类型:点状符号、线状符号、面状符号。有些地物,如测量控制点、钻井、各种检修井或窨井等,其占据的平面面积按照比例缩小后,将无法在图上表现出来,但其在地物类别中又有重要的意义,必须表示,那么在地形图上用点状符号表示,又称非比例符号;有的线性地物,如管道、渠道电线等,其长度方向上可用比例缩小后绘出,但宽度按照比例缩小后已经无法表示,因此用线状符号表示,又称半比例符号;有些地物占据的平面面积能够按比例缩小表示出来,如较大的建筑物、湖泊、农田、街区等,那就用面状符号表示,又称比例符号。

(一)点状符号

有些地物,如路灯、电线杆、纪念碑、各种不同级别的测量控制点、独立树、钻孔、塑像和检修井等,都属于点状符号,如图6-3所示。

图6-3 点状符号

点状符号有几类:符号几何图形的中心有一点的,以该点为定位点;符号底部有横线的,以横线的中心为定位点;符号底部有直角的,以直角顶点为定位点。

点状符号不是一成不变的,如有的地物其占据的平面面积在某一比例尺的地形图上只能作为点状符号,但在比例尺大一些的图上就是面状符号。例如,底直径小于两米的塔,在1∶2 000及更小比例尺的图上,就是点状符号,而在1∶500的图上就不再是点状地物了。因此地物的符号使用有一个原则:如果是重要地物,而其占据地面面积的长度小于图上的1 mm时,就不按照比例表示,如果大于1 mm则必须用比例符号表示。地形图的图面信息负荷量如果太大,那就会影响图面的美观并导致无法阅读使用,因此,有些没有方位特征的地物,就可综合取舍,如行道树就不需逐一按照实际位置测定表示。

（二）线状符号

对于一些带状延伸地物,如各种通信、供电线路,电缆,管道,河流和沟渠等,其长度可按照比例表示,但宽度则无法按比例尺缩绘,都被称为线状符号,如图6-4所示。对称线状符号,以中心线为定位线;不对称线状符号,以底线边缘线为定位线。

图6-4 线状符号

同点状地物一样,有些线状地物,由于其宽度在比例尺小的图件上为线状地物,而在比例尺大的图件上就必须依比例表示。例如,宽度为2 m的沟渠或管道,在1∶2 000图上可用线状地物表示,但是在1∶500的图上就是面状符号。

（三）面状符号

地物占据的面积按比例缩小后表示在地形图上的就是面状符号,在大比例地形图上,典型的面状地物如建筑物、草地、森林、运动场、湖泊等,如图6-5所示。原则上地物占据地面面积的长宽尺度大于图上一毫米的地物,应尽可能表示出来。因此,在大比例地形图上会遇到大量面状地物。

图6-5 面状符号

二、地貌及其表示

在地形图上用等高线和地貌符号来表示地面的高低起伏形态,即地貌。等高线就是地表高程相等的相邻点顺序连接而成的闭合曲线。

典型的地貌有平地、丘陵地、山地、盆地等,坡度在2°以下的为平地,坡度在2°~6°的为丘陵地,6°~25°的为山地,坡度大于25°的地方为高山地,四周高而中间低的地方为盆地,小的盆地也称坝子,很小的盆地称洼地。

地面的高低起伏是形成各种地貌形态的基本要素,主要包括山、山脊、山坡、鞍部、山谷等。地貌的独立凸起为山,山顶向一个方向延伸到山脚的棱线为山脊,其棱线起分散雨水的作用,称分水线,又称山脊线,山脊的两侧到山脚称为山坡。相邻两个山头之间呈马鞍形的低凹部分为鞍部。山脊相交向上时从丫口向山脚延伸有两山坡的面相交,使雨水汇合形成合水线,经水流冲蚀形成山谷,合水线又称山谷线,山谷的搬运作用可在山谷口形成冲积三角洲。山脊线和山谷线称地性线,代表地形的变化。地貌要素与等高线如图6-6所示。

图6-6 地貌要素与等高线

(一)等高线及其特性

1. 等高线原理

一座山如果被几个不同高度的平面相切,每一个平面和山的交线都是一条闭合的曲线,这就是等高线。等高线越接近山顶,曲线闭合面积越小,如图6-7所示。

图 6-7 等高线原理

2. 等高线的类型

在地形图上,两相邻等高线之间的高差为等高距;平面图上相邻等高线之间的距离为两条等高线的平距,或者等高线间距。

等高线分为首曲线、计曲线、间曲线和助曲线。

(1)首曲线。在图上绘出的等高线,是依据等高距来确定的,只绘出确定等高距整数倍高程的等高线为基本等高线,又称首曲线。图式规定用 0.15 mm 的实线表示。

(2)计曲线。为了方便利用等高线判读地貌高低起伏和确定高程,在基本等高线中,每隔四条,对高程为等高距整 5 倍的等高线予以加粗,并在其上面用字头向上坡方向标注该等高线的高程,这条等高线为加粗等高线,又称计曲线。图式规定用 0.3 mm 粗的实线表示。

(3)间曲线。由于地面的坡度变化,为了反映地貌的细节,有时候需要在相邻基本等高线之间绘出一条高程为两基本等高线中值的等高线反映局部地貌,这种用基本等高距一半的高程绘制的等高线为半距等高线,又称间曲线。图式规定用 0.15 mm 粗、6 mm 长,间隔 1 mm 的虚线表示。

(4)助曲线。为了反映更详细的地貌,在间曲线和首曲线之间,用1/4等高距绘制出一条等高线,称辅助等高线,又称助曲线。用 0.15 mm 粗、3 mm 长,间隔 1 mm 的短虚线表示。

助曲线和间曲线用于表现局部细节地貌,允许绘出一条不完全等高线。在大比例地形图中,由于等高距小,一般不用表现到1/4等高距。

3. 等高线的特征

(1)同一条等高线上点的高程相等,但高程相等的点不一定在同一条等高线上。

(2)每条等高线都是闭合曲线,即使在一幅图上不闭合,在相邻的图上也会闭合。

(3)不同高程的等高线不会相交,在遇到陡崖的时候,在平面图上等高线有相交的可能,但在空间等高线不会相交。等高线也不会有分叉。

(4)等高线和地性线正交。山脊的等高线是一组凸向下坡的曲线,并和山脊线正交;山谷的等高线是凸向山顶的一组曲线,和山谷线保持正交。

(5) 等高距相同时,等高线越稀坡度越小,等高线越密坡度越大。

(二)一般地貌的表示

1. 等高距与示坡线

利用等高线的定义和特性,我们可以从地形图上判读出地貌。但要注意到,反映相同坡度的地面,选择的等高距小,在平面图上等高线就密,即等高线间距小;选用的等高距大,平面图上的等高线就稀,即等高线间距大。如果选用了一定的等高距,则地面坡度越大,等高线间距越小,等高线越密;地面坡度越小,等高间距越大,等高线越稀。在同一测区,相同比例的地形图只能选用同一种等高距,否则将给读图和地形图的使用带来混乱。

用等高线判读地貌时,还要注意洼地的等高线和山头的等高线在平面图上是相似的,山脊和山谷的等高线在平面图上也是相似的,这样给地貌判读带来了困难。为方便判读,在山顶最高的等高线上,沿山脊下坡方向依次标注一短线(0.8 mm)来表示下坡方向,这样的短线为示坡线;同样在洼地的等高线上也标注示坡线来表示下坡方向。

2. 典型地貌与等高线

为更好地理解并判读地貌,列出以下几种典型地貌与等高线的对应关系。

1) 山头与洼地的等高线

山有尖顶山、圆顶山和平顶山之分,尖顶山由于其坡度接近,等高线的间距变化不大,圆顶山越接近山顶,坡度变缓,因此接近山顶时等高线间距逐步变大,平顶山由于接近平顶的时候,山的坡度有一个突变,因此等高线间距会有一个突然变大的过程。

洼地也有尖底洼地、圆底洼地和平底洼地之分。其等高线变化特征和尖顶山、圆顶山和平顶山的等高线变化特征相同,区别在于山头的等高线由外圈向内圈高程逐渐增加,洼地的等高线外圈向内圈高程逐渐减小,如图6-8所示。

图6-8 山头和洼地的等高线对照

2)山脊和山谷的等高线

山脊和山谷的等高线特征相像,但两者的等高线凸向不同,山脊的等高线凸向下坡方向,而山谷的等高线凸向上坡方向,如图6-9所示。

山脊有尖山脊、圆山脊和平山脊之区分。用等高线表示时,等高线在与山脊线(分水线)相交的地方曲率较大。尖山脊的等高线在与山脊线相交时圆弧的曲率最大;圆山脊的等高线在与山脊线相交时圆弧的曲率较大;平山脊由于分水线不明显,等高线在与山脊线相交时几乎变成直线。

图6-9 山脊与山谷的等高线

山谷有尖底谷、圆底谷和平底谷之区分,其等高线与山谷线(合水线)的特征与三种山脊的等高线与山脊线相像。在地形图测绘及应用中,山脊线和山谷线具有重要意义。冲积三角洲的等高线特征和缓山坡一致,但冲积三角洲对应着山谷,所以和山谷的等高线相比较有一个变化,山谷的等高线凸向上坡,而冲积三角洲的等高线凸向下坡。

3)鞍部

鞍部是山区道路选线的重要位置。鞍部左右两侧的等高线是近似对称的两组山脊线和两组山谷线,如图6-10所示S的位置。

图6-10 鞍部的等高线

4)陡崖和悬崖

陡崖是坡度在70°以上的陡峭悬崖,有土质和石质之分,它的等高线非常密集或是重合为一条线,因此采用陡崖符号来表示,如图6-11(a)和(b)所示;悬崖是上部突出、下部凹进的陡崖,其上部的等高线投影到水平面时,与下部的等高线相交,下部凹进的等高线部分用虚线表示,如图6-11(c)所示。

图 6-11 陡崖和悬崖的等高线

（三）特殊地貌、土质和植被的表示

1. 自然形成的特殊地貌

自然形成的特殊地貌有崩塌冲蚀地貌、坡、坎等其他特殊地貌。遇到这些特殊地貌时，由于坡度大，等高线密集甚至无法绘出。因此，在其边缘清晰部分等高线可以交到边缘，在边缘不清晰部分可提前 1 mm 中断。

崩塌冲蚀地貌具体形态：①崩崖；②滑坡；③陡崖；④陡石山、露岩地；⑤冲沟；⑥干河床、干涸湖；⑦地裂缝；⑧熔岩漏斗等。

这几种地貌用图式专门规定的符号配合范围来表示。其中，几种特殊地貌的共同特点就是由于崩塌冲蚀，这样地貌的上下之间一般有较大的高差，使等高线到这几种特殊地貌处常常无法描绘，因此只用符号表示。这几种特殊地貌一般上边缘轮廓清晰，因此上边缘一般要实测绘出，下边缘能测出标注的，用点符号圈出范围线（干河床、干涸湖用短虚线标出范围）或将符号延伸到下边缘。如果下边缘不能测绘，如地裂缝，标注上边缘即可。冲沟在黄土层较厚的地方发育比较好，大一点的冲沟沟底较宽，也需要测绘等高线。

2. 坡和坎

坡和坎是常见的人工或自然形成的地貌。

坡度 70°以下而且比较平整的用图式规定的坡的符号表示。坡的上边缘由实测得出，将坡符号的阴影长线延伸到下边缘，短线画出长线的一半。

坡度 70°以上的为坎。坎通常用上边缘实测、量取坎高、标注比高的办法来进行测绘。

3. 其他地貌

除上述地貌外，还有洞、独立石、石堆、石垄、土堆等特殊地貌。根据其占据的平面位置大小用规定的符号分别可以用比例符号或非比例符号来表示，独立石、土堆和坑穴要标注比高。

4. 土质和植被的表示

表示了地貌后，还需要对土质和附着在上面的植被进行表示。相同类型的土质和植被用规定的符号表现，符号有整列式和散列式两种。植被中人工种植、规则排列的用整列式来表示，不规则排列的用散列式来表示。多种植被并存时表示主要的种类，最多表示出三种（土质符号也算一种）。

（四）由图上等高线认识地貌的一般方法

等高线作为一种地貌符号，具有明确的平面位置和高程大小的数量概念，学会由地形图上的等高线来认识地貌的空间形态，是熟练掌握地形图实际应用的一个基础要求。因此，首先要透彻理解等高线的原理，熟悉表示各种地貌形态的等高线形状的特征，在此基础上，通过与实际地貌对照，逐步建立观察等高线时的立体感。

在室内，根据地形图上的等高线认识山区地貌的形态，一般可按如下方法进行。

(1)首先，在图上根据等高线找到一个以上的山顶，读出不少于两个山顶和计曲线的大小不同的高程注记值。

(2)山脊和山谷是构成山区地貌形态的骨干，其等高线形状均显著弯曲。由山顶和计曲线的高程注记，可判断何处地势较高，何处地势较低，由此即可判断等高线弯曲而凸向低处者为山脊，弯曲而凸向高处者为山谷。若图上有水系符号，亦可利用水系符号找出主要的山谷线。由已识别的部分山脊和山谷，根据"两谷之间必有一脊"的规律，可认识其他的山脊和山谷。只要识别了主要的山脊和山谷，即可把握该地区的总貌。

(3)在识别山顶、山脊、山谷的基础上，再识别鞍部地貌，并根据等高线的疏密程度不同，分析何处地面坡度较小，何处地面坡度较大，以及根据高程注记和等高线的条数，对比各个山顶和地面其他各点之间的高低。

(4)在利用图上等高线认识地貌形态的过程中，若遇等高线较密，条数较多的情况，为便于识别，可着重观察计曲线。

(5)陡崖的计算方法：假设陡崖的高度是 X，在等高线地形图上，有 n 条等高线重合，而等高距为 a，则陡崖高度的取值范围是 $a(n-1) \leqslant X < a(n+1)$。

三、文字数字注记

注记和地形图的其他地物、地貌符号一样是地形图的基本内容之一。地形图上除进行符号表示外，还有文字和数字注记。

（一）文字注记

文字注记又称名称注记。地名注记如市、县、镇、村名、山名、水系（河流）名等；说明注记如单位名、道路名等；另外还有性质说明，如建筑物的建筑材料"砖、混、砼"，地物性质注记如管道

"水、污、雨、煤、热、电、信"等,植被的植物种类,如"茶""苹"等。

(二)数字注记

数字注记如碎部点高程注记;地物的特征数据注记如管道直径,公路技术等级代码和编号;河流的水深和流速标注等。

(三)地形图注记的排列形式

根据注记性质和所注记的目标特征,注记排列形式有以下几种。

(1)水平字列,每个字中心在一垂直于南北图廓的水平线上,自左向右排列,通常用于对一个范围进行注记,如地名、单位名称等。

(2)垂直字列,各个字中心在平行于南北图廓的垂直线上,自上向下排列,通常也用于对一个范围进行注记,如地名、单位名称等。

(3)雁行字列,一般用来表示条带状地物,根据地物的走向标注。字向平行于地物的走向,按照便于阅读的原则从上到下,从左到右的顺序来排列。

(4)屈曲字列,通常用来注记弯曲的地物,如河流等。字边垂直或平行于地物,文字注记的字向,一般朝北,如采用雁行字列和屈曲字列注记时,字向可以随地物方位变化。注意等高线计曲线注记数字的字头是朝上坡方向的。

▶ 项目3 地形图的分幅与编号

我国幅员辽阔、地域广大,各种比例尺地形图数量巨大。为了便于测绘、使用和管理,必须将不同比例尺的地形图分别按国家统一的规定进行分幅和编号。分幅是指按照一定的规则和大小,将地面划分成整齐的、大小一致的系列图块,每一个图块用一张图纸测绘,叫作一幅图;分幅规格为图幅。编号是指给每一个图幅确定一个有规则的统一的号码,以示区别。地形图分幅的方法有两种,一种是按经纬线分幅的梯形分幅法,另一种是按坐标格网划分的矩形分幅法,前者用于国家基本图的分幅,后者则用于工程建设大比例尺图的分幅。

一、梯形图幅的分幅与编号

梯形分幅是一种国际性的统一分幅方法,各种比例尺图幅的划分,都是从起始子午线和赤道开始,按不同的经差(两经度之差)和纬差(两纬度之差)来确定的,并将各图幅按一定规律编号,这样就能使各图幅在地球上的位置与其编号一一对应。只要知道某地区或某点的经纬度,就可以求得该地区或该点所在图幅的编号。有了编号,就可以迅速地找到需要的地形图,并确定该图幅在地球上的位置。

我国基本比例尺地形图是以国际 1∶1 000 000 地形图分幅为基础进行的,其梯形图幅的地形图的比例尺序列依次为:1∶1 000 000、1∶500 000、1∶250 000、1∶100 000、1∶50 000、1∶25 000、1∶10 000、1∶5 000。

(一)地形图分幅

1∶1 000 000 地形图的分幅与编号是国际统一的,它是其他各种比例尺地形图分幅和编号的基础,如图 6-12 所示,国际分幅是将地球用经纬线分成格网状。统一规定:自赤道向北或向南至纬度 88°止,按纬差 4°划分为 22 个横行,每横行依次用 A、B、C、D、…、V 表示;从经度 180°起自西向东按经差 6°划分为 60 个纵列,每纵列依次用 1、2、3、4、…、60 表示。这样,每幅 1∶1 000 000地形图就是由纬差 4°和经差 6°的经纬线所围成的梯形图幅。图幅编号由该图幅所在的横行字母和纵列数字所组成,并在前面加上 N 或 S,以区别北半球和南半球,一般北半球的 N 可省略不写,我国位于北半球,在 1∶1 000 000 图幅中,首都北京位于 J 行(纬度 36°~40°)、第 50 列(经度 114°~120°),该图幅的编号为 J-50。

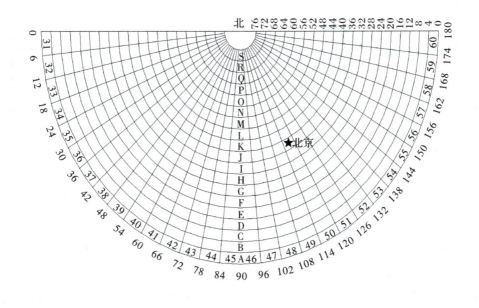

图 6-12 1∶1 000 000 地形图的分幅与编号

每幅 1∶1 000 000 地形图划分为 2 行 2 列,共 4 幅 1∶500 000 地形图,每幅经差 3°,纬差 2°。

每幅 1∶1 000 000 地形图划分为 4 行 4 列,共 16 幅 1∶250 000 地形图,每幅经差 1°30′,纬差 1°。

每幅 1∶1 000 000 地形图划分为 12 行 12 列,共 144 幅 1∶100 000 地形图,每幅经差 30′,纬差 20′。

每幅 1∶1 000 000 地形图划分为 24 行 24 列,共 576 幅 1∶50 000 地形图,每幅经差 15′,纬差 10′。

每幅 1∶1 000 000 地形图划分为 48 行 48 列,共 2 304 幅 1∶25 000 地形图,每幅经差 7′30″,纬差 5′。

每幅 1∶1 000 000 地形图划分为 96 行 96 列,共 9 216 幅 1∶10 000 地形图,每幅经差 3′45″,纬差 2′30″。

每幅 1∶1 000 000 地形图划分为 192 行 192 列,共 36 864 幅 1∶5 000 地形图,每幅经差 1′52.5″,纬差 1′15″。

比例尺经纬差见表 6-3。

表 6-3 比例尺经纬差

比例尺		1∶1 000 000	1∶50 000	1∶25 000	1∶10 000	1∶50 000	1∶25 000	1∶10 000	1∶5 000
图幅范围	经差	6°	3°	1°30′	30′	15′	7′30″	3′45″	1′52.5″
	纬差	4°	2°	1°	20′	10′	5′	2′30″	1′15″
行列数量关系	行数	1	2	4	12	24	48	96	192
	列数	1	2	4	12	24	48	96	192
图幅数量关系		1	4	16	144	576	2 304	9 216	36 864

(二)地形图的编号

1∶1 000 000 地形图新的编号方法,除行号与列号改为连写外,没有任何变化,如北京所在的 1∶1 000 000 地形图的图号由 J-50 改写为 J50。1∶500 000 至 1∶5 000 地形图的编号,均以 1∶1 000 000 地形图编号为基础,采用行列式编号法,将 1∶1 000 000 地形图按所含各种比例尺地形图的经纬差划分成相应的行和列,横行自上而下,纵列从左到右,按顺序均用阿拉伯数字编号,皆用 3 位数字表示,凡不足 3 位数的,在其前补 0。

各大中比例尺地形图的编号均由 5 个元素 10 位码构成。从左向右,第一元素 1 位码,为 1∶1 000 000 图幅行号字符码;第二元素 2 位码,为 1∶1 000 000 图幅列号数字码;第三元素 1 位码,为编号地形图相应比例尺的字符代码;第四元素 3 位码,为编号地形图图幅行号数字码;第五元素 3 位码,为编号地形图图幅列号数字码;各元素均连写(图 6-13)。比例尺代码见表 6-4。

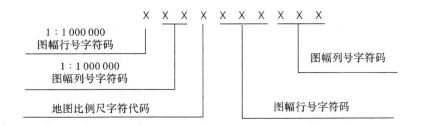

图 6-13 1∶500 000 至 1∶5 000 地形图编号构成

表 6-4 比例尺代码

比例尺	1∶500 000	1∶250 000	1∶100 000	1∶50 000	1∶25 000	1∶10 000	1∶5 000
代码	B	C	D	E	F	G	H

图 6-14(a)1∶500 000 阴影部分地形图编号为 J50B001002，图 6-14(b)1∶250 000 阴影部分地形图编号为 J50C003003。

(a)1∶500 000 地形图编号　　　　(b)1∶250 000 地形图编号

图 6-14　1∶50 万地形图编号

二、矩形分幅

用于各种工程建设的大比例尺地形图，一般采用矩形分幅，矩形分幅有正方形分幅和长方形分幅两种。以平面直角坐标的纵、横坐标线来划分图幅，使图廓成长方形或正方形，矩形分幅的规格见表 6-5。

表 6-5 矩形分幅的规格

比例尺	长方形分幅		正方形分幅			图廓坐标值 /m
	图幅大小 /cm	实地面积 /km²	图幅大小 /cm	实地面积 /km²	分幅数	
1:5 000	50×40	5	40×40	4	1	1 000 的整倍数
1:2 000	50×40	0.8	50×50	1	4	1 000 的整倍数
1:1 000	50×40	0.2	50×50	0.25	16	500 的整倍数
1:500	50×40	0.05	50×50	0.062 5	64	50 的整倍数

矩形分幅的编号方法有坐标编号法、流水编号法和行列编号法。

坐标编号法是以该图廓西南角点的纵横坐标的千米数来表示该图图号,如一幅 1:2 000 比例尺地形图,其西南角点坐标 $x=84$ km,$y=62$ km,则其图幅编号为 84.0-62.0。

测区不大,图幅不多时,可在整个测区内按从上到下、从左到右采用流水数字顺序编号,如图 6-15 所示。

行列编号法是将测区所有的图幅,以字母为行号,以数字为列号,以图幅所在行的字母和所在列的数字作为该图幅的编号,如图 6-16 所示。

图 6-15 流水编号

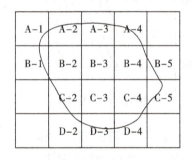

图 6-16 行列编号

如图 6-17 所示的 1:4 000 图的编号为 40-50。一幅 1:4 000 图可分为 4 幅 1:2 000 的图,分别以 Ⅰ、Ⅱ、Ⅲ、Ⅳ 编号。一幅 1:2 000 图又分成 4 幅 1:1 000 的图,一幅 1:1 000 图再分成 4 幅 1:500 的图,均以 Ⅰ、Ⅱ、Ⅲ、Ⅳ 进行编号。各种比例尺图的编号的编排顺序均为自西向东,自北向南。图中 P 点所在 1:2 000 比例尺图幅的编号为 40-50-Ⅳ,所在 1:1 000 比例尺图幅的编号为 40-50-Ⅳ-Ⅱ,所在 1:500 比例尺图幅的编号为 40-50-Ⅳ-Ⅱ-Ⅲ。

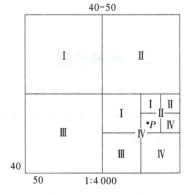

图 6-17 坐标编号法

项目 4　地形图的测量方法

地形测图的方法,按使用仪器的不同,分为白纸测图、数字测图和航空摄影测量成图。白纸测图,是指在野外现场直接将地面上的地物、地貌测绘到图纸上,具体包括经纬仪测图、大平板仪测图和小平板仪测图三种方法;数字测图,是指在野外现场将各碎部点的测量数据记录下来,然后输入计算机,形成采集、输入、编辑、成图、输出、绘图、管理的测绘系统;航空摄影测量是利用航摄像片(数码照相)测绘地形图的方法。

一、白纸测图

（一）经纬仪测图

经纬仪测图一般采用极坐标法测量碎部点,依靠经纬仪来确定碎部点的方向和距离,然后根据所测的方向和距离,将碎部点在图纸上展绘出来。经纬仪测图的操作程序如下。

1. 安置仪器

在已知点上安置经纬仪,对中、整平后,量取仪器高 i 并记入记录手簿。将经纬仪精确照准另一已知点 B,如果用量角器展点,将水平度盘读数配置为 $0°00'00''$,此方向为测站零方向。它的误差影响本测站所有碎部点图上的点位,因此,要非常重视。测图板可以放置在测站附近方便绘图的任何地方。

2. 测站检查

仪器安置完毕后要再次检查仪器设置的各项数据是否正确。

3. 观测

在需要测量的碎部点上立标尺,经纬仪照准标尺,十字丝横丝概略切准切尺高的位置,读取视距并记入记录手簿;然后十字丝横丝精确切准切尺高的位置,读取垂直角读数并记入记录手簿(垂直度盘指标水准器不是自动整平的经纬仪,此时应调整垂直度盘指标水准器气泡,使其居中)。此时,立尺员可以寻找下一个立尺点。最后读取水平度盘的读数并记入记录手簿。

4. 记录与计算

记录员在观测员读数时对每个数都要回报以复核,以免出错,并在回报的同时将数据一一记入碎部点观测记录手簿的相应栏内。然后分别计算出碎部点的水平距离(或碎部点的坐标)和高程,记入手簿相应的栏内,并及时报给绘图员进行展点。碎部点观测记录见表 6-6。

表 6-6 碎部点观测记录表

测自____点至____点　　天气：_____　　成像：_____　　日期：____年____月____日
仪器编号：_____　　观测者：_____　　记录者：_____

测站 A	仪器型号 J_6	仪器高 1.51 m
起始方向 B	指标差 24″	便利高 1 125.00 m
检查方向 C	测站高程 1 125.36 m	切尺高 1.87 m

点号	视距/m	垂直角 /(° ′)	水平距离 /m	水平方向 /(° ′)	$D\tan\alpha$ /m	Δm	高程/m	备注
C	127.3	−1 07 18	127.3	155 43 27	−2.49		1 122.51	检查点
1	64.9	0 34 00	64.9	26 28 00	0.64		1 125.64	房角
2	58.0	0 33 00	58.0	27 35 00	0.56		1 125.56	房角
3	71.2	1 21 00	71.2	32 43 00	1.68	−1	1 125.68	房角
4	62.5	0 31 00	62.5	344 56 00	0.56		1 125.56	路边

5. 展点与绘图

经纬仪测图的展点有量角器展点和坐标展点器展点两种方法。

(1)量角器展点

先用小钢针穿过半圆量角器的刻画中心，轻轻钉在图上测站 A 点处，然后在 AB 方向上位于量角器圆周内外处画一约 2 cm 长的细线，作为起始方向线，该方向就是图上的零方向。展点时，先根据碎部点的水平方向读数，在图纸上确定碎部点的方向，然后，根据碎部点的水平距离，确定碎部点的点位。例如，要将表 6-4 中的 1 号点展在图纸上，先使量角器刻画线 59°15′处精确对准图纸上的起始方向线固定不动，此时，量角器直径方向（黑色刻画边）即为图纸上碎部点的方向；然后，在量角器直径方向上按图上距离刺出 1 号点的位置，并在点旁注记高程。当水平方向大于 180°时，图上距离应沿红色刻画线边刺点，如图 6-18 所示。

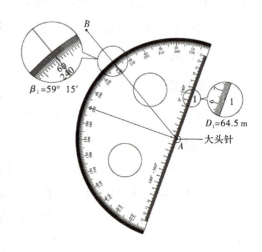

图 6-18　量角器展点

量角器展点时，量角器在不断地旋转运动中，量角器刻画中心的刺孔会越来越大，使量角器中心在展点过程中发生变动，从而影响展点精度；另外，量角器限于半径，其角度的分辨率较低，一般为5′左右。但用量角器展点,工具简单,操作方便,效率较高。

(2)坐标展点器展点

与量角器按极坐标进行展点不同,坐标展点器展点是按直角坐标进行展点。因此,展点前,必须将碎部点观测计算的水平距离和水平方向计算成坐标,然后,按坐标将点展在图纸的坐标网格内。

用坐标展点器展点时,为了方便计算碎部点坐标,应在经纬仪照准起始方向 AB 时,将水平度盘的读数配置成 AB 方向的方位角,这样在观测每个碎部点时,水平度盘读数就是测站点至该碎部点的方位角。

经纬仪测量碎部点坐标计算公式如下:

$$x_P = x_A + kl\cos^2\alpha \cdot \cos\beta$$
$$y_P = y_A + kl\cos^2\alpha \cdot \sin\beta \tag{6-3}$$

式中,α——碎部点的垂直角;

β——测站点至碎部点的水平方向,也是测站点至碎部点的方位角。

用坐标展点器展点如图 6-19 所示,设在 1∶1 000 比例尺测图中,算得碎部点 P 的坐标为 $x_P = 3\ 261.42$ m,$y_P = 1\ 974.88$ m。展点时,先根据 P 点的坐标判断它所在的方格,然后计算 P 点相对于该方格的坐标尾数:$\Delta_x = 3\ 261.42 - 3\ 200 = 61.42$ m,$\Delta_y = 1\ 974.88 - 1\ 900 = 74.88$ m。使展点器左、右两边线与 1 900 m 和 2 000 m 两纵坐标线重合,并上下移动展点器,使 61.42 m 精确对准 3 200 m 横坐标线,最后,沿展点器上边缘于 74.88 m 处刺出一点,即为碎部点 P 在图上的位置,在其旁注记高程。

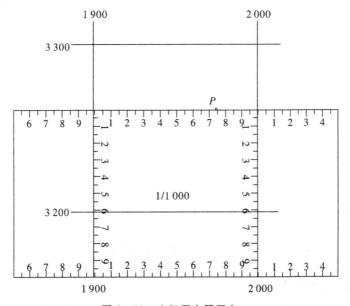

图 6-19 坐标展点器展点

用坐标展点器展点相对要复杂一些,但精度较高。

碎部点展到图纸上后,应立即根据碎部点点位绘出相应的地物、地貌,并与实地对照检查。

按上述步骤和方法,依次测绘其他碎部点,直到该测站碎部点全部测绘完毕。最后检查起始方向是否发生变动,若有明显变动,应检查重测;若无变动,则可以搬至下一测站继续测绘。

经纬仪测图时,观测和绘图由两人分担,绘图员因此有充分的时间观察地形和立尺点的位置,有利于提高测图质量。

(二)大平板仪测图

大平板仪测图是一种传统的地形测图方法。大平板仪由三脚架、大平板、照准仪、水准器和对点器组成,图纸铺贴于大平板。照准仪是不带水平度盘的经纬仪,用来照准目标、读取视距和垂直角。它照准目标的方向,由照准仪基部的平行尺在图纸上直接确定,故不用读水平方向,也不需要量角器。照准仪与大平板是分离的,用手持照准仪在图板上移动来照准方向。水准器是独立的,用于图板整平,有的照准仪带有水准器,就可以不用独立的水准器。对点器是用来对中的。

大平板仪的安置较经纬仪复杂,它的图板要安置在测站上,不仅要对中、整平,而且还要定向。定向就是使图板上两已知点的方向与实地相应的两已知点的方向精确一致。大平板仪定向要求在整个测图过程中保持不变。定向的误差对该测站的所有碎部点的位置都有影响,故在安置中应当特别注意定向的精度。在测图过程中应经常检查定向方向,一旦发现定向方向发生变动,应立即调整,并检查之前所测的碎部点点位是否正确。

大平板仪测图依据相似形原理,其比例尺就是相似比,如图 6-20 所示。

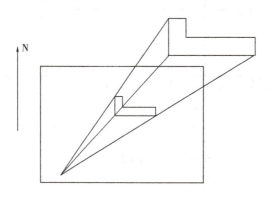

图 6-20　大平板仪测图原理

大平板仪测图的操作程序如下。

(1)将大平板仪安置在测站点上,对中、整平、定向后,量取仪器高并记录。仪器高是指自地面测站点至照准仪横轴的垂直距离。

(2)测站检查,对大平板仪安置的相关数据再次进行检查,确保正确。

(3)将照准仪的平行尺斜边靠近图纸上的测站点,照准碎部点上的标尺,以中丝切准设定的切尺高,读取视距和垂直角,并记入观测手簿。

(4)计算水平距离,按测图比例尺计算图上距离,计算碎部点高程。

(5)移动平行尺,使其精确切于测站点,用分规在比例尺上截取图上距离,沿平行尺方向,将碎部点刺于图上,并在其旁注记高程。

(6)按上述方法,测绘其他碎部点。

(7)根据所测的碎部点,随时按地形图图式规定的符号描绘地物、地貌。在测绘过程中,应随时注意与实际的地物、地貌对照检查,发现错误,立即纠正。

大平板仪测图,观测和绘图由一人承担,所需作业人员较少,甚至一个专业人员加一个测工就可以作业。但测绘员工作量较大,影响出图速度,另外,大平板仪测图不太适合高差较大的地区。

(三)小平板仪测图

小平板仪测图和大平板仪测图都属于平板仪测图,不同的是,小平板仪测图用照准器取代大平板仪测图中的照准仪。照准器只能在图板上确定碎部点的方向,不能读出距离和垂直角。故小平板仪测图时,需要和经纬仪或水准仪配合使用。用经纬仪或水准仪来测定碎部点的距离和高程,从而在图板上进行碎部点定位。

小平板仪测图也是将图板安置在测站点上,也要对中、整平和定向。经纬仪或水准仪安置在测站旁边便于操作的地方。观测时,照准器和经纬仪或水准仪同时照准碎部点上竖立的标尺,分别在图板上确定方向和读出视距及垂直角。

小平板仪配合经纬仪测图的操作程序如下。

(1)如图6-21所示,先将经纬仪安置在距测站点1~3 m处便于观测的适当位置A'。整平后,将望远镜置于水平位置,用中丝读取测站点A上竖立的标尺读数,即仪器高。

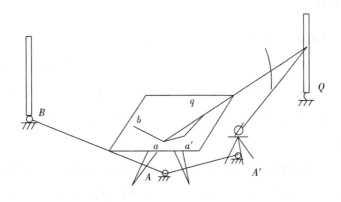

图6-21 小平板仪配合经纬仪测图

(2)测站检查。

(3)将小平板仪安置在测站点 A 上,安置过程包括对中、整平、定向。

(4)将照准器直尺边切于图上测站点 a,照准经纬仪的垂球线,得到测站点至经纬仪的方向线,量取测站点至经纬仪的水平距离,按测图比例尺,在该方向上截取经纬仪在图上的位置 a'。

(5)在图上测站点 a 处插一小钢针,使照准器直尺边紧靠小钢针,照准碎部点 Q 上竖立的标尺。此时,照准器直尺边的方向即是碎部点 Q 在图上的方向。

(6)同时,经纬仪也照准碎部点 Q 上的标尺,以中丝切准设定的切尺高,读取视距和垂直角,并计算 A' 到 Q 的水平距离、图上距离和 Q 的高程。

(7)在图板上,以 a' 为圆心,以 $A'Q$ 的图上距离为半径画弧,与照准器直尺边线相交于点 q,即为碎部点 Q 在图上的位置,在点 q 旁注记高程。

(8)按上述方法,依次测定其他碎部点,并及时描绘地物、地貌符号。本测站碎部点全部测完后,应检查定向方向是否变动。

在平坦地区采用小平板仪测图时,也可以用水准仪取代经纬仪,其方法与上述方法类似。

小平板仪测图,采用经纬仪或水准仪配合观测,观测和绘图的工作由两人分担,减轻了绘图员的工作量,对出图速度有利。小平板仪测图中,照准器照准的精度比大平板仪测图中的照准仪低,但仪器相对轻便一些。小平板仪测图也不适合高差较大的地区。

纬仪测图法、大平板仪测图法和小平板仪测图法又通称图解测图法。20 世纪 90 年代以前,图解测图是主要的测图方法,随着数字测图技术的发展,目前,经纬仪测图法应用很少,大平板仪测图法和小平板仪测图法已淘汰。

二、数字测图

(一)数字测图方法概述

数字测图是目前主要测量方法,利用全站仪、电子手簿(笔记本电脑)将地面上的地物和地貌以数字形式表示,经过计算机和数字化测图软件处理后,得到数字化地形图,再经绘图仪输出所需的地形图或存盘。与白纸测图相比,数字测图具有明显的优越性,它已成为地理信息数据来源的重要组成部分。

数字测图系统是以计算机为核心,连接测量仪器的输入输出设备,在硬件和软件的支持下,对地形空间数据进行采集、输入、编辑、成图、输出、绘图、管理的测绘系统。数字测图系统的综合框图如图 6-22 所示。

图 6-22 数字测图系统综合框图

大比例尺数字化地形图的生产方法主要有数字化图解地形图和地面数字测图两种。

1. 数字化图解地形图

可以采用手扶数字化仪和扫描数字化两种方法进行数字化图解地形图。数字化图解地形图的原理是将图纸平铺到数字化板上,然后用定标器将图纸逐一描入计算机,得到一个以".DWG"为后缀的图形文件,这种方式所得的图形精度较高,但工作量较大,尤其等高线较多时;扫描数字化的原理是先将图纸通过扫描仪录入计算机,得到以.BMP、.GIF、.PCX 等为后缀的光栅图像文件,存放于计算机,再利用扫描矢量化软件提供的一些便捷的功能,对该光栅图像进行矢量数字化,最后可以转换为一个以".DWG"为后缀的图形文件。这种方式所得的图形精度因受扫描仪分辨率和屏幕分辨率的影响会比数字化仪录入图形的精度低,但其工作强度较小,方法简便。

1)手扶跟踪数字化

手扶跟踪数字化需要的生产设备为数字化仪、计算机和数字测图软件。数字化仪由操作平板、定位标和接口装置构成,如图 6-23 所示。操作平板用来放置并固定工作底图,定位标用来操作数字测图软件并从工作底图上采集地形特征点的坐标数据,接口装置一般为标准的 RS232C 串行接口,其作用是与计算机交换数据。工作前应将数字化仪与计算机的一个串行接口连接并在数字化测图软件中配置好数字化仪。

图 6-23 数字化仪

数字化使用的工作底图应是聚酯薄膜原图,将工作底图固定在数字化仪操作面板上,操作员用数字化仪的定位标在工作底图上逐点采集地形图上地物或地貌的特征点,将工作底图上的图形、符号、位置转换成坐标数据,并输入数字化测图软件定义的相应代码,生成数字化采集的数据文件,经过人机交互编辑,形成数字地形图。

2）扫描数字化

扫描数字化需要的生产设备为扫描仪、计算机、专用矢量化软件或数字测图软件。

将扫描得到的地形图图像格式文件引入矢量化软件，然后对引入的图像进行定位和纠正。数据采集的方式是操作员使用鼠标在计算机显示屏幕上跟踪地形图上的地物或地貌的特征点，将工作底图上的图形、符号、位置转换成坐标数据，并输入矢量化软件或数字化测图软件定义的相应代码，生成数字化采集的数据文件，经过人机交互编辑，形成数字地形图。

2. 地面数字测图

在没有合适的大比例尺地形图的地区，当设备条件许可时，可以直接采用地面数字测图法，该方法也称内外业一体化数字测图法。

内外业一体化数字测图法需要的生产设备为全站仪、电子手簿（或笔记本电脑和掌上电脑）、计算机和数字化测图软件。根据使用设备的不同，内外业一体化数字测图方法有两种实现形式。

1）草图法

数字测记法模式为野外测记、室内成图，即在野外利用全站仪或电子手簿采集并记录外业数据或坐标，同时手工勾绘现场地物属性关系图，返回室内后，下载记录数据到计算机内，将外业观测的碎部点坐标读入数字化测图系统直接展点，再根据现场绘制的地物属性关系草图在显示屏幕上连线成图，经编辑和注记后成图。

2）电子平板法

电子平板模式为野外测绘，实时显示，现场编辑成图。所谓电子平板测量，即将全站仪与装有成图软件的便携机联机，在测站上全站仪实测地形点，计算机屏幕现场显示点位和图形，并可对其进行编辑，满足测图要求后，将测量和编辑数据存盘。这样，相当于在现场就得到一张平板仪测绘的地形图，因此，无需画草图，并可在现场将测得图形和实地相对照，如果有错误和遗漏，也能得到及时纠正。

与传统的白纸测图方法比较，内外业一体化数字测图方法创建大比例尺数字地形图具有如下特点。

(1) 成图精度高。野外数字化测图比传统的平板仪测图在平面、高程精度方面提高的幅度较大，其中测站点平面位置提高16倍，地物点提高20倍，高程精度提高50%，这对地图的使用具有重要价值。

(2) 减少野外工程量，提高工作效率。过去使用平板仪测图所需仪器设备多，而且笨重、操作烦琐，每台平板仪需 6~7 人配合才能工作；而数字化测图野外采用全站仪，其精度高、体积小、重量轻、操作方便、速度快，仅 2~3 人就可工作，同时把 1/3 的野外工作转移到室内，每平方千米可节约资金近万元，不仅降低了劳动强度，而且提高了工作效率，减少了成本。

(3)可任意制作不同比例尺地形图。平板仪测图是根据比例尺在实地一次性完成的,如比例尺不同则需野外重测;而数字化测图是利用野外采集的已知数据,由内业计算出各点的平面位置和高程的,适合各种比例尺的需要。如比例尺更换,仅在室内重新展点绘制即可,无需野外重测,避免重复劳动,缩短了成图周期。

(4)容易保存。野外采集的数据和计算成果,由内业编好程序输入计算机,随时调用,便于档案管理,还可为建立数据库打下基础,一旦需要随时从计算机中把数据调出,制版晒蓝即可。

三、航空摄影测量成图

航空摄影是指在飞机上安装航空摄影仪,对地面进行垂直摄影,获取航摄像片或数字影像。航空摄影测量是利用航摄像片测制地形图的一种方法,与白纸成图相比,不仅可使绝大部分外业测量工作在室内完成,还具有成图速度快、精度均匀、成本低、不受气候季节限制等优点。航空摄影测量成图的方法有模拟法和数字摄影测量法两种。

(一)模拟法

模拟法是指通过模拟航摄时的几何关系测制地形图的方法,它又分为综合法和立体测图法两种。

1. 综合法

综合法是航空摄影测量和平板仪测量相结合的方法。平面位置通常采用纠正像片制作平面图得到,地面高程和等高线在野外用平板仪法或经纬仪配合量角器法测得。此方法适用于地形起伏不大的平坦地区。

2. 立体测图法

立体测图法又分为全能法和微分法两种。全能法是利用精密立体测图仪和多倍投影测图仪等立体仪器测绘地物和地貌以编制地形图的方法,成图全过程能在一台仪器上完成,适用于丘陵和高山地区。微分法则把成图过程分为几个工序,如利用立体坐标量测仪加密控制点,利用立体测量仪描绘地貌,利用纠正仪或单投影器转绘地物等,适用于丘陵地区。

(二)数字摄影测量法

数字摄影测量法是以数字影像为基础,通过计算机分析和处理,获取数字图形和数字影像信息的摄影测量技术。具体而言,其是以立体数字影像为基础,由计算机进行影像处理和影像匹配,自动识别相应像点及坐标,运用解析摄影测量的方法确定所摄物体的三维坐标,并输出数字高程模型和正射数字影像或图解线划等高线图和带等高线的正射影像图等的技术。

项目 5　地形数据采集

地形图测绘工作通常分为地形数据采集和内业数据处理编辑两大部分,其中地形数据采集极其重要,它直接决定成图质量与效率。地形数据采集就是在野外直接测定地形特征点的位置,并记录地物的连接关系及其属性,为内业数据处理提供必要的绘图信息及便于数字地图的加工利用。

地形数据采集主要通过全站仪或 RTK GNSS 接收机实地测定地形特征点的平面位置和高程,将这些点位信息自动存储在仪器内存储器或电子手簿中。地形数据采集除采集碎部点的点位信息外还要采集与绘图有关的其他信息,不同的数字测图系统有不同的操作方法。

一、测图前的准备工作

(一)图根控制测量

测区高级控制点的密度不可能满足大比例尺测图的需要,这时应布置适当数量的图根控制点,又称图根点,直接供测图使用。图根控制布设是在各等级控制下进行加密的,一般不超过两次附合。在较小的独立测区测图时,图根控制可作为首级控制。

图根点的精度,相对于邻近等级控制点的点位中误差,不应大于图上 0.1 mm,高程中误差不应大于测图基本等高距的 1/10。图根控制点(包括已知高级点)的个数,应根据地形复杂、破碎程度或隐蔽情况而决定。就常规成图方法而言,一般平坦而开阔地区每平方千米图根点的密度,对于 1∶2 000 比例尺测图应不少于 15 个,对于 1∶1 000 比例尺测图应不少于 50 个,对于 1∶500 比例尺测图应不少于 150 个。数字测图方法每平方公里图根点的密度,对于 1∶2 000比例尺测图不少于 4 个,对于 1∶1 000 比例尺测图不少于 16 个,对于 1∶500 比例尺测图不少于 64 个。

图根平面控制点的布设,可采用图根导线、图根三角、交会方法和 GNSS RTK 等方法。图根点的高程可采用图根水准和图根三角高程测定。采用全站仪采集数据时,还可采用"辐射法"和"一步测量法"。辐射法就是在某一通视良好的等级控制点上安置全站仪,用极坐标测量的方法,按全圆方向观测方式直接测定周围几个图根点坐标,点位精度可在 1 cm 以内。

有些数据采集软件有"一步测量法"功能,不需要单独进行图根控制测量。一步测量法是一种少安置一轮仪器,少跑一轮路,大大提高外业工作效率的测量方法,尤其适合于线路测量。如图 6-24 所示,A,B,C,D 为已知点;1,2,3,…为图根导线;1′,2′,3′,…为碎部点。一步测量法作业步骤如下:

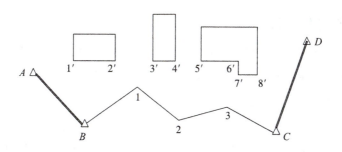

图 6-24　一步测量法

(1)全站仪置于 B 点,先后视 A 点,再照准 1 点测水平角、垂直角和距离,可求得 1 点坐标。

(2)不搬运仪器,再施测 B 站周围的碎部点 $1', 2', 3', \cdots$。根据 B 点坐标可得到碎部点的坐标。

(3)B 站测量完毕,仪器搬到 1 点,后视 B 点,前视 2 点,测角、测距,得 2 点坐标(近似坐标),再施测 1 点周围碎部点,根据 1 点坐标可得周围碎部点坐标(近似坐标)。同理,可依次测得各导线点坐标和该站周围的碎部点坐标,但要注意及时勾绘草图、标注点号。

(4)待测至 C 点,则可由 B 点起至 C 点的导线数据,计算附合导线闭合差。若超限,则找出错误,重测导线;若在限差以内,用计算机重新对导线进行平差处理,然后利用平差后的导线坐标,再重新改算各碎部点的坐标。

(二)测站点的测定

测图时应尽量利用各级控制点作为测站点,但由于地表上的地物、地貌有时是极其复杂零碎的,要全部在各级控制点上测绘所有的碎部点往往是困难的,因此,除了利用各级控制点外,还要增设测站点。尤其是在地形琐碎、合水线地形复杂的地段,小沟、小山脊转弯处,房屋密集的居民地,以及雨裂冲沟繁多的地方,对测站点的数量要求会多一些,但要切忌用增设测站点做大面积的测图。

增设测站点是指在控制点或图根点上,采用极坐标法、交会法和支导线测定测站点的坐标和高程。用支导线增设测站时,为保证方向传递精度,可用三联脚架法。数字测图时,测站点的点位精度,相对于附近图根点的中误差应大于图上 0.2 mm,高程中误差不应大于测图基本等高距的 1/6。

在图根控制和测站点测量中,采用全站仪进行观测,可按半测回观测法观测水平方向和竖角。由经纬仪测角可知,采用测回法取盘左、盘右平均值测定水平方向和竖角,可以消除由于横轴误差和视准轴误差产生的水平方向的影响,以及消除竖盘指标差对竖角的影响。

全站仪半测回观测法可以预先测定经纬仪的横轴误差、视准轴误差和竖盘指标差,并储存在全站仪内存或电子手簿中,在观测水平方向和竖角时,由程序对半测回观测方向和天顶距自动进行改正来消除其影响。当视准轴误差和竖盘指标差有较大变化时,应进行仪器误差的重新测定。

（三）仪器器材与资料准备

实施数字测图前，应准备好仪器、器材、控制成果和技术资料。仪器、器材主要包括全站仪、对讲机、充电器、电子手簿或便携机、备用电池、通信电缆、花杆、反光棱镜、皮尺或钢尺、记录本、工作底图等。全站仪、对讲机应提前充电。在数字测图中，由于测站到镜站距离比较远，配备对讲机是必要的。

目前多数数字测图系统在野外进行数据采集时，要求绘制较详细的草图。绘制草图一般在专门准备的工作底图上进行，这一工作底图最好用旧地形图、平面图的晒蓝图或复印件制作，也可用航片放大影像图制作。在数据采集之前，最好提前将测区的全部已知成果输入电子手簿或便携机，以方便调用。

（四）测区划分

为了便于多个作业组作业，在野外采集数据之前，通常要对测区进行"作业区"划分。数字测图不需按图幅测绘，而是以道路、河流、沟渠、山脊线等明显线状地物为界，将测区划分为若干个作业区，分块测绘。对于地籍测量来说，一般以街坊为单位划分作业区。分区的原则是各区之间的数据（地物）尽可能地独立（不相关），并各自测绘各区边界的路边线或河边线。跨区的地物，如电力线等，会增加内业编图的麻烦。

（五）人员配备

一个作业小组一般需配备：测站观测员（兼记录员）1人，镜站跑尺员1～3人，领尺（图）员1人；如果配套使用测图精灵（掌上电子平板），则一般设测站1人（既是观测员，又是绘图员），跑尺员1～3人即可。领尺员负责画草图或记录碎部点属性，内业绘图一般由领尺员承担，故领尺员是作业组的核心成员，需技术全面的人担任。

二、地形数据采集方式

大比例尺数字测图野外数据采集按碎部点测量方法，分为全站仪测量方法和GNSS RTK测量方法。目前，主要采用全站仪测量方法，在控制点、图根点等测站点上架设全站仪，全站仪经定向后，观测碎部点上放置的棱镜，得到方向、竖直角（或天顶距）和距离等观测值，记录在电子手簿或全站仪内存；或者是由记录器程序计算碎部点的坐标和高程，记入电子手簿或全站仪内存。如果观测条件可能，也可采用GNSS RTK测定碎部点，将直接得到碎部点的坐标和高程。野外数据采集除了采集碎部点的坐标数据（点位信息）外，还需要采集连接信息和属性信息（即绘图信息），如碎部点的地形要素名称、碎部点连接线型等，以便由计算机生成图形文件，进行图形处理。大比例尺数字测图野外数据采集除硬件设备外，需要有数字测图软件来支持，不同的数字测图软件在数据采集方法、数据记录格式、图形文件格式和图形编辑功能等方面会有一些差别。野外数据采集的工作程序分为两种：测记法和电子平板法。

（一）测记法

测记法是在观测碎部点时，绘制工作草图，在工作草图记录地形要素名称、碎部点连接关系的方法。它在室内将碎部点显示在计算机屏幕上，根据工作草图，采用人机交互方式连接碎部点，输入图形信息码和生成图形。

1. 测记法的具体操作

进入测区后，领镜(尺)员首先对测站周围的地形、地物分布情况大概看一遍，认清方向，制作含主要地物、地貌的工作草图(若在原有的旧图上标明会更准确)，便于观测时在草图上标明所测碎部点的位置及点号。

观测员指挥立镜员到事先选定好的某已知点上立镜定向；自己快速架好仪器，量取仪器高，启动全站仪，进入数据采集状态，选择保存数据的文件，按照全站仪的操作设置测站点、定向点，记录完成后，照准定向点完成定向工作。为确保设站无误，可选择检核点，测量检核点的坐标，若坐标差值在规定的范围内，即可开始采集数据，不通过检核则不能继续测量。

上述工作完成后，通知立镜员开始跑点。每观测一个点，观测员都要核对观测点的点号、属性、镜高并存入全站仪的内存中。

野外数据采集，测站与测点两处作业人员必须随时联络。每观测完一点，观测员要告知绘草图者被测点的点号，以便及时对照全站仪内存中记录的点号和绘草图者标注的点号，保证两者一致。若两者不一致，应查接原因，是漏标点了，还是多标点了，或一个位置测重复了等，必须及时更正。

测记法数据采集通常分为有码作业和无码作业。有码作业需要现场输入野外操作码(如 CASS6.0)；无码作业现场不输入数据编码，而用草图记录绘图信息，绘草图人员在镜站把所测点的属性及连接关系在草图上反映出来，以供内业处理、图形编辑时用。另外，在野外采集时，能测到的点要尽量测，实在测不到的点可利用皮尺或钢尺量距，将丈量结果记录在草图上，室内用交互编辑方法成图。

在进行地貌采点时，可以用一站多镜的方法进行。一般在地性线上要有足够密度的点，特征点也要尽量测到，例如在山沟底测一排点，也应该在山坡边再测一排点，这样生成的等高线才真实。测量陡坎时，最好在坎上坎下同时测点，这样生成的等高线才没有问题。在其他地形变化不大的地方，可以适当放宽采点密度。

在一个测站上当所有的碎部点测完后，要找一个已知点重测进行检核，以检查施测过程中是否存在误操作、仪器碰动或出故障等原因造成的错误。检查完，确定无误后，关机、装箱搬站。到下一测站，重新按上述采集方法、步骤进行施测。

2. 草图绘制

在数字测图野外数据采集中，绘制工作草图是保证数字测图质量的一项措施。工作草图是图形信息编码碎部点间接坐标计算和人机交互编辑修改的依据。在进行数字测图时,如果测区有相近比例尺的地图,则可利用旧图或影像图并适当放大复制,裁成合适的大小(如 A4 幅面)作为工作草图。在这种情况下,作业员可先进行测区调查,对照实地将变化的地物反映在草图上,同时标出控制点的位置,这种工作草图也起到工作计划图的作用。在没有合适的地图可作为工作草图的情况下,应在数据采集时绘制工作草图,工作草图应绘制地物的相关位置、地貌的地性线、点号、丈量距离记录、地理名称和说明注记等。草图可按地物相互关系一块块地绘制,也可按测站绘制,地物密集处可绘制局部放大图。草图上点号标注应清楚正确,并和电子手簿记录点号一一对应,如图 6-25 所示。

图 6-25　工作草图

(二)电子平板法

采用笔记本电脑和 PDA 掌上电脑作为野外数据采集记录器,可以在观测碎部点之后,对照实际地形输入图形信息码和生成图形。

电子平板操作的基本过程如下。

(1)利用计算机将测区的已知控制点及测站点的坐标传输到全站仪的内存中,或手工输入控制点及测站点的坐标到全站仪的内存中。

(2)在测站点上架好仪器,并把笔记本电脑或 PDA 与全站仪用相应的电缆连接好,开机后进入测图系统;设置全站仪的通信参数;选定所使用的全站仪类型。分别在全站仪和笔记本电脑或 PDA 上完成测站、定向点的设置工作。

(3)全站仪照准碎部点,利用计算机控制全站仪的测角和测距,每测完一个点,屏幕上都会及时地展绘显示出来。

(4)根据被测点的类型,在测图系统上找到相应的操作,将被测点绘制出来,现场成图。

三、地形数据采集相关要求

(一)地物

凡能依比例尺表示的地物,就应将其水平投影位置的几何形状测绘到地形图上,或是将它们的边界位置表示到图上,边界内再充填绘入相应的地物符号。对于不能依比例尺表示的地物,则测绘出地物的中心位置并以相应的地物符号表示。地物测绘必须依测图比例尺,按地形测量规范和地形图图式的要求,经综合取舍,将各种地物表示在图上。地物点的采集需要采集特征点,如图6-26所示。

图6-26 基础地物特征点采集图

1.居民地

居民地是重要的地形要素,按其形式分为街区式(城市、城镇)、散列式(农村自然村)和窑洞、蒙古包等。测绘居民地时应正确表示其结构形式,反映出外部轮廓特征,区分内部的主要街道、较大的场地和其他重要的地物。居民地内部较小的场地,应根据测图比例尺和用图要求,适当取舍。独立房屋应逐个测绘。

测绘居民地时,主要是测各建筑物轮廓线的转折点。居民地通常通视条件较差,很多背街后巷不易从测站点直接测绘。因此,常采用距离交会法或极坐标法进行建筑物相对定位。所谓建筑物相对定位,就是在能通视的范围内,先将尺寸大的或主要的建筑物正确地测绘到图纸上。然后,用草图描绘周围隐蔽的次要建筑物与主要建筑物的相对关系,丈量距离并注记,最后依次转绘到图纸上。

对于整齐排列的成片建筑物群,如图6-27所示,可以先测绘几个控制性的碎部点,如图中的1、2、3、4、5等,然后丈量距离,根据平行关系、垂直关系等,在图纸上直接定点。

居民地建筑物密集地区或隐蔽地区,建筑物之间的相对关系的运用十分重要,运用得恰当,能够明显地提高测图效率。但在运用相对关系测绘时,应注意加强检核,以免出错;另外,应控制这种相对关系的大面积运用和连续多次地运用，否则，将不能保证测图精度。

居民地房屋轮廓线的转折点较多，但同一幢房屋的地基高程一般相同，甚至相连的若干幢房屋的地基高程也相同，其高程不必每点注记，代表性注记即可。若每幢房屋的高程不同，则应分别注记高程。房屋一般还应注记类别和层数。

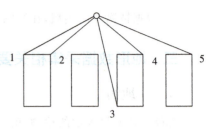

图 6-27 居民地测绘

属于建筑物的台阶、室外楼梯、门廊、建筑物通道、地下室、街道旁走廊等，能按比例测绘的应测绘，并以相应的符号表示。

居民地、厂矿、机关、学校、医院、街道等均应按现有的名称注记对应名称。

2. 道路

道路包括铁路、各种等级公路、大车路、乡村小路等。道路及其附属物如车站、桥涵、路堑、路堤、里程碑、收费站等均应测绘到图上。

各种道路均属于线状地物，一般由直线和曲线两部分组成，其特征点主要是直线部分的起点、交叉点、终点，直线与曲线的连接点，曲线部分的变换点。

1）铁路测绘

铁路应实测铁轨中心线，按图式符号表示。在 1∶500、1∶1 000 比例尺测图时，应按比例尺绘出轨宽，并将两侧的路肩、路沟表现出来。铁路一般有路堤或路堑，路堤的下边缘线、路堑的上边缘线，都应一一测出，用路堤、路堑符号表示。

铁路上的高程应测轨面高程，曲线部分测内轨面高程，在图上，高程均注记在铁路中心线上。

铁路两侧的附属建筑物，均按实际位置测绘，以图示符号表示。

2）公路测绘

公路应按实际位置测绘，特征点可选在路面中心，或路的一侧，实地量取路面宽度，按比例尺描绘；也可以将标尺交错地立于公路两侧，分别连接相应一侧的特征点，绘出公路在图上位置。公路的高程应测公路中心线的高程，注记于中心线。公路在图上应按不同等级的符号分别表示，并注明路面材料。

公路两旁的附属建筑物，按实地位置测绘，以相应的图示符号表示。公路路堤和路堑的测绘方法与铁路相同。

3）大车路测绘

大车路是指路基未经修筑或经简单修筑能通行大车，某些路段也能通行汽车的道路。大车路路宽不均匀，变化大，道路边界有时不明显。测绘时，标尺立于中心，按平均路宽绘出。

4）乡村小路测绘

乡村小路是村庄间来往的步行道路,可通行单轮车,一般不能通行大车。乡村小路应视重要程度,选择测绘,一般测定中心线,以单虚线表示,有的乡村小路弯曲较多,可以适当取舍。

各种道路均应按现有的名称注记道路名称。

3. 管线、垣栅

管线包括地下、地上和空中的各种管道、电力线和通信线,管道包括上水管、下水管、煤气管、暖气管、通风管、输油管及其他工业管道等;电力线包括各种等级的高压线和低压线;通信线包括电话线、广播线、网络线和有线电视线。

各种管线均应实测其起点、转折点、交叉点和终点的位置,按相应的符号表示。架空管线在转折处的支架杆应实测其位置,直线部分的支架杆应根据测图比例尺和规范要求进行实测或按档距长度图解求出。各种管道还应实测检修井的位置,以相应符号表示。管道通过水域时,应区别架空通过和地下通过。各种管道应加注类别,如"上水""暖""油""风"等。电力线有杆柱变压器的,应实测表示。图面上各种管线的起止走向应明确清楚。

垣栅包括城墙、围墙、栅栏、篱笆、铁丝网等,应测定其起点、终点、交叉点和转折点的位置,以相应的符号表示。临时性的篱笆和铁丝网可根据用图需要加以取舍。

4. 水系

水系包括河流、湖泊、水库、沟渠、池塘、小溪、沼泽、井、泉等及其相关设施如码头、水闸、水坝、输水槽、泄洪道、桥涵等。

各种水系应实测其岸边界线和水涯线,并适当注记高程。水涯线一般应测常年水位线或测图时的水位线,必要时加注测图日期。当要求测出最高洪水位时,应在调查研究的基础上绘出,并注记高程和年份。

河流宽度在图上小于 0.5 mm 的,以单线表示;图上宽度大于 0.5 mm 的,应在两岸分别立尺测绘,在图上按比例尺以实宽双线表示,并注明流向。

沟渠宽度在图上大于 1 mm 时,以双线按比例绘出;小于 1 mm 的以单线表示。沟渠的土堤堤高在 0.5 m 以上的要在图上表示。堤顶宽度、斜坡、堤基底宽度,均应实测依比例表示,并注记堤底高程。

泉源、水井应在其中心立尺测定,但在水网地区,当其密度较大时,可视需要进行取舍。水井应测井台的高程并注记。泉源应注记高程和类别,如"矿""温"。

沼泽按范围边线依比例实测,区分能通行和不能通行并以相应的符号表示。盐碱沼泽加注"碱"。

各种水系附属建筑物,均应按比例实测,以相应的符号组合表示,适当注记高程。对于大型桥梁、输水槽、水坝、水闸等,还应注明材料,有名称的应注记名称。

各种水系有名称的均应注记名称。属于养殖或种植的水域,应注记类别,如"鱼""藕"。

5. 独立地物

独立地物的种类很多,包括碑、亭、雕像、塔、窑、钟楼、庙宇、坟地、烟囱、电站、矿井、加油站等。独立地物对于判定方位、确定位置、指示目标起着重要的作用,应准确测绘其位置。

凡是图上地物轮廓大于图式符号尺寸的,应依比例符号表示,实测该地物的平面轮廓线,并用相应的符号表示。地物轮廓小于符号尺寸的,依非比例符号表示,实测该地物的几何中心,以相应的符号表示。独立地物在图上的定位点和定位线一般按下列原则确定:凡具有三角形、圆形、矩形等形状的地物,应测定其几何图形的中心点,该点就是相应符号的定位点;杆形地物如照射灯、风车等,测定杆底部的点位,将相应符号的定位点绘于该点位上。

范围较大的独立地物如变电设备,若设置在房屋内的,应实测房屋轮廓,并在其中配置相应的符号;露天的则应测定四周围墙或实际范围,以相应的图式符号表示在中间。

独立地物一般应注记高程,有的独立地物还应加注类别,如矿井符号旁加注"铁""煤""石膏";塔形符号旁加注"散""蒸""伞"等。

6. 植被

植被是指覆盖在地表上的各种植物的总称,包括自然生长的树林、竹林、灌木林、芦苇地、草地等和人工栽培的苗圃、花圃、经济林、各种农作物地、水田、旱地、菜地等。

测绘各种植被,应沿该植被外围轮廓线上的弯曲点和转折点立尺,测定其位置。依实地形状按比例描绘地类线,并在其范围内配置相应的符号,如图 6-28 所示。树林在图上的面积大于 25 cm^2 的,应注记树名,如"松""梨"及平均树高,树高注记到整米。幼林和苗圃应注记"幼""苗"。

图 6-28 植被的表示

在同一地块生长有多种植物时,植被符号可以配合表示,但不得超过 3 种。若超过 3 种,按经济价值大小和数量多少进行取舍。符号的配置应与实地植物的主次和疏密情况相适应。

植被符号的范围界线明显的,用地类界符号表示其轮廓。当植被的地类界线与地面上有实物的线形符号如道路、河流、沟渠、陡崖等重合时,可以省略不绘;与地面上无实物的线形符号如电力线、通信线、等高线等重合时,则移位绘出地类线。

植被符号范围内,有等高线通过的应加绘等高线。若地面较平坦如水田,不能绘等高线时,应适当注记高程。

7. 境界

境界是国家间和国内行政区划的界线,包括国境线、省级界线、市级界线、县级界线、乡镇级界线五个级别。国境线的测绘非常严肃,它涉及国家领土完整及主权的归属,应根据《中华人民共和国测绘法》相关要求进行。国内各级境界应按规范要求精确测绘,对界桩、界碑、以河流或线状地物为界的境界线,均应按图式规定符号绘出。不同级别的境界线重合时,只绘高级境界线,其他注记不得压盖境界符号。

8. 测量控制点

测量控制点包括平面控制点和高程控制点。控制点是测图的测站点,决定地形图内各要素的位置、高程和精度,在图上应精确表示。

根据控制点的测定方法和等级的不同,各种控制点以不同的几何图形(五角星形、三角形、正方形、圆形)表示。其几何图形的中心表示实地上标志的中心位置。

各种测量控制点应注记点名和高程。点名和高程采用分式表示,分子注记点名或点号;分母注记高程。水准点高程注记到 0.000 1 m,水准点和经水准连测的三角点,小三角点,高程注记到 0.001 m,采用三角高程测定的一般注记到 0.01 m。

9. 测图的综合取舍

地形图不可能将地面所有的一切统统表示在图上,否则,图纸上内容负载过大,会造成图面不清晰而影响使用。地形图既要精细、完整地表达出地面的地物、地貌,又要清晰、简明、便于使用,这就需要对所测的内容进行综合取舍。所谓综合取舍,实质上就是在保证地形图精度要求的前提下,按照需要和可能,正确与合理地处理地形图内容中的繁与简、主与次的关系问题。确定一幅完善的地形图应该测绘哪些内容,哪些可以合并表示,哪些可以舍去。显然,地形测图的综合取舍取决于测图比例尺、用图目的及测区的地形情况。

综合取舍随测图比例尺的减小而变化明显。1∶500、1∶1 000 比例尺测图能表示较小的地物和地面起伏变化,一般没有多大的综合取舍余地,在 1∶5 000 或更小的比例尺测图中,就必须考虑测图的综合取舍。中小比例尺地形测图的综合取舍,应依据测图的目的和测区的地形情况,在测图的技术设计书中明确做出相应的规定。

综合取舍具有相对性,各种地形要素的主次之分,随测区情况存在差异。测区地貌简单,各种地物较少,舍掉的内容就很少;当测区地貌复杂,地物密集、拥挤,内容繁多,以至图上无法描绘,或明显影响图纸的清晰度时,原则上可以舍去一些次要内容,或将某些内容予以综合表示。一般对于目标显著、具有方位作用或具有经济、文化和军事意义的各种地物,虽然较小也应着重表示;而不能按比例表示的、临时性的和意义不大的地物则可舍去。在地物密集和水源丰富的地区,若舍去一个小井泉,并无多大关系;但在地物稀少的半沙漠或荒原地区,舍去一个小井泉就是极大错误。同样在森林地区舍去一小块树林，不致影响地形图的使用价值；但在几乎没有树木的地区把它舍掉了，就是极不合理的。对于居民地内的小街巷、空地、房屋墙垣的凸凹部分，按照上述原则，有的可以舍去，有的可以综合。但综合后应不改变地物外部轮廓特征。在地面起伏形态不很规则的地区，测绘地貌时不要被一些小坑、小凹等微小起伏所左右，而应抓住地貌主体，即抓住地形起伏的主要形态，并略去影响地貌主体表示的微小起伏。

综合取舍也应考虑到用图目的。例如，测图用于水利工程建设，则各种水系及其附属建筑物就是地形图的主要地形要素，不应舍掉，哪怕是一个小井泉，当图面拥挤时，只能舍去与水利工程建设关系不大的次要地形要素。测图用于线路设计时，通过线路的各种立交是重点，应逐一测绘。

（二）地貌测绘

地貌千姿百态，但从几何的观点分析，可以认为它是由许多不同形状、不同方向、不同倾角和不同大小的面组合而成的。这些面的相交棱线为地性线，地性线有两种：一种是由两个不同走向的坡面相交而成的棱线，称方向变换线，如山脊线和山谷线；另一种是由两个不同倾斜的坡面相交而成的棱线，称坡度变换线，如陡坡与缓坡的交界线、山坡与平地交界的坡麓线等。

地性线上的方向变换点和坡度变换点是主要的地貌特征点。在测绘中，要正确选择地性线，测出特征点，以地性线构成地貌的"骨架"，然后将地貌的形态以等高线的形式描绘出来。观测前，应认真观察和分析所测的地貌，正确选择具有代表性和概括性的地性线，根据地性线上的方向变换点和坡度变换点来确定立尺点。立尺点选择不当或重要的立尺点遗漏，就会改变骨架的位置，从而影响等高线的精度。地貌特征点包括山的最高点、洼地的最低点、谷口点、鞍部的最低点、地面坡度和方向的变换点等，如图6-29所示。选好地貌特征点后，在其上依次立尺，将地貌特征点测绘到图纸上。

图6-29　地貌特征点采集图

项目6 地形成图软件简介

数字测图的软件是数字测图系统的关键,一个功能比较完善的数字测图系统软件,应集数据采集、数据处理(包括图形数据的处理和属性数据及其他数据格式的处理)、图形编辑与修改、成果输出与管理于一身,且通用性强、稳定性好,并提供与其他软件进行数据转换的接口。目前,用于数字测图的应用软件很多,不同的软件各有其特点,即使是同一种软件由于版本的不同,其功能也有差异。

目前,市场上比较成熟的大比例尺数字测图软件主要有下列三种:
(1)广州南方测绘仪器有限公司开发的 CASS;
(2)北京威远图仪器有限责任公司开发的 SV300;
(3)北京清华山维新技术开发有限公司编制的清华山维 EPSW 电子平板测图系统软件。

上述数字化测图软件一般都应用了数据库管理技术,并具有 GIS 前端数据采集功能,其生成的数字地图可以以多种格式文件输出并供某些 GIS 软件读取。一个城市的各测绘生产单位应根据本市的实际需求选择其中一种数字化测图软件来统一本市的数字化测图工作,不宜引进多种数字化测图软件,本节主要介绍南方 CASS 软件和清华山维 EPSW 电子平板测图系统软件。

一、CASS 软件的简介

CASS 地形地籍成图软件基于 AutoCAD 平台技术的 GIS 前端数据处理系统,广泛应用于地形成图、地籍成图、工程测量应用、空间数据建库、市政监管等领域,全面面向 GIS,彻底打通数字化成图系统与 GIS 接口,使用骨架线实时编辑、简码用户化、GIS 无缝接口等先进技术。自 CASS 软件推出以来,已经成长成为用户量最大、升级最快、服务最好的主流成图系统。

(一) CASS 9.0 的运行环境

1. 硬件环境

以 AutoCAD 2010 的配置要求为基准,处理器:32 位 Intel Pentium 4 或 AMD Athlon Dual Core,1.6 GHz 或更高;RAM:2 GB;图形卡:1 024×768 真彩色,需要一个支持 Windows 的显示适配器。对于支持硬件加速的图形卡,必须安装 DirectX 9.0c 或更高版本,从"ACAD.msi"文件进行的安装并不包含 DirectX 9.0c 或更高版本,必须手动安装 DirectX 以配置硬件加速硬盘。硬盘:32 位,安装需要使用 1 GB;64 位,安装需要使用 1.5 GB。

2. 软件环境

操作系统:32 位的 Microsoft Windows Vista Business SP1、Microsoft Windows Vista

Enterprise SP1、Microsoft Windows XP Home SP2 或更高版本，Microsoft Windows XP Professional SP2 或更高版本；64 位 Microsoft Windows Vista Business SP1、Microsoft Windows Vista Enterprise SP1、Microsoft Windows XP Professional x64 Edition SP2 或更高版本。浏览器：Microsoft Internet Explorer 7.0 或更高版本。平台：AutoCAD 2002/2004/2005/2006/2007/2008/2010。文档及表格处理：Microsoft Office 2003 或更高版本。

（二）CASS 9.0 的操作界面

CASS 9.0 的操作界面主要分为顶部菜单面板、右侧屏幕菜单和工具条、属性面板，如图 6-30 所示。每个菜单项均以对话框或命令行提示的方式与用户交互应答，操作灵活方便。

图 6-30　CASS 9.0 界面

（三）文件菜单的介绍

具体内容如图 6-31 所示。

图 6-31　文件菜单

(1)图形的打开、更名、存盘等操作是图件保存的关键，也是大家在计算机基础里学习的知识的应用，操作不当将导致图件丢失。图件的保存形式：以.DWG 格式保存(同 CAD 的格式)。

(2)CASS 的修复功能。修复破坏的图形文件的功能：无须用户干涉修复毁坏的图形。加入 CASS 环境的功能:将 CASS 9.0 系统的图层、图块、线型等加入在当前绘图环境中。清理图形功能:将当前图形中冗余的图层、线型、字形、块、形等清除掉。

此外还包括 CASS 参数配置、AutoCAD 环境设置和图形输出打印功能。

(四)工具菜单的介绍

工具菜单面板如图 6-32 所示。

图 6-32 工具菜单面板

(1)操作回退:取消任何一条执行过的命令,即可无限回退,可以用它清除上一个操作的后果。

(2)取消回退:操作回退的逆操作,取消因操作回退而造成的影响。

(3)物体捕捉模式:当绘制图形或编辑对象时,需要在屏幕上指定一些点。定点最快的方法是直接在屏幕上拾取,但这样不能精确指定点,精确指定点最直接的办法是输入点的坐标值,但这样又不够简捷快速,而应用捕捉方式,便可以快速而精确地定点。AutoCAD 提供了多种定点工具,如栅格(GRID)、正交(ORTHO)、物体捕捉(OSNAP)及自动追踪(Auto-Track)。在物体捕捉模式中有圆心点、端点、插入点等,子菜单如图 6-33 所示。

(4)交会功能:前方交会、后方交会、边长交会,方向交会,支距量算。

图 6-33 物体捕捉模式子菜单

(五)编辑菜单介绍

CASS 9.0 编辑菜单主要通过调用 AutoCAD 命令,利用其强大丰富、灵活方便的编辑功能来编辑图形,菜单如图 6-34 所示。

(1)编辑文本文件:直接调用 Windows 的记事本来编辑文本文件,如编辑权属引导文件或坐标数据文件。

操作过程:左键点取本菜单后,选择需要编辑的文件即可。

图 6-34　编辑项菜单面板

(2)对象特性管理：管理图形实体在 AutoCAD 中的所有属性。在对象管理器中，特性可以按类别排列，也可按字母顺序排列。对象管理器窗口大小可变并可锁定在 AutoCAD 主窗口上，还可自动记忆上一次打开时的位置、大小及锁定状态。在对象管理器中提供了 QuickSelect 按钮，从而可以方便地建立供编辑用的选择集。

(3)图元编辑：对直线、复合线、弧、圆、文字、点等各种实体进行编辑，修改它们的颜色、线型、图层、厚度等属性（执行 DDMODIFY 命令）。

(4)图层控制：控制层的创建和显示是 AutoCAD 中用户组织图形的最有效的工具之一。用户可以利用图层来组织自己的图形或利用图层的特性，如不同的颜色、线型和线宽来区分不同的对象。

(5)图形设定：对屏幕显示方式及捕捉方式进行设定，如图 6-35 所示。

图 6-35　图形设定命令子菜单

（六）显示菜单介绍

在 CASS 9.0 中观察一个图形可以有许多方法，掌握好这些方法，将提高绘图的效率。CASS 9.0 利用 AutoCAD 2006 的新功能，为用户提供了对对象的三维动态显示，使视觉效果更加丰富多彩，显示菜单如图 6-36 所示。

图 6-36　显示菜单面板

(1)重画屏幕：用于清除屏幕上的定点痕迹。

(2)鹰眼：辅助观察图形，为可视化地平移和缩放提供一个快捷的方法。

(3)多窗口操作功能:层叠排列、水平排列、垂直排列、图标排列等都是为用户进行多窗口操作时,提供的窗口排列方式。

(4)地物绘制菜单:用于调出右侧地物编辑菜单。

(5)工具栏:用于设置显示你需要的工具栏。

(七)数据菜单介绍

本菜单包括了大部分 CASS 9.0 面向数据的重要功能,菜单如图 6-37 所示。

图 6-37 数据处理菜单面板

(1)查看实体编码:显示所查实体的 CASS 9.0 内部代码及文字说明。

(2)加入实体编码:为所选实体加上 CASS 9.0 内部代码。

(3)生成用户编码:将 index.ini 文件中对应图形实体的编码写到该实体的厚度属性中,此项功能主要为用户使用自己的编码提供可能。

(4)编辑实体地物编码:相当于"属性编辑",用来修改已有地物的属性及显示的方式。

(5)批量修改坐标数据:可以通过加固定常数、乘固定常数、XY 交换三种方法批量地修改所有数据或高程为 0 的数据。

(6)数据合并:将不同观测组的测量数据文件合并成一个坐标数据文件,以便统一处理。数据合并后,每个文件的点名不变,以确保与草图对应,要求在测图时同一个测区不要出现点名重名现象,否则数据合并以后点名可能存在重复现象。

(7)数据分幅:将坐标数据文件按指定范围提取生成一个新的坐标数据文件。

(8)数据分幅的应用:当测区很大时,数据量也很大,假如在某项工程中,只需要应用到该测区的某一块图形时,除了要把改图形裁剪下来,还要提供该图的测量数据,那么就可以通过数据分幅操作来提取数据,满足实际应用中的需要。

二、Eps2008 软件的简介

北京清华山维新技术开发有限公司是专门从事 3S(GIS、GPS、RS)软件开发的高新技术企业。所提供的数字城市基础地理信息全面解决方案,是以数据库为核心的一体化解决数据采集、数据编辑、数据监理、跨平台数据转换、整合共享与多格式数据分发、数据库建设、数据更新到 GIS 分析应用等诸多问题的综合信息系统体系。

Eps 平台从地理信息角度构建数据模型,综合 CAD 技术与 GIS 技术,以数据库为核心,构建图形与属性共存的框架,彻底将图形和属性融为一体,并从数据生产源头率先实现从数字图到信息化的转变。Eps 支持 4D 产品生产、支持跨专业组合应用,支持多元海量数据集成管理,支持跨平台数据库更新维护,广泛应用于测绘与地理信息相关行业,并在实践中不断发展。

（一）本平台功能

(1) 可读入流行的各种地理数据,如.DWG、.SHP、.DGN、.MIF、.E00、.ARCGISMDB、.VCT等格式的数据。

(2) 支持不同种类、不同数学基础、不同尺度的数据通过工作空间无缝集成;支持跨服务器、跨区域数据集成。

(3) 除增删改点、线、面、注记基本绘图功能外,提供十字尺、随手绘、曲线注记、嵌入 Office 文档等专业性功能,且图形操作自带属性。

(4) 具有对象选择、基本图形编辑、属性编辑、符号编辑等图属编辑功能。

(5) 具有扩展编辑处理、悬挂点处理、拓扑构面、叠置分割、缓冲区处理等批量处理功能。

(6) 常用工具有选择过滤、查图导航、数据检查、空间量算、查询统计、坐标转换、脚本定制等。

(7) 显示漫游有自由缩放、定比缩放、书签设置、实体显示控制、参照系显示控制等。

(8) 提供打印区域设置、打印机设置、打印效果设置、输出到位图(栅格化)等打印输出功能。

(9) 系统设置有显示环境设置、投影设置、模板定制、应用程序界面定制等。

（二）软件主界面

Eps 平台具有常见图形系统通用的界面形式,同时界面风格简洁明了,图形区宽阔,如图 6-38 所示。

图 6-38 软件界面

(1)标题栏:在窗口的最顶部,显示工作台面、当前打开的工程(图形文件)路径、名称和使用模板的名称。

(2)主菜单:系统的大部分功能在菜单上都能找到,Eps 平台菜单列有文件、绘图、编辑、处理、工具、视图、设置、帮助,共 8 大类,如图 6-39 所示,每大类的菜单都有下拉菜单,详列了所具有的各项功能。

图 6-39 主菜单

(3)对象属性工具栏:用来显示或输入实体对象的基本属性,如实体对象的编码、层名、颜色、线型、线宽等,如图 6-40 所示。

图 6-40 对象属性工具栏

(4)视图工具栏:从左至右依次为撤销、恢复撤销、剪切、复制、粘贴、屏幕缩小一半、屏幕放大一倍、无级缩放、移屏、三维漫游、上一屏、下一屏、屏幕书签、数据范围全视、工作范围全视、当前图幅范围全视、显示分幅格网、显示图号、详绘\粗绘、点地物详绘\粗绘、线地物详绘\粗绘、面地物详绘\粗绘、显示线宽、点显示开关、线显示开关、面显示开关、注记显示开关、点标注显示开关,如图 6-41 所示。

图 6-41 视图工具栏

(5)几何对象编辑工具栏:从左至右依次为画点、画线(改线)、画矩形、画面、用面类符号填充闭合区域、尺寸标注、注记、注记字典、删除、平移、旋转、镜像、裁剪、延伸、连线、删连线、打断、距离平行线、高程注记拖动等,如图 6-42 所示。

图 6-42 几何对象编辑工具栏

(6)捕捉工具栏:常用捕捉工具栏的内容从左至右依次为选择集操作、多边形选择、带状选择、选择过滤、清空选择集、捕捉最近点、捕捉中点、捕捉交点、捕捉线上任意点、捕捉网格点、捕捉圆心、捕捉圆上四等分点、捕捉圆上切点与最近点、捕捉垂足与反向垂足、定向延伸与求交、捕捉正交点、定向量边（十字尺）、相对坐标输入、环尺。

(7)其他工具栏：其他工具栏包括状态显示栏和快捷工具栏。状态显示栏在窗口最底端，显示当前操作过程中一些用户可能关心的信息或状态，如鼠标点位置坐标、测站信息、对象的基本属性等。快捷工具栏是可以自定义的用户工具栏，用户可以根据工作中常用的功能设计属于自己的个性工具栏。

▶项目7 地形成图方法

一、白纸测图的成图方法

在外业工作中，当碎步点展绘在图纸上后，就可以对照实地随时描绘地物和等高线。

（一）地物描绘

地物应按地形图图式规定的符号表示，房屋轮廓需要用直线直接连接起来，而道路、河流的弯曲部分应逐点连成光滑的曲线。不能依比例的地物，应用规定的非比例符号表示。

（二）等高线的测绘

等高线的测绘有两种方法：直接法和间接法。

直接法是将等高线上的若干地貌特征点依次测绘到图纸上，根据实地等高线的走向，在图纸上勾画等高线。可以隔几根等高线测一根等高线，中间的等高线采用内插的方法画出。这种方法实际上是将等高线当作一种轮廓线来测定，所测绘的等高线有较好的精度。但是，这种方法效率不高，且不适合于高低起伏较大的丘陵和山区采用。

测定等高线一般都是采用间接法。间接法的作业过程可以分为以下几个步骤：先测定地性线上的地貌特征点，连接地性线以构成地貌骨架；再在各地性线上采用等分内插的方法，确定基本等高线的通过点；然后对照实地，连接相邻地性线的等高点，勾画出各等高线。

1. 测定地貌特征点

测定地貌特征点主要是为了确定各地性线的空间位置，故这些特征点应是地性线上的地貌特征点。观测前，应认真观察和分析所测的地貌，正确选择具有代表性和概括性的地性线，根据地性线上的方向变换点和坡度变换点来确定立尺点。立尺点选择不当或重要的立尺点遗漏，就会改变骨架的位置，从而影响等高线的精度。

地貌特征点包括山的最高点、洼地的最低点、谷口点、鞍部的最低点、地面坡度和方向的变换点等。选好地貌特征点后,在其上依次立尺,将地貌特征点测绘到图纸上。地貌特征点旁注记高程到 dm,如图 6-43(a)所示。

2. 连接地性线

当测绘出一定数量的地貌特征点后,应依实地情况,及时在图上用铅笔连接地性线,如图 6-43(b)所示。山脊线用实线表示,山谷线用虚线表示。地性线应随地貌特征点陆续测定而随时连接,并与实地对照,以防连错。

3. 确定等高线的通过点

图上有了地性线骨干网后,需要确定各等高线与地性线的交点,即等高线的通过点。由于各地性线上的坡度变换点已经测定,因此,在图上同一地性线中的两相邻特征点之间的地面,可以认为是等坡度的。在同一坡度的斜面上的各点之间,其高差与平距成正比。因此,可以按等分内插的方法确定等高线在地性线上的通过点,如图 6-43(c)所示。

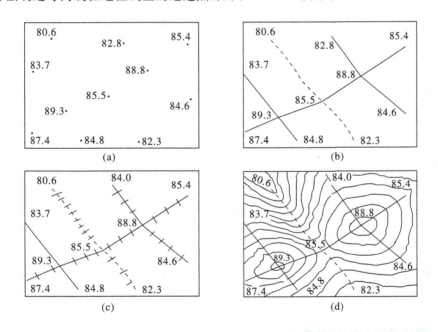

图 6-43 等高线的测绘方法

如图 6-44、图 6-45 所示,a、b 为图上某一地性线上相邻的两个碎部点,其高程分别为 63.5 m 和 67.8 m。若测图的等高距为 1 m,则 a、b 之间应有 64 m、65 m、66 m、67 m 的等高线通过。因为地面点 A、B 之间可以看作是等坡度的直线,如图 6-45 所示,所以 AB 线上高程为 64 m、65 m、66 m、67 m 的 C、D、E、F 点在图上相应位置为 c、d、e、f 点,即可按相似三角形关系确定。

图 6-44 图上等分内插

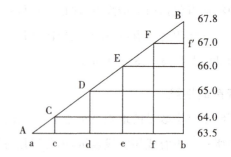

图 6-45 等分内插等高线的通过点

设量得图上 ab 长为 17.5 mm，A、B 的高差为 67.8－63.5＝4.3 m。则可求得 ac、bf 在图上的长度及等高线的间距：

$$ac = \frac{ab \times Cc}{Bb} = \frac{17.5 \times 0.5}{4.3} = 2.0 \text{ mm}$$

$$fb = \frac{ab \times Bf'}{Bb} = \frac{17.5 \times 0.8}{4.3} = 3.3 \text{ mm}$$

$$cd = de = ef = \frac{17.5 \times 1.0}{4.3} = 4.1 \text{ mm}$$

在 ab 线上，分别自 a 和 b 量取 2.0 mm、3.3 mm 刺点，即得 c、f 点，c、f 点就是 64 m、67 m 的等高线在 ab 地性线上的通过点，将 cf 三等分，得分点 d、e 即为 66 m、67 m 等高线的通过点，这就是等分内插法。

上述等分内插法为解析法，而在实际测图中，常采用目估法。解析法的计算比较烦琐，不适应快速测图的要求；另外，描绘等高线本身容许有一定的误差，而两相邻点的地面也只能是近似等坡度，精确计算等高线通过点的位置并无多大实际意义。因此，采用目估等分内插就可以了。

目估等分内插仍然依据上述解析法等分内插的原理进行，只是量算的过程采用目估和心算。首先根据相邻两点的高差和图上距离，分别确定靠近该两点的等高线通过点，再将剩下部分等分，确定其他等高线通过点。

按上述方法，将各地性线上等高线的通过点确定下来，如图 6-43(c)所示。然后根据地性线和地性线上的等高线通过点将高程相等的点用光滑的曲线勾绘出来，如图 6-43(d)所示。

二、数字测图的成图方法

CASS 系统为数字测图提供了多种成图方法：测点点号定位成图法、屏幕坐标定位成图法、简编码自动成图法、引导文件自动成图法和电子平板测图法等。在上述方法中，除电子平板测图法外，其余均为测记式成图法，即把野外采集的数据存储在电子手簿或全站仪的内存中，同时绘制草图，回到室内后再将数据传输到计算机内，对照草图完成各种绘制编辑工作，最后形成地形图。

"草图法"工作方式要求外业工作时，除了测量员和跑尺员外，还要安排一名绘草图的人员，在跑尺员跑尺时，绘图员要标注出所测的是什么地物（属性信息）及记下所测点的点号（位置信息),在测量过程中要和测量员及时联系,使草图上标注的某点点号和全站仪里记录的点号一致,而在测量每一个碎部点时不用在电子手簿或全站仪里输入地物编码,故又称"无码方式"。

"草图法"在内业工作时,根据作业方式的不同,分为"点号定位""坐标定位""编码引导"几种方法。

(一)"点号定位"法作业流程

1.定显示区

定显示区的作用是根据输入坐标数据文件的数据大小定义屏幕显示区域的大小,以保证所有点可见。

首先移动鼠标至"绘图处理"项,按左键,即出现如图 6-46 所示的下拉菜单。

图 6-46 绘图处理下拉菜单

然后选择"定显示区"项,按左键,即出现一个对话窗。这时,需输入碎部点坐标数据文件名,可直接通过键盘输入,如在"文件(N):"(即光标闪烁处)输入 C:\CASS9.0\DEMO\YMSJ.DAT 后再移动鼠标至"打开(O)"处,按左键。也可参考 Windows 选择打开文件的操作方法操作,这时,命令区显示:

最小坐标(米)X=87.315,Y=97.020

最大坐标(米)X=221.270,Y=200.00

2.选择测点点号定位成图法

移动鼠标至屏幕右侧菜单区的"坐标定位/点号定位"项,按左键,即出现如图 6-47 所示的对话框。

图 6-47 选择测点点号定位成图法的对话框

输入点号坐标点数据文件名 C:\CASS9.0\DEMO\YMSJ.DAT 后,命令区提示:"读点完成!共读入 60 点。"

3. 绘平面图

根据野外作业时绘制的草图,移动鼠标至屏幕右侧菜单区选择相应的地形图图式符号,然后在屏幕中将所有的地物绘制出来。系统中所有地形图的图式符号都是按照图层来划分的,例如所有表示测量控制点的符号都放在"控制点"这一层,所有表示独立地物的符号都放在"独立地物"这一层,所有表示植被的符号都放在"植被土质"这一层。

(1) 为了更加直观地在图形编辑区内看到各测点之间的关系,可以先将野外测点点号在屏幕中展出来。操作方法:先移动鼠标至屏幕的顶部菜单"绘图处理"项按左键,这时系统弹出一个下拉菜单,再移动鼠标选择"展野外测点点号"项按左键,出现对话框,输入对应的坐标数据文件名 C:\CASS9.0\DEMO\YMSJ.DAT 后,便可在屏幕展出野外测点的点号。

(2) 根据外业草图,选择相应的地图图式符号在屏幕上将平面图绘出来。

如图 6-48 所示,33,34,35 号点连成一间普通房屋。移动鼠标至右侧菜单"居民地/一般房屋"处按左键,系统便弹出如图 6-49 所示的对话框。再移动鼠标到"四点房屋"的图标处按左键,图标变亮表示该图标已被选中,然后移鼠标至 OK 处按左键,这时命令区提示"绘图比例尺 1:",输入 1000,回车。

图 6-48 外业作业草图

图 6-49 "居民地/一般房屋"图层图例

1.已知三点/2.已知两点及宽度/3.已知四点<1>:输入 1,回车(或直接回车默认选 1)。说明:已知三点是指测矩形房子时测了三个点;已知两点及宽度则是指测矩形房子时测了两个点及房子的一条边;已知四点则是测了房子的四个角点。

点 P/<点号>:输入 33,回车。说明:点 P 是指根据实际情况在屏幕上指定一个点;点号是指地物符号定位点的点号(与草图的点号对应),此处使用点号。

点 P/<点号>:输入 34,回车。

点 P/<点号>:输入 35,回车。

这样,即将 33、34、35 号点连成一间普通房屋。

注意：

绘房子时，输入的点号必须按顺时针或逆时针的顺序输入，如上例的点号要按 34、33、35 或 35、33、34 的顺序输入，否则绘出来房子就不对。

重复上述操作，将 37、38、41 号点绘成四点棚房；60、58、59 号点绘成四点破坏房子；12、14、15 号点绘成四点建筑中房屋；50、51、52、53、54、55、56、57 号点绘成多点一般房屋；27、28、29 号点绘成四点房屋。

同样在"居民地/垣栅"层找到"依比例围墙"的图标，将 9、10、11 号点绘成依比例围墙的符号；在"居民地/垣栅"层找到"篱笆"的图标，将 47、48、23、43 号点绘成篱笆的符号。完成这些操作后，其平面图如图 6-50 所示。

图 6-50　用"居民地"图层绘的平面图

再把草图中的 19、20、21 号点连成一段陡坎，操作方法：移动鼠标至右侧屏幕菜单"地貌土质/人工地貌"处，按左键，这时系统弹出如图 6-51 所示的对话框。

图 6-51　"地貌土质"图层图例

将鼠标移到表示未加固陡坎符号的图标处,按左键选择其图标,再将鼠标移到 OK 处,按左键确认所选择的图标,命令区便分别出现以下的提示:

请输入坎高,单位:米;<1.0>:输入坎高,回车(直接回车默认坎高 1 米)。

说明:系统将坎顶点的高程(输入的坎高)减去坎高得到坎底点高程,这样在建立(DTM)时,坎底点便参与组网的计算。

点 P/<点号>:输入 19,回车。

点 P/<点号>:输入 20,回车。

点 P/<点号>:输入 21,回车。

点 P/<点号>:回车或按鼠标右键,结束输入。

注:如果需要在点号定位的过程中临时切换到坐标定位,可以按"P"键,这时进入坐标定位状态,想回到点号定位状态时再次按"P"键即可。

拟合吗?<N>回车或按鼠标的右键,默认输入 N。说明:拟合的作用是对复合线进行圆滑。

这时,便在 19、20、21 号点之间绘成陡坎的符号,如图 6-52 所示。注意:陡坎上的坎毛生成在绘图方向的左侧。

图 6-52 加绘陡坎后的平面图

这样,重复上述的操作便可以将所有测点用地图图式符号绘制出来。在操作的过程中,可以嵌用 CAD 的透明命令,如放大显示、移动图纸、删除、文字注记等。

(二)"坐标定位"法作业流程

1. 定显示区

此操作与"点号定位"法作业流程的"定显示区"的操作相同。

2. 选择坐标定位成图法

移动鼠标至屏幕右侧菜单区的"坐标定位"项,按左键,进入"坐标定位"项的菜单。如果刚才在"测点点号"状态下,可通过选择"CASS 9.0 成图软件"按钮返回主菜单之后再进入"坐标定位"菜单。

3. 绘平面图

与"点号定位"法成图流程类似,需先在屏幕上展点,根据外业草图,选择相应的地图图式符号在屏幕上将平面图绘出来,区别在于不能通过测点点号进行定位。移动鼠标至右侧菜单"居民地"处按左键,系统便弹出如图 6-46 所示的对话框,再移动鼠标到"四点房屋"的图标处按左键,图标变亮表示该图标已被选中,然后移鼠标至 OK 处按左键,这时命令区提示:

1.已知三点/2.已知两点及宽度/3.已知四点<1>:输入1,回车(或直接回车默认选1)。

输入点:移动鼠标至右侧屏幕菜单的"捕捉方式"项,击左键,弹出如图 6-53 所示的对话框。再移动鼠标到"NOD"(节点)的图标处按左键,图标变亮表示该图标已被选中,然后移鼠标至 OK 处按左键,这时鼠标靠近 33 号点,出现黄色标记,点击鼠标左键,完成捕捉工作。

图 6-53 物体"捕捉方式"选项

输入点:同上操作,捕捉 34 号点。

输入点:同上操作,捕捉 35 号点。

这样,即将 33,34,35 号点连成一间普通房屋。

注意:在输入点时,嵌套使用了捕捉功能,选择不同的捕捉方式会出现不同形式的黄色光标,适用于不同的情况。

命令区要求"输入点"时,也可以用鼠标左键在屏幕上直接点击,为了精确定位也可输入实地坐标。下面以"路灯"为例进行演示。移动鼠标至右侧屏幕菜单"独立地物/公共设施"处按左键,这时系统便弹出"独立地物/其他设施"的对话框,如图 6-54 所示,移动鼠标到"路灯"的图标处按左键,图标变亮表示该图标已被选中,然后移鼠标至"确定"处按左键。

输入点:输入 143.35,159.28,回车。

这时就在(143.35,159.28)处绘好了一个路灯。

注意:随着鼠标在屏幕上移动,左下角提示坐标的实时变化。

图 6-54　"独立地物/其他设施"图层图例

(三)"编码引导"法作业流程

此方式也称"编码引导文件+无码坐标数据文件自动绘图方式"。

1. 编辑引导文件

(1)移动鼠标至绘图屏幕的顶部菜单,选择"编辑"的"编辑文本文件"项,该处以高亮度(深蓝)显示,按左键,屏幕命令区如图 6-55 所示。

图 6-55　编辑文本对话框

以 C:\CASS9.0\DEMO\WMSJ.YD 为例。屏幕上将弹出记事本,这时根据野外作业草图,参考的地物代码及文件格式,编辑好此文件。

(2)移动鼠标至"文件(F)"项,按左键便出现文件类操作的下拉菜单,然后移动鼠标至"退出(X)"项。

①每一行表示一个地物;

②每一行的第一项为地物的"地物代码",以后各数据为构成该地物的各测点的点号(依连接顺序的排列);

③同行的数据之间用逗号分隔;

④表示地物代码的字母要大写;

⑤用户可根据自己的需要定制野外操作简码,通过更改 C:\CASS9.0\SYSTEM\JCODE.DEF 文件即可实现。

2. 定显示区

此步操作与"点号定位"法作业流程的"定显示区"的操作相同。

3. 编码引导

编码引导的作用是将"引导文件"与"无码的坐标数据文件"合并生成一个新的带简编码格式的坐标数据文件。这个新的带简编码格式的坐标数据文件在下一步"简码识别"操作时将要用到。

移动鼠标至绘图屏幕的最上方,选择"绘图处理"→"编码引导"项,该处以高亮度(深蓝)显示,按下鼠标左键,出现如图 6-56 所示的对话窗。输入编码引导文件名 C:\CASS9.0\DEMO\WMSJ.YD,或通过 Windows 窗口操作找到此文件,然后用鼠标左键选择"打开"按钮。

图 6-56　输入编码引导文件

接着,屏幕出现对话窗(图 6-57),要求输入坐标数据文件名,此时输入 C:\CASS9.0\

DEMO\WMSJ.DAT。

图 6-57 输入坐标数据文件

这时,屏幕按照这两个文件自动生成图形,如图 6-58 所示。

图 6-58 系统自动绘出图形

(四)"简码法"工作方式

此种工作方式也称"带简编码格式的坐标数据文件自动绘图方式",与"草图法"在野外测量时不同的是,每测一个地物点时都要在电子手簿或全站仪上输入地物点的简编码,简编码一般由一位字母和一或两位数字组成。用户可根据自己的需要通过 JCODE.DEF 文件定制野外操作简码。

1. 定显示区

此步操作与"草图法"中"测点点号"定位绘图方式作业流程的"定显示区"操作相同。

2. 简码识别

简码识别的作用是将带简编码格式的坐标数据文件转换成计算机能识别的程序内部码（又称绘图码）。

移动鼠标至菜单"绘图处理""简码识别"项，该处以高亮度（深蓝）显示，按左键，出现如图6-59所示的对话窗。输入带简编码格式的坐标数据文件名（此处以 C:\CASS9.0\DEMO\YMSJ.DAT 为例），当提示区显示"简码识别完毕！"时在屏幕绘出平面图形。

图6-59 选择简编码文件

上文清晰地介绍了"草图法"和"简码法"的工作方法。其中"草图法"包括点号定位法、坐标定位法、编码引导法；编码引导法的外业工作需要绘制草图，但内业通过编辑编码引导文件，将编码引导文件与无码坐标数据文件合并生成带简码的坐标数据文件，其后的操作等效于"简码法"，"简码识别"时就可自动绘图。

（五）绘制等高线的工作流程

在地形图中，等高线是表示地貌起伏的一种重要手段。传统的白纸测图，等高线是由手工描绘的，等高线可以描绘得比较圆滑但精度稍低。在数字化自动成图系统中，等高线是由计算机自动勾绘的，由此生成的等高线精度相当高。

CASS 9.0 在绘制等高线时，要充分考虑到等高线通过地性线和断裂线时的情况，如陡坎、陡崖等。CASS 9.0 能自动切除通过地物、注记、陡坎的等高线。由于采用了轻量线来生成等高线，CASS 9.0 在生成等高线后，文件大小比其他软件小了很多。

在绘等高线之前，必须先将野外测得的高程点建立数字地面模型（DTM），然后在数字地面模型上生成等高线。

1. 建立数字地面模型(构建三角网)

数字地面模型(DTM),是在一定区域范围内规则格网点或三角网点的平面坐标(X,Y)和其地物性质的数据集合,如果此地物性质是该点的高程 Z,则此数字地面模型又称数字高程模型(DEM)。这个数据集合从微分角度三维地描述了该区域地形地貌的空间分布。DTM 作为新兴的一种数字产品,与传统的矢量数据相辅相成,在空间分析和决策方面发挥越来越大的作用。借助计算机和地理信息系统软件,DTM 数据可以用于建立各种各样的模型解决一些实际问题,主要应用于按用户设定的等高距生成等高线图、透视图、坡度图、断面图、渲染图,与数字正射影像 DOM 复合生成景观图,或者计算特定物体对象的体积、表面覆盖面积等,还可用于空间复合、可达性分析、表面分析、扩散分析等方面。

我们在使用 CASS 9.0 自动生成等高线时,应先建立数字地面模型。在这之前,可以先"定显示区"及"展点","定显示区"的操作与"点号定位"法的工作流程中的"定显示区"的操作相同,要求输入文件名时找到该如下路径的数据文件"C:\CASS9.0\DEMO\DGX.DAT"。展点时可选择如图 6-60 所示的"展高程点"选项。

图 6-60 绘图处理下拉菜单

要求输入文件名时,在"C:\CASS9.0\DEMO\DGX.DAT"路径下选择"打开"DGX.DAT 文件后命令区提示:

注记高程点的距离(米)。

根据规范要求输入高程点注记距离(即注记高程点的密度),回车默认为注记全部高程点的高程。这时,所有高程点和控制点的高程均自动展绘到图上。

(1)移动鼠标至屏幕顶部菜单"等高线"项,按左键,出现如图 6-61 所示的下拉菜单。

图 6-61 "等高线"的下拉菜单

(2)移动鼠标至"建立 DTM"项,该处以高亮度(深蓝)显示,按左键,出现如图 6-62 所示的对话窗。

首先选择建立 DTM 的方式,分为两种方式:由数据文件生成和由图面高程点生成,如果选择由数据文件生成,则在坐标数据文件名中选择坐标数据文件;如果选择由图面高程点生成,则在绘图区选择参加建立 DTM 的高程点。然后选择结果显示,分为三种:显示建三角网结果、显示建三角网过程和不显示三角网。最后选择在建立 DTM 的过程中是否考

图 6-62 选择建模高程数据文件

虑陡坎和地性线。

点击确定后生成如图 6-63 所示的三角网。

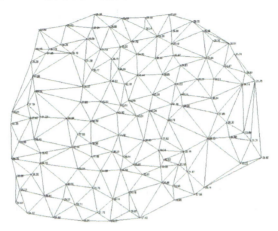

图 6-63　用 DGX.DAT 数据建立的三角网

2. 修改数字地面模型（修改三角网）

一般情况下，由于地形条件的限制，在外业采集的碎部点很难一次性生成理想的等高线。另外，还因现实地貌的多样性和复杂性，自动构成的数字地面模型与实际地貌不太一致，这时可以通过修改三角网来修改这些局部不合理的地方。

1）删除三角形

如果在某局部内没有等高线通过，则可将其局部内相关的三角形删除。删除三角形的操作方法：先将要删除三角形的地方局部放大，再选择"等高线"下拉菜单的"删除三角形"项，命令区提示选择对象，这时便可选择要删除的三角形，如果误删，可用"U"命令将误删的三角形恢复。删除三角形后如图 6-64 所示。

图 6-64　删除三角形后的三角网

2）过滤三角形

可根据用户需要输入符合三角形中最小角的度数或三角形中最大边长最多大于最小边长的倍数等条件的三角形。如果出现 CASS 9.0 在建立三角网后点无法绘制等高线,可过滤掉部分形状特殊的三角形。另外,如果生成的等高线不光滑,也可以用此功能将不符合要求的三角形过滤掉再生成等高线。

3. 增加三角形

如果要增加三角形,可选择"等高线"菜单中的"增加三角形"项,依照屏幕的提示在要增加三角形的地方用鼠标点取,如果点取的地方没有高程点,系统会提示输入高程。

4. 三角形内插点

选择此命令后,可根据提示输入要插入的点:在三角形中指定点(可输入坐标或用鼠标直接点取),提示"高程(米)="时,输入此点高程。通过此功能可将此点与相邻的三角形顶点相连构成三角形,同时原三角形会自动被删除。

5. 删三角形顶点

用此功能可将所有由该点生成的三角形删除。因为一个点会与周围很多点构成三角形,所以如果手工删除三角形,不仅工作量较大而且容易出错。这个功能常用在发现某一点坐标错误,要将它从三角网中剔除的情况下。

6. 重组三角形

指定两相邻三角形的公共边,系统自动将两三角形删除,并将两三角形的另两点连接起来构成两个新的三角形,这样做可以改变不合理的三角形连接。如果因两三角形的形状特殊无法重组,会有出错提示。

7. 删三角网

生成等高线后就不再需要三角网了,这时如果要对等高线进行处理,可以用此功能将整个三角网全部删除。

8. 修改结果存盘

通过以上命令修改三角网后,选择"等高线"菜单中的"修改结果存盘"项,把修改后的数字地面模型存盘。这样,绘制的等高线不会内插到修改前的三角形内。

注意:修改三角网后一定要进行此步操作,否则修改无效!

当命令区显示"存盘结束!"时,表明操作成功。

9. 绘制等高线

完成本节的第1、2步准备操作后,便可进行等高线绘制。等高线的绘制可以在绘平面图的基础上叠加,也可以在"新建图形"的状态下绘制。如在"新建图形"状态下绘制等高线,系统会提示输入绘图比例尺。

用鼠标选择下拉菜单"等高线""绘制等高线"项,弹出如图 6-65 所示的对话框。

图 6-65　绘制等高线对话框

对话框中会显示参加生成 DTM 的高程点的最小高程和最大高程。如果只生成单条等高线，那么就在单条等高线高程中输入此条等高线的高程；如果生成多条等高线，则在等高距框中输入相邻两条等高线之间的等高距。最后选择等高线的拟合方式，总共有四种拟合方式：不拟合（折线）、张力样条拟合、三次 B 样条拟合和 SPLINE 拟合。观察等高线效果时，可输入较大等高距并选择不光滑，以加快速度。如选拟合方法 2，则拟合步距以 2 m 为宜，但这时生成的等高线数据量比较大，速度会稍慢。测点较密或等高线较密时，最好选择光滑方法 3，也可选择不光滑，过后再用"批量拟合"功能对等高线进行拟合。选择 4 则用标准 SPLINE 样条曲线来绘制等高线，提示"请输入样条曲线容差：＜0.0＞"，容差是曲线偏离理论点的允许差值，可直接按回车。SPLINE 线的优点在于即使其被断开后仍然是样条曲线，可以进行后续编辑修改，缺点是较选项 3 容易发生线条交叉现象。

当命令区显示"绘制完成！"，便完成绘制等高线的工作，如图 6-66 所示。

图 6-66　完成绘制等高线的工作

10. 等高线的修饰

1) 注记等高线

用"窗口缩放"项得到局部放大图,如图 6-67 所示,再选择"等高线"下拉菜单下"等高线注记"的"单个高程注记"项。

命令区提示:

选择需注记的等高(深)线。

移动鼠标至要注记高程的等高线位置,如图 6-67 所示的位置 A,按左键;

依法线方向指定相邻一条等高(深)线。

移动鼠标至如图 6-67 所示的等高线位置 B,按左键。

等高线的高程值自动注记在 A 处,且字头朝 B 处。

图 6-67 等高线高程注记

2) 等高线修剪

左键点击"等高线/等高线修剪/批量修剪等高线",弹出如图 6-68 所示的对话框。

首先选择是消隐还是修剪等高线,然后选择是整图处理还是手工选择需要修剪的等高线,最后选择地物和注记符号,单击确定后会根据输入的条件修剪等高线。

图 6-68 等高线修剪对话框

3) 切除指定二线间等高线

命令区提示如下内容。

选择第一条线:用鼠标指定一条线,例如选择公路的一边。

选择第二条线:用鼠标指定第二条线,例如选择公路的另一边。

程序将自动切除等高线穿过此两条线之间的部分。

4)切除指定区域内等高线

选择一封闭复合线,系统将该复合线内所有等高线切除。注意,封闭区域的边界一定要是复合线,如果不是,系统将无法处理。

5)等值线滤波

此功能可在很大程度上给绘制好等高线的图形文件减肥。一般的等高线都是用样条拟合的,这时虽然从图上看到的节点数很少,但事实却并非如此,以高程为 38 的等高线为例,如图 6-69 所示。

图 6-69 剪切前等高线夹持点

选中等高线,图上出现了一些夹持点,这些点并不是这条等高线上实际的点,只是样条的锚点。要还原它的真面目,需要做下面的操作。

用"等高线"菜单下的"切除穿高程注记等高线",然后看结果,如图 6-70 所示。

图 6-70 剪切后等高线夹持点

这时,在等高线上出现了密布的夹持点,这些点才是这条等高线真正的特征点。如果想将这幅图的尺寸变小,可以用"等值线滤波"功能,执行此功能后,系统提示如下:

请输入滤波阈值:<0.5米>。

这个值越大,精简的程度就越大,但是会导致等高线失真(即变形),因此,用户可根据实际需要选择合适的值,一般选系统默认值就可以了。

11. 绘制三维模型

建立了DTM之后,就可以生成三维模型,观察立体效果。

移动鼠标至"等高线"项,按左键,出现下拉菜单,然后移动鼠标至"绘制三维模型"项,按左键,命令区提示:

输入高程乘系数<1.0>,输入5。

如果用默认值,建成的三维模型与实际情况一致。如果测区内的地势较为平坦,可以输入较大的值,将地形的起伏状态放大。因本图坡度变化不大,输入高程乘系数将其夸张显示。

是否拟合?(1)是(2)否<1>,回车,默认选1,拟合。

这时将显示此数据文件的三维模型,如图6-71所示。

另外利用"低级着色方式""高级着色方式"功能还可对三维模型进行渲染等操作,利用"显示"菜单下的"三维静态显示"的功能可以转换角度、视点、坐标轴,利用"显示"菜单下的"三维动态显示"功能可以绘出更高级的三维动态效果。

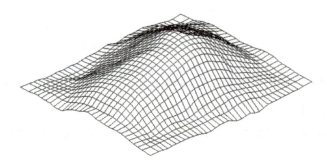

图6-71 三维效果

▶项目8 地形图的检查与验收

一、检查验收的基本规定

测绘产品的检查验收与质量是生产过程必不可少的环节,是测绘产品的质量保证,是对测绘产品的质量的评价。为了控制测绘产品的质量,测绘工作者必须具有较高的质量意识和管理才能。因此,完成数字地形图后也必须做好检查验收和质量评定工作。

1)检查验收的依据

(1)有关的测绘任务书、合同书中有关产品质量特性的摘录文件或委托检查、验收文件。

(2)有关法规和技术标准。

(3)技术设计书和有关的技术规定等。

2)二级检查一级验收制

对数字测绘产品实行过程检查、最终检查和验收制度。

过程检查由生产单位的中队(室)检查人员承担,最终检查由生产单位的质量管理机构负责实施。

验收工作由任务的委托单位组织实施,或由该单位委托具有检验资格的检验机构验收。各级检查工作必须独立进行,不得省略或代替。

3)应提交检查验收的资料

(1)提交的成果资料必须齐全,一般应包括:

①项目设计书、技术设计书、技术总结等;

②文档簿、质量跟踪卡等;

③数据文件,包括图廓内外整饰信息文件、元数据文件等;

④作为数据源使用的原图或复制的二底图;

⑤图形或影像数据输出的检查图或模拟图;

⑥技术规定或技术设计书规定的其他文件资料。

(2)凡资料不全或数据不完整者,承担检查或验收的单位有权拒绝检查验收。

4)检查验收的记录及存档

检查验收记录包括质量问题的记录,问题处理的记录及质量评定的记录等。记录必须及时、认真、规范、清晰。检查、验收工作完成后,须编写检查、验收报告,并随产品一起归档。

二、质量检查验收的标准

1.平面和高程精度的检查

1)选择检测点的一般规定

数字地形图平面检测点应是均匀分布、随机选取的明显地物点。平面和高程检测点的数量视地物复杂程度、比例尺等具体情况确定,每幅图一般各选取20~50个点。

2)检测方法

野外测量采集数据的数字地形图,当比例尺大于1∶5 000时,检测点的平面坐标和高程采用外业散点法按测站点精度施测。用钢尺或测距仪量测相邻地物点间距离,量测边数量每幅一般不少于20处。

3)检测数据的处理

(1)分析检测数据,检查各项误差是否符合正态分布。

(2)检测点的平面和高程中误差计算。

地物点的平面中误差按如下公式计算:

$$M_x = \pm \sqrt{\frac{\sum_{i=1}^{n}(X_i - x_i)^2}{n-1}} \quad M_y = \pm \sqrt{\frac{\sum_{i=1}^{n}(Y_i - y_i)^2}{n-1}} \quad (6-4)$$

式中,M_x——坐标 X 的中误差,m;

M_y——坐标 Y 的中误差,m;

X_i——坐标 X 的检测值,m;

x_i——坐标 X 的原测值,m;

Y_i——坐标 Y 的检测值,m;

y_i——坐标 Y 的原测值,m;

n ——检测点数。

相邻地物点之间间距中误差(或点状目标位移中误差、线状目标位移中误差)按下式计算:

$$M_s = \pm \sqrt{\frac{\sum_{i=1}^{n} \Delta S_i^2}{n-1}} \quad (6-5)$$

式中,ΔS_i——相邻地物点实测边长与图上同名边长较差或地图数字化采集的数字地形图与数字化原图套合后透检量测的点状或线状目标的位移差,m;

n——量测边条数(或点状目标、线状目标的个数)。

高程中误差按下式计算:

$$M_h = \pm \sqrt{\frac{\sum_{i=1}^{n}(H_i - H_i)^2}{n-1}} \quad (6-6)$$

式中,H_i——检测点的实测高程,m;

h_i——数字地形图上相应内插点高程,m;

n ——高程检测点个数。

2. 接边精度的检测

通过量取两相邻图幅接边处要素端点的距离 Δd 是否等于 0 来检查接边精度,未连接的记录其偏差值;检查接边要素几何上自然连接情况,避免生硬;检查面域属性、线划属性的一致情况,记录属性不一致的要素实体个数。

三、检查验收工作的实施

1. 检查工作的实施

(1)作业人员经自查,确认无误后方可按规定整理上交资料成果。中队(室)进行过程检查,生产单位(院)进行最终检查,二级均为100%的成果全面检查。

(2)在过程、最终检查时,如发现有不符合质量要求的产品,应退给作业组、中队(室)进行处理,然后再进行检查,直到检查合格为止。

2. 验收工作的实施

(1)验收工作应在测绘产品经最终检查合格后进行。

(2)检验批一般应由同一区域、同一生产单位的测绘产品组成。同一区域范围较大时,可以按生产时间不同分别组成检验批。

(3)验收部门在验收时,一般按检验批中的单位产品数量 N 的 10% 抽取样本(n)。当检验批单位产品数量 $N \leqslant 10$ 时,$n=2$;当 $N>10$ 时,且 $N \times 10\%$ 不为整数时,则取整加 1 作为抽检样本数。

(4)抽样方法可采用简单随机抽样法或分级随机抽样法。对困难类别、作业方法等大体一致的产品,可采用简单随机抽样法,否则,应采用分级随机抽样法。

(5)对样本进行详查,并按规定进行产品质量核定,对样本以外的产品一般进行概查。如样本中经验收有质量为不合格的产品时,须进行二次抽样详查。

(6)根据规定判定检验批的质量。经验收判为合格的检验批,被检单位要对验收中发现的问题进行处理;经验收判为一次检验未通过的批次,要将检验批全部或部分退回被检单位,令其重新检查、处理,然后再重新复检。

(7)验收工作完成后,按规定编写验收报告,验收报告经验收单位上级主管部门审核(委托验收的验收报告送委托单位审核)后,随产品归档,并送生产单位一份。

四、质量评定

1. 质量评定基本规定

数字测绘产品质量实行优级品、良级品、合格品、不合格品评定制。数字测绘产品质量由生产单位评定,验收单位则通过检验批进行核定。数字测绘产品检验批质量实行合格批、不合格批评定制。

1)单位产品质量等级的划分标准

①优级品 $N=90 \sim 100$ 分;

②良级品 $N=75 \sim 89$ 分;

③合格品 $N=60 \sim 74$ 分;

④不合格品 $N=0 \sim 59$ 分。

2)检验批质量判定

对检验批按规定比例抽取样本;若样本中全部为合格品及以上产品,则该检验批判为合格批。若样本中有不合格产品,则该检验批为一次检验未通过批,应从检验批中再抽取一定比例的样本进行详查,如样本中仍有不合格产品,则该检验批判为不合格批。

2. 单位产品质量评定方法

(1)采用百分制表征单位产品的质量水平。

(2)采用缺陷扣分法计算单位产品得分。

3. 缺陷扣分标准

(1)严重缺陷的缺陷值 42 分。

(2)重缺陷的缺陷值 $12/T$ 分。

(3)轻缺陷的缺陷值 $1/T$ 分。

其中,T 为缺陷值调整系数,根据单位产品的复杂程度而定,一般取值范围为 0.8~1.2。设单位产品由简单至复杂分别为三级、四级或五级,则 T 可分别取 0.8、1.0、1.2 或 0.8、0.9、1.0、1.1 或 0.8、0.9、1.0、1.1、1.2。缺陷值保留一位小数,小数点第二位数字四舍五入。严重缺陷、重缺陷、轻缺陷的缺陷分类详见规范要求。

4. 质量评分方法

每个单位产品得分预置为 X 分,根据缺陷扣分标准对单位产品中出现的缺陷逐个扣分。单位产品得分按下式计算:

$$N = X - 42i - (12/T)j - (1/T)K$$

式中,X——单位产品预置得分;

i——单位产品中严重缺陷的个数;

j——单位产品中重缺陷的个数;

K——单位产品中轻缺陷的个数;

T——缺陷值调整系数。

生产单位最终检查质量评定时,X 预置得分为 100 分。验收单位进行质量核定时,X 预置得分根据生产单位最终检查评定的质量等级取其最高分,即优级品、良级品、合格品分别为 100、89、74 分。

▶项目 9 地形测量技术设计

技术设计是数字测图最基本的工作,它依据国家有关规定(规程)及数字图的用途、用户的要求、本单位的仪器设备状况等对数字测图工作进行具体设计。因此,在测图开始前,应编写技术设计书,拟定作业计划,以保证测量工作在技术上合理、可靠,在经济上节省人力、物力,有计划、有步骤地开展工作。

在数字测图作业开始之前，必须做好实施前的工区踏勘、资料收集、器材筹备、观测计划拟定、仪器设备检校及设计书编写等工作。

一、数字测图技术设计的依据

数字测图技术的主要依据是国家现行的有关测量规范（规程）和测量任务书。

（一）数字测图测量规范（规程）

数字测图测量规范（规程）是国家测绘管理部门或行业部门制定的技术法规，目前数字测图技术设计依据的规范（规程）有：

(1)《1∶500 1∶1 000 1∶2 000 地形图图式》(GB/T 20257.1—2007)。

(2)《1∶500 1∶1 000 1∶2 000 外业数字测图技术规程》(GB/T 14912—2005)。

(3)《1∶500 1∶1 000 1∶2 000 地形图数字化规范》(GB/T 17160—1997)。

(4)《1∶500 1∶1 000 1∶2 000 地形图要素分类与代码》(GB 14804—93)。

(5)《大比例尺地形图机助制图规范》(GB 14912—94)。

(6)《工程测量规范》《城市测量规范》《地籍测绘规范》《房产测量规范》等。

(7)测量任务书中要求执行的有关技术规范（规程）。

（二）测量任务书

测量任务书或测量合同是测量施工单位上级主管部门或合同甲方下达的技术要求文件。这种技术文件是指令性的，它包含工程项目或编号，设计阶段及测量目的，测区范围（附图）及工作量，对测量工作的主要技术要求和特殊要求，以及上交资料的种类和时间等内容。

一般是依据测量任务书提出的数字测图的目的、精度、控制点密度、提交的成果和经济指标等，结合规范（规程）规定和本单位的仪器设备、技术人员状况，通过现场踏勘具体确定加密控制方案、数字测图的方式、野外数字采集的方法及时间、人员安排等内容进行数字测图方案设计。

二、数字测图的外业准备及技术设计书编写

在数字测图作业开始之前，必须做好实施前的测区踏勘、资料收集、器材筹备、观测计划拟定、仪器设备检校及设计书编写等工作。

（一）测区踏勘

接受下达任务或签订数字测图任务的合同后，就可以进行测区踏勘工作，为编写技术设计、施工设计、成本预算等提供资料来源。测区踏勘主要调查了解的内容有：

(1)交通情况，包含公路、铁路、乡村便道的分布及通行情况等。

(2)水系分布情况，包含江河、湖泊、池塘、水渠的分布、桥梁、码头及水路交通情况等。

(3)植被情况,包含森林、草原、农作物的分布及面积等。

(4)控制点分布情况,包含三角点、水准点、GNSS 点、导线点的等级、坐标、高程系统,点位的数量及分布,点位标志的保存状况等。

(5)居民点分布情况,包含测区内城镇、乡村居民点的分布,食宿及供电情况等。

(6)当地风俗民情,包含民族的分布、习俗及地方方言、习惯及社会治安情况等。

(二)资料收集

根据踏勘测区掌握的情况,收集下列资料。

1. 各类图件

测区及测区附近已有的测量成果等资料,其内容应说明其施测单位、施测年代、等级、精度、比例尺、规范依据范围、平面和高程坐标系统、投影带号、标石保存情况,以及可利用的程度等。

2. 其他资料

测区有关的地质、气象、交通、通信等方面的资料及城市与乡、村行政区划表等。

(三)拟订作业计划

1. 拟订作业依据

数字测图通常分外业数据采集和内业编辑处理,拟订作业计划的主要依据:

(1)测量任务书及有关规程(规范)。

(2)投入的仪器设备。

(3)参加的人员数据、技术状况。

(4)使用的软件及采用的作业模式。

(5)测区资料收集情况。

(6)测区及附近的交通、通信及后勤保障(食宿、供电等)。

2. 主要内容

作业计划的主要内容:

(1)测区控制的具体实施计划。

(2)野外数据采集及实施计划。

(3)仪器配备、经费预算计划。

(4)提交资料的时间计划及检查验收计划等。

(四)仪器设备的选型及检验

仪器设备是保证完成测量任务的关键,仪器设备的性能、型号精度、数量与测量的精度、测区的范围、采用的作业模式等有关。

对于测区控制网,首级一般都采用 GNSS 网,加密采用导线加密。导线的施测最好采用测角精度$2''$以上,测距精度$3+2$ ppm·D以上的全站仪施测,也可采用 GNSS RTK 施测。数字测图的野外数据采集采用测角精度不低于$6''$,测距精度不低于$5+5$ ppm·D的全站仪即可,有条件的采用 GNSS RTK 效率更高。

观测中所选用的仪器设备,必须对其性能与可靠性进行检验,合格后方可参加作业,有关检验项目应遵循相关规范进行

(五)技术设计书的编写

资料收集齐全后,要编写技术设计书,主要编写内容有任务概述、测区情况、已有资料及其分析、技术方案的设计、组织与劳动计划、仪器配备及供应计划、财务预算、检查验收计划及安全措施等。

思考题和习题

(1)什么是地形图、比例尺、比例尺精度?
(2)测绘地形图前,如何选择地形图的比例尺?
(3)什么是地物、地貌?地物符号有哪几种?试举例说明。
(4)什么是等高线、等高距、等高线平距?等高线有哪些特征?
(5)等高线有哪几种?
(6)试绘出山丘、盆地、山脊、山谷、鞍部等五种地貌的等高线图。
(7)什么是山脊线、山谷线、鞍部?试用等高线绘之。
(8)碎部点的平面、高程位置的测定方法有哪些?
(9)如图 6-72 所示的等高线地形图上有陡坡、缓坡、山顶、盆地和峡谷,试判断图上甲、乙、丙、丁、戊各处所代表的实际地形分别是哪一种。

图 6-72 等高线地形图

(10)地形图的分幅方法主要有哪几类?

(11)举例说明勾绘等高线的步骤。

(12)地形测图有哪几种方法?

(13)地形图检查验收的依据是什么?

(14)按地貌特征点高程,用目估法在图 6-73 上勾绘 1 m 等高距的等高线(图中虚线为山脊线,实线为山谷线)。

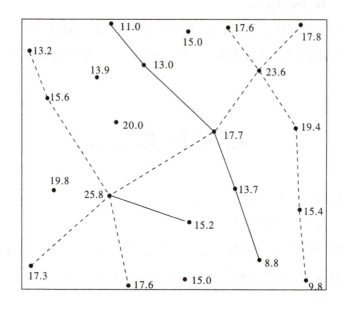

图 6-73　地貌特征点高程

(15)在图 6-74 中,按指定符号表示出山顶、鞍部、山脊线、山谷线(山脊线用点画线表示,山谷线用虚线表示,山顶用"▲"表示,鞍部用"○"表示)。

图 6-74　局部地形图

(16)图 6-75 为某丘陵地区所测得的各个地貌特征点,图上已标明了山脊线、山谷线、山顶及鞍部,试根据这些地貌特征点,按等高距 $h=5$ m 勾绘等高线。

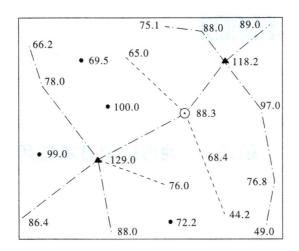

图 6-75 等高线的勾绘

模块七　地形图的应用

◐ 项目1　地形图的基本应用

地形图的应用包括在地形图上确定点的坐标、点与点之间的距离和直线之间的夹角；确定直线的方位；确定点的高程和两点间的高差；计算一定范围的面积和体积，由此确定地块面积、土石方量、蓄水量、矿产量等。

一、点位坐标的量测

地形图上一点的平面位置是用地面点的平面直角坐标（一般为高斯平面直角坐标）来表示的，它们可通过图解的方法确定。

地形图上绘有 10 cm×10 cm 的坐标格网，并在图廓的西、南边上注有纵、横坐标值，如图 7-1 所示。

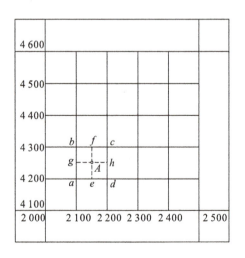

图 7-1　点位坐标的量测

欲求图上 A 点的坐标，首先要根据 A 点在图上的位置，确定 A 点所在的坐标方格 $abcd$，过 A 点作平行于 x 轴和 y 轴的两条直线 ef、gh 与坐标方格相交于 e、f、g、h 四点，再按地形图比

例尺量出 $ag=68.5$ m,$ae=48.8$ m,则 A 点的坐标为

$$\begin{cases} x_A = x_a + ag = 4\,200 + 68.5 = 4\,268.5\,(\text{m}) \\ y_A = y_a + ae = 2\,100 + 48.8 = 2\,148.8\,(\text{m}) \end{cases}$$

如果精度要求较高,则应考虑图纸伸缩的影响,此时还应量出 ab 和 ad 的长度。设图上坐标方格边长的理论值为 l,则 A 点的坐标可按下式计算,即

$$\begin{cases} x_A = x_a + ag\,\dfrac{l}{ab} \\ y_A = y_a + ae\,\dfrac{l}{ad} \end{cases} \quad (7-1)$$

二、两点间的距离量测

(一)水平距离的量测

1. 在图上直接量取

如图 7-2 所示,欲确定 AB 的距离,用两脚规在图上直接卡出 A、B 两点的长度,然后乘以比例尺分母,或者与地形图上的直线比例尺进行比较,即可得出 AB 的实地水平距离。例如,在 1∶500 地形图上量得 A、B 两点的长度 $d=26.7$ mm,则其实地水平距离 $D=dM=26.7$ mm × 500 = 13 350 mm = 13.35 m。当精度要求不高时,可用比例尺直接在图上量取。

图 7-2 水平距离的量测

2. 解析法

按上述点位坐标的量测方法,先求出图 7-2 上 A、B 两点坐标 (x_A, y_A) 和 (x_B, y_B),然后按下式计算 AB 的水平距离:

$$D_{AB} = \sqrt{(x_B - x_A)^2 + (y_B - y_A)^2} \quad (7-2)$$

这种方法既适合用于 A、B 两点在同一幅图内的情况，也适合用于 A、B 两点不在同一幅图内的情况，或是地形图上没有直线比例尺，且图纸变形较大时。解析法的精度要高于在图上直接量取的精度。

（二）倾斜距离的量算

在工程设计中，有时候还需要了解两点间的倾斜距离。在地形图上量算两点倾斜距离时，应先量算出该两点间的水平距离 D，并按等高线插求出两点的高程，算出两点间高差 h，再按下式计算出两点间的倾斜距离 S：

$$S = \sqrt{D^2 + h^2} \tag{7-3}$$

（三）折线距离的量测

地形图上的一些管线，如通信线、输电线等，都是由许多短线段所组成的折线。可将构成折线的各线段，分别按直线分段量取其长度，累加起来获得整个折线的长度。但这样做，其工作速度慢且精度不高。一般情况下，可将构成折线的各直线段在图上累加后，再一次量出其全长，这样做可使量测精度大大提高。

（四）曲线距离的量测

在地形图上有许多曲线形地物，如河流、道路等。在工程设计时，经常需要量测这些曲线段的长度。

曲线的量测方法有很多，可以将曲线分成若干近似的直线段，按折线来量测其长度；也可以在曲线上铅垂地扎上一系列的测针，用不伸缩的细线以测针为准，密合曲线，拉直后用直尺量测其长度。但这些方法均有操作麻烦、精度低的缺点。在工程设计上，常采用"曲线计"来量测曲线的长度（曲线计使用简单且不常用，故不再详述）。

三、直线坐标方位角的量测

确定地形图上直线方向被称为确定直线的方位角，测量上常常需要确定的方位角是坐标方位角。

（一）解析法

先求出 A、B 两点的坐标，再按下式计算 AB 的坐标方位角，当直线较长时，解析法可取得较好的结果。

$$\alpha_{AB} = \arctan \frac{y_B - y_A}{x_B - x_A} \tag{7-4}$$

（二）图解法

如图 7-3 所示，求一直线 AB 的坐标方位角时，可先过 A、B 两点分别作坐标纵轴的平行线,然后用量角器的中心分别对准 A、B 两点量出直线 AB 的坐标方位角 α_{AB} 和直线 BA 的坐标方位角 α_{BA},则直线 AB 的坐标方位角为

$$\alpha_{AB} = \frac{1}{2}(\alpha_{AB} + \alpha_{BA} \pm 180°)$$

应用上式时,注意根据直线 AB 所在的象限确定 α_{AB} 的最后值。

图 7-3 方位角量测

四、点位的高程和两点间的坡度量测

(一)确定图上一点的高程

地形图上点的高程可根据等高线来确定。如果某点恰好位于等高线上,则其高程即为等高线的注记高程。如图 7-4 所示的 A 点,其高程为 83 m。

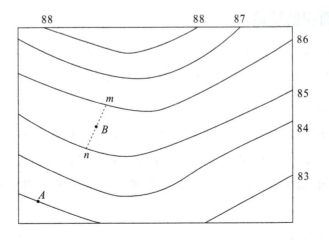

图 7-4 坡度确定

如果某点位于两条等高线中间,则可用比例关系求得这点的高程。如图7-4所示,B点位于85 m和86 m两条等高线之间,这时可通过B点作一条大致垂直于两条等高线的直线,分别交等高线于m、n两点,在图上量取nm和nB的长度,又已知等高距为$h=1$ m,则B点相对于n点的高差h_{nB}可按下式计算:

$$h_{nB} = \frac{nB}{nm} h \tag{7-5}$$

设$\frac{nB}{nm}$的值为0.5,则B点的高程为

$$H_B = H_n + h_{nB} = 85 + 0.5 \times 1 = 85.5 \text{(m)}$$

实际工作中,当相邻两条等高线之间间隔不大时,通常用目估法按比例推算图上点的高程。

(二)确定两点间的坡度

如图7-5所示,地面两点A、B间的水平距离为D,高差为h,则高差与水平距离之比为坡度,以i表示,即

$$i = \frac{h}{D} = \frac{h}{d \cdot M} \tag{7-6}$$

式中,d——图上量得的长度;

M——地形图比例尺分母。

图 7-5 两点间坡度

坡度i有正负号,正号表示上坡,负号表示下坡,常用百分率(%)或千分率(‰)表示。如果两点间的距离较长,中间通过疏密不等的等高线,则上式所求地面坡度为两点间的平均坡度。

坡度还可用地面的倾斜角α来表示,其计算式为

$$i = \tan\alpha = \frac{h}{D} \tag{7-7}$$

五、图形面积的量算

在国民经济建设和工程设计中,经常需要在地形图上量算一定轮廓范围内的面积,常用的方法有图解法、坐标计算法、膜片法、求积仪法和CAD法。

(一)图解法

如图7-6所示,利用直尺和三角板将比较复杂的几何图形划分成简单的几何图形(常用的有三角形、梯形和矩形),并利用比例尺直接在地形图上量取图形的几何要素,然后通过公式计算,求出各简单几何图形的面积,再将各简单几何图形的面积相加,得到所求图形的面积。

(二)坐标计算法

如图7-7所示,若已知某多边形各顶点的坐标,欲求多边形的面积S,则可根据公式计算

图形的面积。将多边形各顶点投影于 Y 轴,设多边形首尾两点的投影与 Y 轴相交于 A、B 两点,则多边形的面积可表示为 $A-1-2-3-4-B$ 与 $A-1-5-4-B$ 两多边形面积之差。

$$S=(x_1+x_2)(y_2-y_1)/2+(x_2+x_3)(y_3-y_2)/2+(x_3+x_4)(y_4-y_3)/2-(x_4+x_5)(y_5-y_4)/2-(x_5+x_1)(y_1-y_5)/2$$

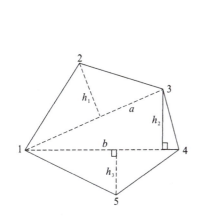

图 7-6　面积量算　　　　图 7-7　面积计算

若图形有 n 个顶点,则上式可推广为

$$S=\frac{1}{2}\sum_{i=1}^{n}\left[x_i(y_{i-1}-y_{i+1})\right] \quad (7-8)$$

式中,i 从 1 取到 n,当 $i+1$ 大于 n 时,取 1。

同理,也可通过多边形各顶点向 X 轴投影,得到利用各顶点坐标计算多边形面积的公式:

$$S=\frac{1}{2}\sum_{i=1}^{n}\left[y_i(x_{i-1}-x_{i+1})\right] \quad (7-9)$$

上述两式计算面积应完全相等。

(三)膜片法

膜片法就是利用聚酯薄膜或透明胶片等制成膜片,在膜片上建立一组有单位面积的方格、平行线等,然后利用这种膜片去覆盖被量测的面积,从而求得相应的图上面积值,再根据地形图的比例尺,计算出所测图形的实地面积。

1.方格法

如图 7-8 所示,方格法是先在透明膜片上绘制边长为 1 mm 的正方形格网,再把它覆盖在待测算面积的图形上,数出图形内的整方格数和图形边缘零散方格数的凑整格数,相加即为该图形的图上面积,再依据地形图比例尺将其换算为所测算图形的实地面积。

2.平行线法

如图 7-9 所示,平行线法是先在透明膜片上绘制间距为 h 的一组平行线(同一膜片上间距相同)。然后,将它覆盖于待测面积的图形上,并调整使平行线与图形的上、下边线相切。此时,相邻两平行线之间所截的部分为若干个高为 h 的梯形,量出各梯形的底边长 $l_1,l_2,\cdots,l_n$,则图形的总面积为

$$S = S_1 + S_2 + \cdots + S_{n+1} = (l_1 + l_2 + \cdots + l_n)h = h\sum l_i$$

式中,　　S——图形面积,m^2;

$l_1,l_2,\cdots,l_n$——梯形底边长度,m;

h——平行线间距,m。

图 7-8　方格法面积量算

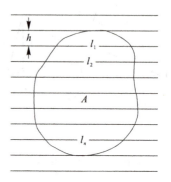

图 7-9　平行线法面积量算

(四)求积仪法

求积仪是一种专门用于在图纸上量算图形面积的仪器,有机械和电子的两种,可适用于量测不同图形的面积。先进的求积仪具有多种功能,可以测定坐标、面积、线长、角度,还可以展点等,并可打印结果,能与计算机通信,能当数字化仪使用。型号不同的求积仪,虽使用方法各异,但操作均较简单,操作前认真阅读说明书即可。

(五)CAD 法

1. 多边形面积的量算

如待量取面积的边界为一多边形,且已知各顶点的平面坐标,可打开 Windows 记事本,按下列格式输入多边形顶点的坐标:

点号,Y 坐标,X 坐标,0。

下面以如图 7-10 所示的"多边形顶点坐标数据.dat"文件定义的九边形为例,介绍在 CASS 中计算其面积的方法。

(1)执行 CASS 下拉菜单"绘图处理/展野外测点点号"命令,如图 7-11 所示,在弹出的"输入坐标数据文件名"对话框中选择"多边形顶点坐标数据.dat"文件,展出 9 个多边形顶点于 AutoCAD 的绘图区。

图 7 - 10　多边形顶点坐标数据

图 7 - 11　绘图处理下拉菜单

（2）将 AutoCAD 的对象捕捉设置为节点捕捉（nod），执行多段线命令 Pline，连接 9 个顶点为一个封闭多边形。

（3）执行 AutoCAD 中的面积命令 Area，命令行提示及其操作过程如下。

命令：area

指定第一个角点或［对象（O）/加（A）/减（S）］：O

选择对象：面积＝76 028.858 9，长度＝1 007.344 9

上述结果的意义是多边形的面积为 76 028.858 9，周长为 1 007.344 9。

2. 不规则图形面积的计算

如图 7 - 12 所示，当待量取面积的边界为一不规则曲线，只知道边界中的某个长度尺寸，曲线上点的平面坐标不宜获得时，可用扫描仪扫描边界图形并获得该边界图形的 JPG 格式图形文件，在 AutoCAD 中的操作如下：

（1）执行图像命令 Image，将图形对象附着到 AutoCAD 的当前图形文件中。

（2）执行对齐命令 Align，将图中 A、B 两点的长度校准为 72.5 m。

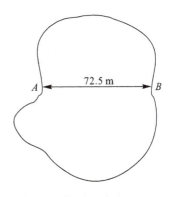

图 7 - 12　不规则图形面积的计算

（3）执行多段线命令 Pline，沿图中的边界描绘一个封闭多段线。

（4）执行面积命令 Area，可量出该边界图形的面积为 7 531.718 1 m²，周长为 330.504 4 m。

▶项目2　地形图在工程建设中的应用

在国民经济建设中,各项工程建设的规划、设计阶段,都需要了解工程建设地区的地形和环境条件等资料,使规划、设计符合实际情况。通常,都是以地形图的形式提供这些资料的。各项工程建设的施工阶段,必须要参照相应的地形图、规划图、施工图等图纸资料,保证施工能够严格按照规划、设计要求完成。因此,地形图是制订规划、进行工程建设的重要依据和基础资料。

一、按一定方向绘制断面图

纵断面图是反映指定方向地面起伏变化的剖面图。在道路、管道等工程设计中,为进行填、挖土(石)方量的概算、合理确定线路的纵坡等,需较详细地了解线路的地面起伏变化情况,为此常根据大比例尺地形图的等高线绘制线路的纵断面图。

如图 7-13 所示,欲绘制直线 AB、BC 纵断面图,具体步骤如下。

图 7-13　绘制断面图

(1)在图纸上绘出表示平距的横轴 PQ,过 A 点作垂线,作为纵轴,表示高程。平距的比例尺与地形图的比例尺一致;为了明显地表示地面起伏变化情况,高程比例尺往往比平距比例尺大 10~20 倍。

(2)在纵轴上标注高程,在图上沿断面方向量取两相邻等高线间的平距,依次在横轴上标出,得到 b、c、d、$\cdots$、l 及 C 等点。

(3)从各点作横轴的垂线,在垂线上按各点的高程,对照纵轴标注的高程确定各点在剖面上的位置。

(4)用光滑的曲线连接各点,得已知方向线 A - B - C 的纵断面图(图7-14)。

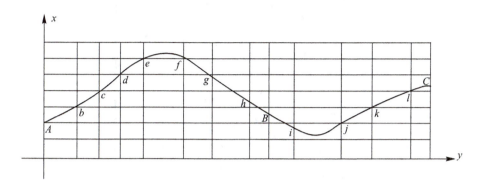

图7-14 纵断面图

(5)为了方便使用,通常还在图下标注相应的平距和高程。

作断面图时,如果等高线过密,可不必按每条等高线的交点来做断面图,而是隔一条或两条等高线,甚至按计曲线来做断面图;如果等高线的间距较大,难以准确绘出剖面图,应在平距过大处增加一些辅助点,内插出这些辅助点的高程后,根据方向线与等高线的交点和这些辅助点,按上述方法做断面图。

二、按规定坡度选定最短线路

进行管线、道路、渠道等工程设计时,经常要求在规定的坡度内选择一条最短线路。如图7-15所示,欲在 A 和 B 两点间选择一条纵向坡度不超过 i 的公路,设图上等高距为 h,地形图的比例尺为 1∶M,则由式

$$i = \frac{h}{D} = \frac{h}{d \cdot M}$$

得路线通过相邻两条等高线的最短距离为 $d = \frac{h}{iM}$。

在图上选线时,以 A 点为圆心,以 d 为半径画弧,交 84 m 等高线于 1、1′两点,再以 1、1′两点为圆心,以 d 为半径画弧,交 86 m 等高线于 2、2′两点,依次画弧直至 B 点。将这些相邻交点依次连接起来,便可获得两条同坡度线 A、1、2、…、B 和 A、1′、2′、…、B。这样得出的线路就是满足限制坡度的最短路线,最后通过实地调查比较,从中选定一条最合适的路线(一般考虑线路顺畅、施工方便、工程量小等诸多因素)。

在作图过程中,如果出现半径小于相邻等高线平距的情况,即圆弧与等高线不能相交,说明该处地面坡度小于设计坡度。此时,路线可按两等高线间垂线连接。

图 7-15 选定最短线路

三、地形图在平整土地中的应用

在各种工程建设中,除对建筑物作合理的平面布置外,经常还要对原地貌做必要的改造,以便适于布置各类建筑物,排除地面水及满足交通运输和敷设地下管线等。这种地貌改造被称为平整土地。在平整土地工作中,常需预算土(石)方的工程量,即利用地形图进行填挖土(石)方量的概算。在诸多方法中,方格网法是应用最广泛的一种,下面分两种情况介绍。

(一)按设计高程将地面平整成水平场地

如图 7-16 所示,要求将图上的地面平整为某一设计高程的水平场地,要求填挖方量平衡,并概算土石方量,其步骤如下。

1. 在地形图上绘方格网

在地形图上拟建场地内绘制方格网。方格网的大小取决于地形的复杂程度和土方概算的精度要求,一般方格网的边长为图上 2 cm。方格网绘制完后,根据地形图上的等高线,用内插法求出每一方格顶点的地面高程,并注记在相应方格顶点的右上方(图 7-16)。

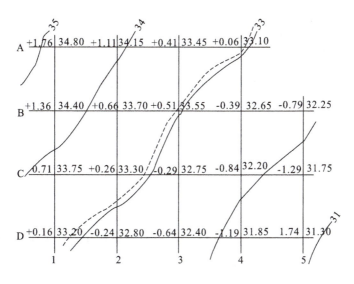

图 7-16 土石方量计算

2. 计算挖填平衡的设计高程

先将每一方格顶点的高程加起来除以 4，得到各方格的平均高程 $H_i(i=1,2,\cdots,n)$，再把每个方格的平均高程相加除以方格总数，就得到设计高程 H_0，即

$$H_0 = \frac{H_1 + H_2 + \cdots\cdots + H_n}{n} = 33.04 \text{ m}$$

3. 计算填挖高度

根据设计高程和方格顶点的高程，可以计算出每一方格顶点的填挖高度：

$$\text{填挖高度 } h = \text{地面高程 } H_\text{地} - \text{设计高程 } H_\text{设}$$

将图中Ⅰ、Ⅱ、Ⅲ、Ⅳ各方格顶点的填挖高度写于相应方格顶点的左上方，正号为挖深，负号为填高。

4. 绘出填挖边界线

在方格边有一端为填，另一端为挖的边上找出不填也不挖的点（即填、挖高度为零的点），这种点因施工高度为零又称零点。将相邻的零点连接起来，即得到零线，也就是填挖边界线。找零点的方法有作图法或计算法。作图法：①按内插法绘出设计高程 33.04 m 等高线，即为零线（图中加短竖线表示）；②如图 7-17 所示，可在该边的两端点垂直于该边分别向相反方向按比例绘制长度为填挖高度的短线，其连线与该边的交点即为零点。

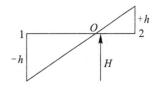

图 7-17 绘制填、挖边界线

5.计算填挖土方量

可按角点、边点、拐点和中点分别计算,公式如下。

①角点:挖(填)高 $\times \dfrac{1}{4}$ 方格面积;

②边点:挖(填)高 $\times \dfrac{2}{4}$ 方格面积;

③拐点:挖(填)高 $\times \dfrac{3}{4}$ 方格面积;

④中点:挖(填)高 $\times \dfrac{4}{4}$ 方格面积。

挖、填土方量的计算一般在表格中进行,现在工作通常使用 Excel 计算,既节省了计算量又提高了计算速度。以图 7-16 为例,使用 Excel 计算的挖、填土方量如图 7-18 所示。

图 7-18 使用 Excel 计算挖、填土方量

第 1 行为表题,第 2 行为表头;A 列为各方格顶点点号,B 列为各方格顶点的挖深,C 列为各方格顶点的填高(一个方格网的面积为 400 m²),D 列为考虑了顶点特性后的方格网面积,E 列为挖方量(其中 E3 单元的计算公式为"=B3*D3"),F 列为填方量(其中 F3 单元的计算公式为"=C3*D3")。总挖方量计算结果在 E22 单元,其计算公式为"=SUM(E3:E21)";总填方量计算结果在 F22 单元,其计算公式为"=SUM(F3:F21)"。由图 7-18 可知,总挖方量与总填方量之差为 1 488-1 494=-6 m³。

(二)按设计等高线将地面整理成倾斜面

将原地形改造成某一坡度的倾斜面,一般可根据填挖平衡的原则,绘出设计倾斜面的等高线。但有时要求所设计的倾斜面必须包含不能改动的某些高程点(设计斜面的控制高程点),例

如,已有道路的中线高程点、永久性或大型建筑物的外墙地坪高程等。具体按以下步骤进行:

(1)确定设计等高线的平距;

(2)确定设计等高线的方向;

(3)插绘设计倾斜面的等高线;

(4)计算填挖土方量。

与前一方法相同,首先在地形图上绘方格网,并确定各方格顶点的填高和挖深量。不同之处是各方格顶点的设计高程是根据设计等高线内插求得的,并注记在方格顶点的右下方,但其填高和挖深量仍记在各顶点的左上方。填方量和挖方量的计算与前一方法相同。

四、数字地形图的应用基础

目前,以现代测绘设备和计算机应用软件为主体的数字测图技术已广泛应用于测绘生产。数字测图已经成为地形测绘的主流,并逐步代替白纸测图,因此,数字地形图有着广泛的应用前景。本项目主要以CASS 9.0中的数字地形图在工程中的应用为例,这些命令放置在下拉菜单"工程应用"下,如图7-19所示。

图 7-19 工程应用菜单

(一)查询计算与结果注记

1. 查询指定点的坐标

执行下拉菜单"工程应用\查询指定点的坐标"命令,提示如下。

(1)输入点(点取需要查询的点位,注意使用对象捕捉,本例圆心捕捉图7-20中的图根点D121)。

图 7-20 数字地形图应用实例

(2)测量坐标:X=31 194.120 m　Y=53 167.880 m　H=495.800 m。

如要在图上注记点的坐标,则必须执行屏幕菜单的"文字注记"命令,在弹出的如图 7-21 所示的"注记"对话框中点击坐标注记图标并单击"确定"按钮,根据命令行的提示指定注记点和注记位置后,CASS 自动标注指定点的 X、Y 坐标,图 7-20 注记了图根点 D121 和 D123 点的坐标。

图 7-21 "注记"对话框

(二)查询两点的距离和方位角

执行下拉菜单"工程应用\查询两点距离及方位"命令,提示如下。

第一点:输入点(圆心捕捉图 7-20 中的 D121 点);

第二点:输入点(圆心捕捉图 7-20 中的 D123 点)。

两点间距离=45.273 m,方位角=201°46′57.39″。

(三)查询线长

执行下拉菜单"工程应用\查询线长"命令,提示如下。

(1)选择精度:(1)0.1 m,(2)1 m,(3)0.01 m,<1>;

(2)选择曲线(点取图 7-20 中 D121 点至 D123 的直线);

完成响应后,CASS 弹出提示框给出查询的线长值。

(四)查询封闭对象的面积

执行下拉菜单"工程应用\查询实体面积"命令,提示如下。

选择对象(点取图 7-20 中房屋轮廓线上的点);

实体面积为 202.683 m²。

(五)注记封闭对象的面积

执行下拉菜单"工程应用\计算范围的面积"命令,提示如下。

(1)选目标:选择指定的封闭对象注记面积;

(2)选图层:键入图层名,注记该图层上的全部封闭对象的面积;

(3)选指定图层的目标:先键入图层名,再选择该图层上的封闭对象,注记它们的面积。

注意,CASS 将各种类型房屋都放置在 JMD(意为居民地)图层,面积注记文字位于对象的中央,并自动放置在 MJZJ(意为面积注记)图层。

(六)统计注记面积

对图中的面积注记数字求和,统计上述全部房屋面积的操作步骤:执行下拉菜单"工程应用\统计指定区域的面积"命令,提示如下。

(1)选择对象:all;

(2)选择对象:Enter;

(3)总面积:597.88 m²。

也可以点取单个面积注记文字,当面积注记文字比较分散时,也可以使用各种方法选择面积注记对象,CASS 自动过滤出 MJZJ 图层上的面积注记对象进行统计计算,统计计算的结果只在命令行提示,不注记在图上。

(七)计算指定点围成的面积

执行下拉菜单"工程应用\指定点所围成的面积"命令,提示如下。

输入点;

输入点:Enter;

指定点所围成的面积:×.×××m²。

面积计算结果只在命令行提示,不注记在图上。

(八)土方量的计算

CASS 9.0 中除提供四种土方量计算的方法——方格网法、DTM 法、断面法、等高线法外,还有区域土方量的平衡。此处只介绍方格网法土方量计算。

1. 方格网法土方计算

根据实地测定的地面点坐标(X,Y,Z)和设计高程,通过生成方格网来计算每一个方格内的填挖方量,最后累计得到指定范围内填方和挖方的土方量,并绘出填挖方分界线。

系统首先将方格的四个角上的高程相加(如果角上没有高程点,通过周围高程点内插得出其高程),取平均值与设计高程相减。然后通过指定的方格边长得到每个方格的面积,再用长方体的体积计算公式得到填挖方量。方格网法简便直观,易于操作,这一方法在实际工作中应用非常广泛。

用方格网法算土方量,设计面可以是平面,也可以是斜面,还可以是三角网,如图 7-22 所示。

1) 设计面是平面时的操作步骤

用复合线画出所要计算土方的区域,一定要闭合,但是尽量不要拟合,拟合过的曲线在进行土方计算时会用折线迭代,影响计算结果的精度。

选择"工程应用\方格网法土方计算"命令。

命令行提示:"选择计算区域边界线";选择土方计算区域的边界线(闭合复合线)。

屏幕上将弹出如图7-22所示的方格网土方计算对话框,在对话框中选择所需的坐标文件;在"设计面"栏选择"平面",并输入目标高程;在"方格宽度"栏,输入方格网的宽度,默认值为20 m。由原理可知,方格的宽度越小,计算精度越高,但如果给的值太小,超过了野外采集的点的密度也是没有实际意义的。

点击"确定",命令行提示:

最小高程=××.×××,最大高程=××.×××。

总填方=××××.× m³,总挖方=×××.× m³。

同时绘出所分析的方格网,填挖方的分界线(绿色折线),并给出每个方格的填挖方,每行的挖方和每列的填方,结果如图7-23所示。

图7-22 方格网土方计算对话框

图7-23 方格网法土方计算成果图

2) 设计面是斜面时的操作步骤

设计面是斜面时,操作步骤与平面时基本相同,区别在于在方格网土方计算对话框中"设计面"栏中,选择"斜面【基准点】"或"斜面【基准线】"。

如果设计的面是斜面(基准点),需要确定坡度、基准点和向下方向上一点的坐标,以及基准点的设计高程。

点击"拾取",命令行出现如下提示。

点取设计面基准点:确定设计面的基准点;

指定斜坡设计面向下的方向:点取斜坡设计面向下的方向。

如果设计的面是斜面(基准线),需要输入坡度并点取基准线上的两个点及基准线向下方向上的一点,最后输入基准线上两个点的设计高程即可进行计算。

点击"拾取",命令行出现如下提示。

点取基准线第一点:点取基准线的一点;

点取基准线第二点:点取基准线的另一点;

指定设计高程低于基准线方向上的一点:指定基准线方向两侧低的一边。

方格网计算的成果如图 7-23 所示。

3)设计面是三角网文件时的操作步骤

选择设计的三角网文件,点击"确定",即可进行方格网土方计算。三角网文件由"等高线"菜单生成。

2.等高线法土方计算

用户将白纸图扫描矢量化后可以得到图形,但这样的图没有高程数据文件,所以无法用前面的几种方法计算土方量。

一般来说,这些图上都会有等高线,因此,CASS 9.0 开发了由等高线计算土方量的功能,专为这类用户设计。

用此功能可计算任两条等高线之间的土方量,但所选等高线必须闭合。由于两条等高线所围面积可以求得,两条等高线之间的高差已知,可求出这两条等高线之间的土方量。

点取"工程应用"下的"等高线法土方计算"。

屏幕提示:选择参与计算的封闭等高线。可逐个点取参与计算的等高线,也可按住鼠标左键拖框选取,但是只有封闭的等高线才有效。

回车后屏幕提示:输入最高点高程(直接回车不考虑最高点)。

回车后屏幕弹出如图 7-24 所示的总方量消息框。

图 7-24 总方量消息框

回车后屏幕提示:请指定表格左上角位置(直接回车不绘制表格)。在图上空白区域点击鼠标右键,系统将在该点绘出计算成果表格,如图 7-25 所示。

图 7-25　等高线法土方计算

可以从表格中看到每条等高线围成的面积和两条相邻等高线之间的土方量,另外,还有计算公式等。

3. 区域土方量平衡

土方平衡的功能常在场地平整时使用。当一个场地的土方平衡时,挖掉的土石方刚好等于填方量。以填挖方边界线为界,从较高处挖得的土石方直接填到区域内较低的地方,就可完成场地平整,这样可以大幅度减少运输费用。此方法只考虑体积上的相等,并未考虑砂石密度等因素。

在图上展出点,用复合线绘出需要进行土方平衡计算的边界。

点取"工程应用\区域土方平衡\根据坐标数据文件(根据图上高程点)"。

如果要分析整个坐标数据文件,可直接回车,如果没有坐标数据文件,而只有图上的高程点,则选择"根据图上高程点"。命令行提示如下内容。

选择边界线:点取第一步所画的闭合复合线;

输入边界插值间隔(m):20。

这个值将决定边界上的取样密度,如果密度太大,超过了高程点的密度,实际意义并不大,一般用默认值即可。如果前面选择"根据坐标数据文件",这里将弹出对话框,要求输入高程点坐标数据文件名,如果前面选择的是"根据图上高程点",此时命令行将提示:选择高程点或控制点。用鼠标选取参与计算的高程点或控制点,回车后弹出如图 7-26 所示的对话框。

图 7-26　土方量平衡

点击对话框的确定按钮,命令行提示:

请指定表格左下角位置(直接回车不绘制表格)。

在图上空白区域点击鼠标左键,在图上绘出计算结果表格,如图 7-27 所示。

图 7-27 区域土方量平衡

(三)断面图的绘制

1. 绘制断面图

绘制断面图的方法有四种:①由坐标文件生成;②根据里程文件;③根据等高线;④根据三角网。

1)由坐标文件生成

坐标文件指野外观测得到的包含高程点文件。

(1)先用复合线生成断面线,点取"工程应用\绘断面图\根据已知坐标"功能。提示:选择断面线。用鼠标点取上步所绘断面线,屏幕上弹出"断面线上取值"对话框,如图 7-28 所示,如果在"坐标获取方式"栏中选择"由数据文件生成",则在"坐标数据文件名"栏中选择高程点数据文件。如果选"由图面高程点生成",此步则为在图上选取高程点,前提是图面存在高程点,否则此方法无法生成断面图。

(2)输入采样点间距:输入采样点的间距,系统的默认值为 20 m。采样点的间距的含义是复合线上两顶点之间若大于此距离,则每隔此间距内插一个点。

(3)输入起始里程:系统默认起始里程为 0。

(4)点击"确定"之后,屏幕弹出绘制纵断面图对话框,如图 7-29 所示。

图7-28 根据已知坐标绘断面图　　　　图7-29 绘制纵断面图对话框

(5)输入相关参数:输入横向比例,系统的默认值为1∶500;输入纵向比例,系统的默认值为1∶100。

(6)断面图位置:可以手工输入,亦可在图面上拾取。

(7)选择是否绘制平面图、标尺、标注;还有一些关于注记的设置。

(8)点击"确定",在屏幕上出现所选断面线的断面图。

2)根据里程文件

一个里程文件可包含多个断面的信息,此时绘断面图就可一次绘出多个断面。

里程文件的一个断面信息内允许有该断面不同时期的断面数据,这样绘制这个断面时就可以同时绘出实际断面线和设计断面线。

3)根据等高线

如果图面存在等高线,则可以根据断面线与等高线的交点来绘制纵断面图。

选择"工程应用\绘断面图\根据等高线"命令,命令行出现下列提示。

请选取断面线:选择要绘制断面图的断面线;

屏幕弹出绘制纵断面图对话框,如图7-29所示;操作方法详见"1)由坐标文件生成"。

4)根据三角网

如果图面存在三角网,则可以根据断面线与三角网的交点来绘制纵断面图。

选择"工程应用\绘断面图\根据三角网"命令,命令行出现下列提示。

请选取断面线:选择要绘制断面图的断面线;

屏幕弹出绘制纵断面图对话框,操作方法详见"1)由坐标文件生成"。

思考题和习题

(1) 在 1∶500 的地形图上求得 A、B 两点的水平距离 $d_{AB}=17.8$ cm，两点间高差 $h_{AB}=12.5$ m，试求 A、B 两点间的坡度。

(2) 从地形图上量得 A、B 两点的坐标和高程如下：

$$X_A=1\ 237.52\ \text{m}, Y_A=976.03\ \text{m}, H_A=163.574\ \text{m}$$
$$X_B=1\ 176.02\ \text{m}, Y_B=1\ 017.35\ \text{m}, H_B=159.634\ \text{m}$$

试求：①AB 间水平距离；②AB 边的坐标方位角；③AB 直线的坡度。

(3) 已知 A 点的高程为 $H_A=20.5$ m，A、B 直线的设计坡度 $i=-2\%$，A、B 间的平距 $D_{AB}=100$ m，试求 B 点的设计高程。

(4) 现需从 A 点到高地 B 点定出一条路线，要求坡度限制为 2.5%，等高线间隔（即等高距）为 2 m，试求出符合该坡度的等高线平距。

(5) 已知建筑用地边界各点的坐标如表 7-1 所示，试计算其面积。

表 7-1 建筑用地边界各点坐标

点号	x/m	y/m
1	1 536.26	1 328.75
2	1 688.20	1 501.77
3	1 554.89	1 651.32
4	1 306.27	1 556.21
5	1 408.24	1 327.15

(6) 为更明显地表示地面高低起伏情况，一般断面图上的高程比例尺比平距比例尺大多少倍？

附录 A　测量实训的一般要求与注意事项

《地形测量》是高职高专测绘类专业的一门必修基础课。作为一门操作性很强的技术课程，其课间实训和集中实习是不可缺少的重要环节。

一、测量实训要求

测量工作是一项集体性的协作工作，任何个人很难独立完成，因此，测量实训过程通常以小组为单位进行。实训之前，学生必须认真阅读教材中的有关内容，了解实训的目的、要求、内容、方法、步骤及有关的注意事项，认真做好实训的准备工作。实训时，要做到积极参与、互相配合、共同完成。实训完成后，要妥善保管好实训成果，并对成果进行认真的整理，要认真思考回顾和体会实训的全过程，特别是遇到问题时的处置方法，以巩固课堂所学的理论知识。测量实训的要求主要有如下几点。

(1)实训前，必须预习实训项目，认真阅读有关教材和实训指导书，初步了解实训目的、实训内容与要求、实训方法与步骤、实训记录与计算及实训注意事项等，以便更好地完成实训任务。同时在实训前应准备好所需的工具，如铅笔、小刀、计算器等。

(2)实训与实习过程以小组为单位进行，组长负责组织和协调小组工作，办理所用仪器工具的借领和归还。每位同学都必须仔细认真操作，培养自身独立工作的能力，严谨的科学态度，同时要发扬协作精神。组长要对小组负责，并对小组成员进行适当的分工及工作轮换。

(3)如果初次接触仪器，未经实训指导人员讲解注意事项、开箱方法和程序，不得擅自开箱取用仪器，以免发生损坏。

(4)爱护测量仪器和工具，在实训中如出现故障，应及时向指导老师报告，不可随意自行处理。如有仪器损坏或遗失，先进行登记，待查明原因后，视情节轻重，按学校仪器管理的相关条例进行处理。

(5)实训结束时，应把观测记录、计算结果和实训报告交给指导教师审阅，符合要求并经允许，方可清洁收装仪器工具，并按领取仪器的位置，归还仪器与工具。

(6)实训过程中，应遵守纪律，爱护场地的花草树木和农作物，爱护周围的各种公共设施，任意砍折、踩踏或损坏者应承担相应赔偿。

目前大多数测量仪器都是比较贵重的精密仪器，并且各种测量仪器正向电子化、数字化方向发展，其使用更为方便，功能更为强大，价格也更加昂贵。因此，必须正确使用测量仪器，并精心爱护和科学保养，这是测量工作者必须具备的素质和技能，也是保证测量成果质量，提高工作效率和延长仪器使用年限的必要条件。

二、测量仪器工具的使用注意事项

(一)测量仪器工具的借领与归还

(1)以实训、实习小组为单位到测量实训室借领测量仪器及工具,填写测量仪器使用登记表。仪器工具都有编号,借领时当现场清点和检查仪器工具的数量是否齐全,仪器工具是否完好,如有缺损,应立即补领或更换。

(2)仪器搬运前,应检查仪器背带和提手是否牢固,仪器箱是否盖好并扣紧(或锁好),搬运仪器时,应做到轻拿轻放,避免剧烈震动和碰撞。

(3)实训或实习结束时,应及时清点仪器工具的数量,清理仪器工具上的泥土,及时收装仪器工具,送还测量实训室时,交给指导教师检查,认可后,归放回原位。

(4)如有仪器损坏或遗失,应根据实际情况,写出书面报告进行说明,先进行登记,待查明原因后,视情节轻重,按学校仪器管理的相关条例进行处理。

(二)仪器安置

(1)架设三脚架时,先将三条架腿抽出并固定,三条架腿抽出的长度和三条架腿分开的跨度要适中,架头要大致水平。如果安放三脚架处为松软地面,应将架腿脚尖踩入松软地面并踏实,防止三脚架出现下沉;在硬化的光滑地面上架设三脚架,则要特别注意保证三脚架的稳定性,防止脚架打滑;在斜坡面上架设三脚架,应使一条架腿在坡上,另外二条架腿在坡下。

(2)仪器应平稳放在地面上或其他平台上才能开箱。开箱后,看清仪器在箱中安放的位置,保证以后能正确地装箱。

(3)取仪器时,不能手拿望远镜或竖盘,应一手持仪器基座或支架等坚实部位,另一手托住仪器,并注意轻取轻放。

(4)提取仪器之前,应注意先松开制动螺旋,再用双手握住支架或基座轻轻取出仪器,放在三脚架上,保持一手握住仪器,一手去拧连接螺旋,力度要适宜,最后旋紧连接螺旋使仪器与脚架连接牢固。尚未连接好之前,不能松开握住仪器的手,以防仪器从三脚架上摔下来。

(5)仪器从箱中取出后,应随即将仪器箱盖好,以免沙土、杂草等进入箱内,仪器箱上严禁坐人。

(三)仪器的使用

(1)仪器架好后,任何时候,必须有专人保护,做到人不离仪器,特别是在街道、施工场地等人车来往比较多的地方实训时,更应注意保护仪器设备。切勿将仪器靠在墙边或树上,以防跌损。

(2)操作仪器要手轻心细,动作要准确、轻捷,用力要均匀,各制动螺旋不要拧得过紧。仪器制动后,切不可用力转动仪器被制动的部位,以免损坏仪器的轴系机构。各微动螺旋和脚螺旋不可旋至极端位置,以免损伤螺纹。千万不可旋转仪器轴座固定螺旋,以防仪器松开或掉下。

(3)转动仪器时,应先松开制动螺旋,再平稳转动。使用微动螺旋时,应先旋紧制动螺旋。

(4)若发现仪器的光学部分(包括物镜、目镜等)表面有灰尘、水汽或其他污物时,应先用软毛刷轻轻拂去,再用镜头纸擦拭,严禁用手、纸巾、粗布、衣物或其他纸张擦拭,以免损坏镜头,观测结束后应及时套好物镜盖。若因条件的限制,无清洁工具时,可先将实训项目做完,待回到实训室后再做清洁。

(5)在使用仪器时,如出现某部位失灵或发生故障,切不可强行转动或使用,更不能任意拆卸或自行处理,应及时向指导教师报告。

(6)野外观测时,在阳光或细雨下使用仪器,必须撑伞,特别注意不得使仪器受潮。雨天禁止观测。

(四)仪器的搬迁

(1)搬迁仪器时,对于长距离或难行地段,应将仪器先装箱,再搬迁。在短距离和平坦地段,先检查连接螺旋是否拧紧,将仪器的制动螺旋松开,再收拢脚架,一手握基座或支架,一手抱住脚架,并使仪器在上,脚架在下,呈近乎竖直状态进行搬迁,严禁将仪器扛在肩上进行搬迁。装有自动归零补偿器的经纬仪搬站时,应先旋转补偿器关闭螺旋将补偿器托起才能搬站,观测时应记住及时打开。

(2)搬迁仪器时,应带走仪器所有附件及仪器箱,防止丢失。

(五)仪器的装箱

(1)仪器使用完后,应及时清除仪器上的灰尘和仪器箱、脚架上的泥土。

(2)仪器装箱前,应先检查仪器各部件是否齐全,然后将各固定螺旋松开后,所有的微动螺旋旋至中央位置。一手握住仪器,一手松开连接螺旋,双手取下仪器。

(3)按取仪器时的位置把仪器再放入箱中,检查箱内的附件是否缺少。装入箱后先试关一次,在确认安放稳妥后,再拧紧各制动螺旋,以免仪器在箱内晃动而受损,最后关箱上锁。

(六)测量工具的正确使用

(1)水准尺、标杆禁止横向受力,如用来抬物品或垫坐,以防弯曲变形,应平放在地面或斜靠在墙角处。

(2)作业时,水准尺、标杆应由专人认真扶直,不准贴靠在树上、墙上或电线杆上,不能磨损尺面分划和漆皮。塔尺在使用时,还应注意接口处的正确连接,用后及时收尺。

(3)测图板的使用,应注意保护板面,不得乱写乱扎,不能施以重压。

(4)皮尺要严防潮湿,万一潮湿,应晾干后再收入尺盒内。

(5)钢尺的使用,应防止扭曲、打结和折断,防止行人踩踏或车辆碾压,尽量避免尺身遇水。携尺前进时,应将尺身提起,不得沿地面拖行,以防损坏分划。用完钢尺,应擦净、涂油,以防生锈。

(6)小件工具如垂球、测钎、尺垫等使用完后立即收回,防止遗失。勿用垂球尖冲击地面,以防球尖碰坏。

(7)若发现测距仪或全站仪的反光镜表面有灰尘或其他污物,应先用软毛刷轻轻拂去,再用镜头纸擦拭。严禁用手、纸巾、粗布、衣物或其他纸张擦拭,以免损坏镜头,观测结束后应及时装入袋中。

三、测量记录与计算的注意事项

（一）测量记录注意事项

(1)测量观测数据须用2H或3H铅笔记入正式的表格内,字体应端正清晰,字体的大小一般占格子高的一半左右,字脚靠近底线,一旦记录中出现错误,便可在留出的空隙处对错误数字进行更改。

(2)记录前须填写实训日期、天气、仪器编号、班级、组别、观测者、记录者等观测手簿的表头内容。凡表格上规定填写的项目内容应填写齐全。

(3)各项观测的数据必须直接填写在规定表格内,不准另用其他纸张记录后转抄。观测数据一定要保证原始性、真实性,不允许转抄、伪造或涂改。

(4)观测者读数后,记录者应随即在测量手簿上的相应栏内填写,并复诵回报,让观测者听清楚并检查,以防出现听错、记错现象。

(5)测量记录的书写要工整,不得潦草或不清楚,要保证实训记录清楚整洁、正确无误。

(6)禁止擦拭、涂改和挖补数据。记录数字如有差错,不准用橡皮擦去,也不准在原数字上涂改,应根据具体情况进行改正。如果是米、分米或度位数字读(记)错,则可在错误数字上画一斜线,保持数据部分的字迹清楚,同时将正确数字记在其上方；如厘米、毫米、分米或秒位数字读(记)错,则该读数无效,应将本站或本测回的全部数据用斜线划去,保持数据部分的字迹清楚,并在备注栏中注明原因,重新观测,并重新记录。测量过程中不得更改的测量数据位及重测数据范围规定如附表1-1所示。

附表1-1 测量过程中不得更改的数位和应重测的范围

测量种类	不准更改的数位	应重测的范围
水准测量	厘米及毫米的读数	一测站
水平角测量	分及秒的读数	一测回
竖角测量	分及秒的读数	一测回
距离测量	厘米及毫米的读数	一尺段

(7)严禁连环更改数据。如果已修改了算术平均值,则不能再改动计算算术平均值中的任何一个原始数据；若已更改了某个观测数据,则不能更改其算术平均值。

(8)记录数字要正确反映观测精度。对于要求读到毫米位的观测值,若读数为1米2分米6厘米,应记为1 260,不能记为126；同理,如要求读到厘米时,应记为126,而不能记为1 260。一般水准测量的记录位数为四个。角度测量时,"度"最多三位数字,最少一位数字；"分"和"秒"都各占两位,如读数为5′,应记为05′,读数为8″,应记为08″。

（二）测量计算注意事项

(1)数据计算时,应根据所取位数,按"四舍六入,五前单进双舍"的规则进行凑整。如若观测数据要求取至毫米,则对于数据 1.456 4 m、1.455 6 m、1.456 5 m、1.455 5 m,按规则都应记为1.456 m。

(2)测量计算时,数字的取位规定:水准测量视距应取位至 1.0 m,视距总和取位至 0.01 km,高差中数取位至 0.1 mm,高差总和取位至 1.0 mm;角度测量的秒取位至 1.0″。

(3)简单计算,如平均值、方向值、高差(程)等,应边记录边计算,以便出现超限时能及时发现问题并立即重测;较为复杂的计算,可在实训完成之后及时算出。

(4)实训计算必须仔细认真。测量实训时,严禁任何因超限等原因更改观测记录数据。

(5)每个测站观测结束,应在现场完成计算和检核,确认合格后方可搬迁至下一站。

附录 B　测量实训

测量实训是测量课程课堂教学期间随堂安排的实践性教学环节，通过测量实训，可加深学生对测量基本概念和基本理论的理解，初步掌握测量仪器的使用方法并领会操作要领，提高学生的动手能力和技能水平。

实训一　DS_3 型自动安平水准仪的认识和使用

一、目的与要求

(1) 了解 DS_3 型自动安平水准仪的构造，认识水准仪各部件的名称及作用。
(2) 初步掌握自动安平水准仪的安置、整平、瞄准和水准尺的读数方法。
(3) 测量地面两点间的高差。

二、仪器及工具

DS_3 型自动安平水准仪 1 台，木质水准尺 1 副，水准仪脚架 1 个，尺垫 2 个，记录板 1 块，测伞 1 把。

三、实训内容与操作步骤

1. DS_3 型自动安平水准仪构造与使用

1) 安置仪器

将三脚架打开，使其高度在胸口附近，架头大致水平，若是松软地面，应将脚尖踩入松软地面，力求踩实；若是光滑地面，应有防滑措施，然后将仪器取出，用连接螺旋将仪器固定在三脚架上。

2) 认识仪器

指出仪器各部件的名称，了解其作用并熟悉其使用方法，同时熟悉水准尺的分划与注记，练习读数方法。

3) 整平

按"左手拇指规则"，先对向转动两只脚螺旋，使圆水准器气泡向中间移动，使气泡、圆水准器的圆圈及另一脚螺旋大致呈一直线，再转动另一脚螺旋，使气泡移至居中位置，通常需要反复进行。在操作中，要用心体会左手拇指转动脚螺旋的方向与气泡移动方向之间的关系。

4) 瞄准水准尺

转动目镜调焦螺旋，使十字丝清晰。在离水准仪不远的地面上选一点 A，并在其上立一水准尺。转动仪器，用粗瞄器大概瞄准 A 点水准尺，转动水平微动螺旋精确瞄准水准尺，使水准尺成像在十字丝交点处。当成像不太清晰时,转动物镜对光螺旋,消除视差(观察视差现象,练习消除方法),使目标清晰,如目标较远,则物镜对光螺旋向后转动,如目标较近,则物镜对光螺旋向前转动。

5)读数

用中丝在水准尺上读取米、分米、厘米,估读毫米,即读出四位有效数字,将读数作为后视读数记录于实训表1-1中。

2. 测量地面两点的高差

在地面上另选择与 A 点大致等距的 B、C、D 等点,按上述 DS_3 型水准仪的使用方法,再读出前视尺 B、C、D 的读数,并记录于实训表1-1。根据高差的计算公式计算 A 与 B、A 与 C、A 与 D 等的高差。

高差＝后视读数－前视读数

四、注意事项

(1)将水准仪脚螺旋调到可上可下的中间位置,三脚架头应大致水平,仪器安放到三脚架头上,必须旋紧连接螺旋,使连接牢固。

(2)中心连接螺旋不宜拧得过紧,以防破损,仪器上的各部位的螺旋操作时用力需适当,不得用力过猛。

(3)瞄准目标后必须消除视差;水准尺必须扶竖直;掌握标尺刻画规律;读数应由刻画顺序读取(不管上下,只管由小到大)。

(4)后视读数读取后,在读前视读数之前,切忌转动脚螺旋,如果确认已转动过脚螺旋,则需重新读取后视读数。

(5)水准仪到后视尺和前视尺的距离大致相等。

五、实习报告

实训表1-1 水准仪的观测记录表

日期: 　　　　　　　　天气: 　　　　　　　　观测者:
班级: 　　　　小组: 　　　　仪器编号: 　　　　记录者:

测站	点号	水准尺读数/m		高差/m		备注
		后视读数	前视读数	＋	－	

实训二　普通水准测量

一、目的与要求

(1)进一步掌握水准仪的使用方法。
(2)掌握普通水准测量的观测、记录和计算检核的方法。
(3)每个实训小组选定一个已知的高程点和4~6个待测高程点,构成闭合水准路线。从已知水准点出发,观测各待测点的高程后,最后再测回至起点。
(4)采用双仪器高法,进行测站检核。
(5)视距小于100 m,前后视距差以小于±10 m 为宜,高差闭合差限差公式为

$$f_{h容} = \pm 40\sqrt{L} \text{ mm（平地）} \quad \text{或} \quad f_{h容} = \pm 12\sqrt{n} \text{ mm（山地）}$$

二、仪器及工具

DS_3 型自动安平水准仪1台,木质水准尺1副,水准仪脚架1个,尺垫2个,记录板1块,测伞1把,计算器1个。

三、实训内容与操作步骤

1. 选定待测高程点和转点

在实训场地选定一个已知的高程点,再根据场地具体情况选择4~6个待测高程点,使其构成一闭合水准路线,依次可记为 A、B、C、D 等,假设 A 点为起始已知水准点。当所测两高程点相距较远时,在中间还需设置转点。

2. 第一测站的观测

(1)由假定已知点 A 出发,第1测站安置水准仪在 A 点与转点 TP_1 之间(如果没有转点,则为 B 点),要求前、后视距大致相等,粗略整平水准仪。
(2)瞄准后视 A 点上的水准尺,精平后用中丝读取后尺读数,即后视读数,记入实训表2-1中。
(3)瞄准前视 B 点上的水准尺,精平后用中丝读取前尺读数,即前视读数,记入实训表2-1中。
(4)升高或降低仪器的高度10 cm以上,重新安置仪器,重复(2)和(3)的测量工作。
(5)计算该站所测的高差,若两次所测高差之差小于±6 mm,取其平均高差作为本站的高差,并记录在实训表2-1中。

3. 后继观测

将仪器搬迁至转点 TP_1 与 B 点之间(如果不能测至 B 点,中间可再加转点),进行第2测站的观测,继续上述操作程序。按相同的方法连续设站进行观测,直到最后回到起点 A 点。

4. 计算检核

$$高差总和＝后视读数总和－前视读数总和$$

5. 高差闭合差的调整与计算

若高差闭合差在容许范围内,则对高差闭合差进行调整。

6. 计算各待定点的高程

根据已知点 A 的高程和改正后的高差,可计算出待定点 B、C、D 等的高程,并计算出 A 点的高程,计算出的 A 点高程应与原已知高程相等。

四、注意事项

(1) 在每次读数之前,要消除视差。

(2) 为了保证观测的精度,前、后视距离应大致相等,中丝读数应高于地面 $0.3\ m$ 以上。

(3) 在已知点和待定点上不能放置尺垫,但在转点上必须用尺垫并踩实,在仪器迁站时,前视点及尺垫不能移动。

(4) 弄清每一个测站的前视点、后视点、前视读数、后视读数。记录员在听到观测员的读数后,必须向观测员复诵,经观测员默许后方可将读数记入手簿,以防因听错而记错读数。每一站的数据全部计算结束并检查没有问题后,方可搬迁至下一站。

(5) 在路线水准测量过程中必须对后视读数和前视读数认真观测记录计算,一旦有错将影响后面的所有测量,造成后面全部结果错误。

(6) 分清测量路线、测段、测站的概念。

(7) 注意检查高差闭合差是否超限,如超限应重测。

(8) 各测站的视线高度不一样。

五、实训报告

各测站的操作可以轮流进行,其余同学必须确认操作及读数结果,各自记录、计算,每人上交一份实训报告。

1) 水准测量记录及高差计算

实训表 2-1　普通水准测量记录手簿

日期：　　　　　　　　　　　天气：　　　　　　　　　观测者：

班级：　　　　　小组：　　　　　仪器编号：　　　　　记录者：

测站	次数	点号	后视读数/m	前视读数/m	高差/m	平均高差/m	高程/m	备注
校核计算								

2) 水准测量成果计算

根据实训表 2-1 的计算结果，进行水准测量的成果计算，并将计算的结果填写在实训表 2-2 中。

实训表 2-2　水准测量成果计算表

点号	测站数（或路线长度）	实测高差/m	改正数/mm	改正后高差/m	高程/m	备注
Σ						
辅助计算						

实训三 四等水准测量

一、目的与要求

(1)进一步掌握水准仪的操作方法。

(2)掌握四等水准测量的观测、记录及计算方法。

(3)熟悉四等水准测量的主要技术指标,掌握测站及水准路线的检核方法。

(4)每个实训小组选定一个已知的高程点和 4~6 个待测高程点,构成闭合水准路线。从已知水准点出发,观测各待测点的高程后,最后再测回至起点。

(5)高差闭合差限差及其他按四等水准测量的技术要求。

二、仪器及工具

DS_3 型自动安平水准仪 1 台,木质水准尺 1 副,水准仪脚架 1 个,尺垫 2 个,记录板 1 块,测伞 1 把,计算器 1 个。

三、实训内容与操作步骤

(1)选定一条闭合水准路线,其长度以能安置 4~6 个测站为宜。

(2)在起点与第一个立尺点之间设站,安置好水准仪后,前后视距差不能超过规定要求,再按以下顺序观测:

①照准后视尺黑面,分别读取上、下、中三丝读数,并记为(1)(2)(3)。

②照准前视尺黑面,分别读取上、下、中三丝读数,并记为(4)(5)(6)。

③照准前视尺红面,读取中丝读数,并记为(7)。

④照准后视尺红面,读取中丝读数,并记为(8)。

将上述观测数据及时记入实训表 3-1 四等水准测量观测手簿中。

(3)填写实训表 3-1 四等水准测量观测手簿中相应的计算栏目。第 1 测站的数据计算完毕后,检查是否在规定的限差要求内,如符合要求,则可搬迁至下一测站,否则需检查或重新观测。

(4)仪器迁至第 2 站,第 1 站的前视尺不动变为第 2 站的后视尺,第 1 站的后视尺移到下一个待测点或转点上,变为第 2 站的前视尺,按与第 1 站相同的方法进行观测、记录、计算,完成第 2 测站的观测。以后各站按相同的方法依次设站进行观测,直至回到起点。在施测中每一页填写完毕后,要进行每页的计算校核。

四、注意事项

严禁为了快出成果,转抄、照抄、涂改原始数据。记录的字迹要工整、整齐、清洁。双面水准尺每两根为一组,其中一根尺常数 $K=4\,687$ mm,另一根尺常数 $K=4\,787$ mm,观测时要分清楚,当第 1 测站前尺确定以后,两根尺要交替前进。在记录表中的方向及尺号栏内要写明尺号,在备注栏内写明相应尺号的 K 值。起点高程可采用假定高程,其他与实训二相同。

五、实训报告

各测站的操作可以轮流进行,其余同学必须确认操作及读数结果,各自记录、计算,每人上交一份实训报告。

1)水准测量记录及高差计算

实训表 3-1　四水准测量观测记录手簿

日期:　　　　　　　　天气:　　　　　观测者:

班级:　　　　　小组:　　　　仪器型号:　　　　记录者:

测站编号	点号	后尺 上丝 下丝	前尺 上丝 下丝	方向及尺号	水准尺读数		$K+$黑－红 /mm	平均高差 /m	备注
		后视距	前视距		黑面	红面			
		视距差 d/m	累计差 $\sum d$/m						
		(1) (2)	(4) (5)	后 前	(3) (6)	(8) (7)	(13) (14)	(18)	
		(9) (11)	(10) (12)	后－前	(15)	(16)	(17)		
				后					
				前					
				后－前					
				后					$K_1=$
				前					$K_2=$
				后－前					
				后					
				前					
				后－前					

续表

测站编号	点号	后尺 上丝 下丝	前尺 上丝 下丝	方向及尺号	水准尺读数		$K+$黑$-$红 /mm	平均高差 /m	备注
		后视距	前视距		黑面	红面			
		视距差 d/m	累计差 $\sum d$/m						
		(1) (2) (9) (11)	(4) (5) (10) (12)	后前后－前	(3)(6)(15)	(8)(7)(16)	(13)(14)(17)	(18)	
				后					
				前					
				后－前					
				后					$K_1=$ $K_2=$
				前					
				后－前					
				后					
				前					
				后－前					
本页校核									

2）水准测量成果计算

根据实训表3-1的计算结果，进行水准测量的成果计算，并将计算的结果填写在实训表3-2中。

实训表 3－2　水准测量成果计算表

点号	测站数（或路线长度）	实测高差/m	改正数/mm	改正后高差/m	高程/m	备注
$\sum$ 辅助计算						

实训四　DS_3 水准仪的检验与校正

一、实训目的与要求

(1) 了解 DS_3 水准仪的主要轴线及它们之间应满足的几何关系。
(2) 掌握 DS_3 水准仪的检验和校正方法。
(3) 要求水准仪通过校正后，i 角值不超过 $20''$。

二、仪器及工具

DS_3 水准仪 1 台，水准尺 2 只，尺垫 2 个，钢尺 1 把，校正针 1 根，计算器 1 个。

三、实训内容与操作步骤

1. 检验圆水准器轴平行于竖轴的检验与校正

(1) 检验。打开三脚架，将其支在地面上，并使高度合适，将水准仪置于三脚架头上固定并转动脚螺旋使圆水准器气泡居中。仪器绕竖轴旋转 $180°$，检查圆水准器气泡是否仍居中，若仍居中，说明两轴相互平行，若气泡偏离中心位置，说明两者相互不平行，需要校正。

(2) 校正。先转动脚螺旋，使圆水准器气泡向中心移动偏离中心位置的一半，然后稍松圆水准器底部中央的固定螺钉，用校正针拨动圆水准器的校正螺钉，使气泡居中。将仪器绕竖轴旋转 $180°$，检查圆水准器气泡是否仍居中，如果不居中，重复上述的操作。如此反复进行，直到无论仪器旋转到任何位置，圆水准器气泡都在中心的分划圈内为止，最后旋紧圆水准器底部中央的固定螺钉。

2. 望远镜十字丝垂直于仪器竖轴的检验与校正

(1) 检验。严格整平水准仪，用十字丝横丝的一端瞄准一目标点，旋紧制动螺旋，然后用微动螺旋使望远镜缓慢转动，如果目标点不离开横丝，说明横丝与仪器竖轴垂直，不需校正。如果目标点离开横丝，则说明两者关系不成立，需要校正。

(2) 校正。卸下目镜的外罩，松开四颗固定螺钉，稍微转动十字丝环，使目标点与中丝重合。反复检验与校正，直到满足条件为止，再旋紧四颗固定螺钉。

3. 水准管轴平行于视准轴的检验与校正

(1) 检验。在地面上选定相距约 80 m 的 A、B 两点，并放置尺垫，踩紧后立上水准尺，安置水准仪于 A 与 B 的中点。仪器精确整平后，分别读出 A、B 两点水准尺的读数 a_1 和 b_1，则 A、B 两点的高差为 $h_1 = a_1 - b_1$（为提高精度，可两次测定 A、B 两点高差，取平均值作为最后结果）。

再将仪器安置于距 B（或 A）点约 3 m 处，瞄准 B 点水准尺，精确整平后读得 B 点水准尺读数为 b_2，根据 b_2 和高差 h_1 可计算出当视线水平时 A 点水准尺上的正确读数为 $a'_2 = b_2 + h_1$。然后，瞄准远尺 A 点水准尺，精平后读出中丝的读数 a_2。根据 a'_2 与 a_2 的差值，计算 i 角值：

$$i = \frac{a'_2 - a_2}{D_{AB}}\rho''$$

如果 i 角值不超过 $\pm 20''$，说明此条件满足；如果 i 角值超过 $\pm 20''$，则需要校正。

(2)校正。转动微倾螺旋，使中丝对准 A 点水准尺上的读数 a'_2，此时视准轴已处于水平位置，但水准管气泡必然不居中，用校正针先拨松水准管一端左、右校正螺钉，再拨动上、下两个校正螺钉，使偏离的气泡重新居中。此项校正工作需反复进行，直至达到要求为止，最后拨紧左右校正螺钉。

四、注意事项

(1)三项检验应按照上述顺序进行，不得颠倒。
(2)拨动校正螺钉时，一律要先松后紧，一松一紧，用力不宜过大，校正完毕时，校正螺钉不能有松动现象，应处于稍紧的状态。

五、实训报告

提交水准仪的检验与校正略图和说明。

实训五　DJ_6 经纬仪的认识

一、目的与要求

(1)熟悉 DJ_6 经纬仪的结构及各部件的名称和作用。
(2)初步掌握经纬仪的使用方法（对中、整平及读数方法）。
(3)掌握水平度盘的置盘方法。

二、仪器及工具

经纬仪 1 台，脚架 1 个，测钎 2 根，测伞 1 把。

三、实训内容与操作步骤

1)认识经纬仪

取出经纬仪，用中心连接螺旋将仪器固定在三脚架上，指出仪器各部件的名称，了解其作用并熟悉其使用方法。

2)经纬仪安置

(1)对中。将三脚架安置于测站点上,目估使架头大致水平,同时注意仪器高度要适中,安上仪器,拧紧中心连接螺旋,将仪器三个脚螺旋调至中间位置。转动光学对中器目镜使中心圈清晰,拉伸镜筒,使测站点成像清晰,然后将一个架腿插入地面固定,用双手提起另外两个架腿,稍稍离开地面慢慢移动,眼睛观察光学对中器直至测站点处于圆圈的边缘处或中心,然后收放架腿于地面,并踩实。为保证后续操作顺利进行,整个粗略对中的过程中,三脚架架头要尽可能保持水平。

(2)整平。伸缩架腿,使圆水准器气泡居中。调节脚螺旋,使管水准器气泡居中。

(3)平推仪器,松开仪器中心连接螺旋,通过观察对中器,移动仪器,使测站点中心与圆圈中心十字线重合,然后拧紧中心连接螺旋。

重复(1)~(3)步骤,直至水准管气泡在任何位置都居中,且测站点中心与圆圈中心十字线重合。

3)瞄准目标

(1)调节目镜对光螺旋,使十字丝清晰。

(2)用外瞄准器粗略瞄准目标,调节物镜对光螺旋,使影像清晰并消除视差,拧紧制动螺旋。

(3)调节微动螺旋,使目标像被十字单根竖丝平分,或被双根竖丝夹在中间。

4)读数

(1)调节反光镜,使读数窗内亮度适宜。

(2)调节读数窗目镜,使读数窗内影像清晰,同时注意分清水平度盘读数影像窗和竖直度盘读数影像窗。

(3)读取位于分微尺中间的度盘刻画线注记度数,从分微尺上读取该刻画线所在位置的分数,估读至 $0.1'$(即 $6''$ 的整数倍)。

(4)读数记入实训表 5-1。

四、注意事项

(1)仪器对中时,应使三脚架头大致水平,否则会导致经纬仪整平困难,仪器应严格对中。

(2)仪器整平后,照准部水准管气泡偏移不得超过 1 格。

(3)使用制动螺旋,达到制动目的即可,不可强力过量旋转。

(4)只有将制动螺旋制动后,调节微动螺旋才起作用,微动螺旋不可强力过量旋转。

五、实训报告

实训表 5−1 DJ_6 经纬仪读数练习记录手簿

日期：　　　　　　　　天气：　　　　　　观测者：

班级：　　　　　小组：　　　　　仪器编号：　　　　　记录者：

观测目标	水平度盘读数	竖直度盘读数	备注

实训六 测回法观测水平角

一、目的与要求

(1)进一步掌握经纬仪的操作和读数方法。

(2)掌握测回法观测水平角的操作、记录及计算方法。

(3)在地面上选取彼此相距约 50 m 左右的三点 A、B、C，用测回法观测△ABC 的三个内角，每个内角各观测两个测回。

(4)上、下半测回角值之差不得超过±40″，各测回角值互差不得超过±24″。

(5)所测内角之和与180°之差不得超过 $±60\sqrt{3}″≈104″$。

二、仪器及工具

经纬仪 1 台，脚架 1 个，测钎 2 根，花杆 2 根，测伞 1 把，记录板 1 个。

三、实训内容与操作步骤

(1)在地面上选择三个点构成一个三角形，每边的长度约 50 m 左右，三角形的三个顶点分别编为 A、B、C。

(2)选择三角形的一个顶点 A 作测站，安置仪器，对中、整平。选定另外两个点作为目标。

(3)盘左观测，瞄准左侧目标，配置水平度盘读数为稍大于 0°(不大于 5′)，读取水平读度读数，记入实训表 6−1 测回法观测水平角记录手簿。顺时针瞄准右侧目标，读取水平度盘读数，记入实训表 6−1 测回法观测水平角记录手簿。

(4)盘右观测,倒转望远镜成盘右位置,瞄准右侧目标,读取水平度盘读数,记入实训表6-1测回法观测水平角记录手簿。逆时针瞄准左侧目标,读取水平度盘读数,记入实训表6-1测回法观测水平角记录手簿。完成第一测回水平角的观测。

(5)水平角值的计算,半测回的角值等于右侧目标水平度盘读数减左侧目标水平度盘读数。

(6)如果要进行多个测回的水平角观测,各测回的水平角观测方法与第一测回的水平角观测方法相同,但是各测回间需要按$180°/n$重新配置起始方向水平度盘始读数位置后,再进行观测。

(7)将仪器依次分别安置在另外两个点B、C上,重复(3)~(6)的操作方法观测三角形的另外两个内角,并计算水平角角值。

四、注意事项

(1)盘左、盘右必须瞄准同一个目标,不能瞄错,并尽量用十字丝瞄准目标的底端。

(2)一测回内照准部水准管气泡偏移不得超过一格,否则,重新整平仪器后,重新观测该测回。

(3)同一测回观测时,切勿转动度盘变换手轮,以免发生错误。

(4)水平度盘为顺时针方向刻画,故计算角值时,应该用右侧目标水平度盘读数减左侧目标水平度盘读数,不够减出现负角值时,应加上$360°$。

五、实训报告

实训表6-1 测回法观测水平角记录手簿

日期:　　　　　　　天气:　　　　　观测者:

班级:　　　　小组:　　　　　编号:　　　　　记录者:

测站	目标	盘位	水平度盘读数 /(° ′ ″)	半测回角值 /(° ′ ″)	一测回角值 /(° ′ ″)	各测回平均角值 /(° ′ ″)	备注

续表

测站	目标	盘位	水平度盘读数 /(° ′ ″)	半测回角值 /(° ′ ″)	一测回角值 /(° ′ ″)	各测回平均角值 /(° ′ ″)	备注

实训七 方向观测法观测水平角

一、目的与要求

(1)进一步熟练掌握 DJ_6 光学经纬仪的使用方法。

(2)掌握方向观测法观测水平角的操作、记录及计算方法。

(3)任选四个目标点,用方向观测法进行两个测回的观测。

(4)各项限差为半测回,归零差为±18″,同一方向各测回限差为±24″。

二、仪器及工具

经纬仪1台,脚架1个,测钎4根,花杆4根,测伞1把,记录板1个。

三、实训内容的方法与操作步骤

(1)在测站点 O 安置经纬仪,对中、整平后,选定 A、B、C、D 四个目标。

(2)盘左观测,瞄准起始目标 A,配置水平度盘读数略大于 $0°00′00″$,读取水平度盘读数并记入实训表7-1方向法观测水平角记录手簿;顺时针方向转动照准部,依次瞄准 B、C、D、A 各目标,分别读取水平度盘读数并记入记录手簿,检查半测回归零差是否超限。

(3)盘右观测,倒转望远镜成盘右位置,逆时针方向依次瞄准 A、D、C、B、A 各目标,分别读取水平度盘读数并记入实训表7-1方向法观测水平角记录手簿,检查半测回归零差是否超限。

至此,完成第一测回水平角的观测。

(4)如果要进行多个测回的水平角观测,各测回的水平角观测方法与第一测回的水平角观测方法相同,但是各测回间需要按 $180°/n$ 重新配置起始方向水平度盘始读数位置后,重复(2)、(3)的操作步骤进行各测回的观测。

(5)计算检核。

同一方向两倍照准轴误差 $2C=$ 盘左读数 $-$ (盘右读数 $\pm 180°$);

一个测回各方向的平均读数 $=1/2$[盘左读数 $+$(盘右读数 $\pm 180°$)];

各方向的归零方向值 $=$ 各方向的平均读数 $-$ 起始方向的平均读数。

四、注意事项

应选择远近适中、易于瞄准的清晰目标作为起始方向;其他同实训六相同。

五、实训报告

实训表 7-1　方向法观测水平角记录手簿

日期：　　　　　　　天气：　　　　　观测者：
班级：　　　小组：　　　　　仪器编号：　　　　记录者：

测站点	测回数	目标	度盘读数		2c /″	平均读数 /(°　′　″)	归零方向值 /(°　′　″)	各测回归零方向值 /(°　′　″)	备注
			盘左 /(°　′　″)	盘右 /(°　′　″)					
1	2	3	4	5	6	7	8	9	10

实训八　竖直角观测(中丝法)

一、目的与要求

(1)了解竖直度盘的构造及注记方式。

(2)掌握竖直角测量的观测、记录及计算方法。

(3)了解竖盘指标差的计算。

(4)选择 2~3 个目标点,观测竖直角两个测回,两个测回的竖直角间互差、指标差互差不得超过±25″。

二、仪器及工具

经纬仪 1 台,脚架 1 个,花杆 3 根,测伞 1 把,记录板 1 个。

三、实训内容与操作步骤

(1)在地面上选一点 O 作为测站,在测站 O 上安置经纬仪,对中、整平。选定目标点 A、B 等。

(2)确定竖直角的计算公式。

(3)盘左观测,用十字丝横丝瞄准目标 A 点,转动竖盘指标水准管微动螺旋,使竖盘指标水准管气泡居中(电子经纬仪和有竖盘指标自动补偿功能的光学经纬仪则不需要),读取竖盘读数 L,记入实训表 8-1 竖直角观测记录手簿并计算出竖直角 α_L。

(4)盘右观测,倒转望远镜变成盘右位置,用十字丝横丝瞄准目标 A 点,读取竖盘读数 R,记入实训表 8-1 竖直角观测记录手簿并计算出竖直角 α_R。

(5)计算竖盘指标差: $x = \dfrac{1}{2}(\alpha_R - \alpha_L)$

(6)计算一测回竖直角: $\alpha = \dfrac{1}{2}(\alpha_R + \alpha_L)$

(7)以同样的方法可对其他的目标点观测其竖直角及计算竖盘指标差。

四、注意事项

(1)竖直角观测时,应尽量用十字丝横丝切准目标顶端,且对同一目标的上下半测回和各测回要用十字丝横丝切准同一位置。

(2)每次读取竖盘读数前,应使竖盘指标水准管气泡居中(电子经纬仪和有竖盘指标自动补偿功能的光学经纬仪则不需要)。

(3)计算竖盘指标差时,应注意正、负号。

五、实训报告

实训表 8-1　竖直角观测记录手簿

日期：　　　　　　　　　　　　天气：　　　　　　观测者：

班级：　　　　　小组：　　　　仪器编号：　　　　记录者：

测站	目标	盘位	竖盘读数 /(° ′ ″)	半测回角值 /(° ′ ″)	一测回角值 /(° ′ ″)	各测回平均角值 /(° ′ ″)	指标差/″

实训九　钢尺量距

一、目的与要求

(1)掌握钢尺量距的一般方法的步骤和方法。

(2)在较为平坦的地面上选定一段长约 80 m 左右的直线,用目估定线法将其分为若干测段,用规格为 30 m 的钢尺对该直线的水平距离进行往返丈量,往返丈量的相对误差不大于1/3 000。

二、仪器及工具

钢尺(规格为 30 m)、测钎、花杆、木桩、记录板 1 块,记录计算表格。

三、实训内容与操作步骤

(1)在实地选定 A、B 两点,AB 两点距离约 80 m。

(2)目估定线,在 A、B 两点之间,用目估定线法由远至近在地面上确定出直线的位置。

(3)往测。后尺手站在起点 A 处,指挥前尺手沿直线方向前进,至一整尺长处停下,并指挥前尺手将钢尺拉在直线 AB 上,两人同时将尺拉紧、拉平和拉直。当钢尺稳定后,前尺手喊"预备",后尺手将钢尺零点准确对准 A 点,并喊"好",前尺手随即将测钎对准钢尺末端刻画竖直插入地面,完成第一尺段的测量。量完第一尺段后,后、前尺手举尺前进,同法丈量第二尺段。依次丈量,直到最后量出不足一整尺的余长,前尺手在钢尺上读取余长值。将所测的 A、B 两点的水平距离记入实训表9-1钢尺量距观测手簿中。

(4)返测。同往测步骤一样,前、后尺手从 B 点开始返测到 A 点。所测的 A、B 两点的水平距离同样记入实训表9-1钢尺量距观测手簿中。

四、注意事项

(1)量距时定线要直,拉力要均匀,钢尺不能松、曲,测钎要插准、插直。
(2)要认清钢尺的刻线尺还是端点尺,应看清零点位置,要记清整尺段数。
(3)防止钢尺扭结和行人、车辆碾压。
(4)钢尺使用时应做到不扭、不折、不压,应尽力避免钢尺沿地面拖拉以防磨损尺面刻画。

五、实训报告

实训表9-1　钢尺量距观测记录手簿

日期：　　　　　　　　　　　天气：　　　　　　　观测者：
班级：　　　　小组：　　　　仪器编号：　　　　　记录者：

直线起止点号	往测距离/m	返测距离/m	平均距离/m	相对误差

实训十　视距测量

一、目的与要求

(1)掌握用视距测量法测定地面两点的水平距离与高差的观测、记录和计算。
(2)在地面上选择2个固定点,往返观测水平距离与高差,要求竖直角读数到秒,水平距离和高差均计算至 0.1 mm。
(3)往返观测水平距离的相对误差不小于 $1/150$,往返观测高差之差小于 0.1 m。

二、仪器及工具

经纬仪1台,脚架1个,视距尺(或水准尺)1根,小钢尺1把,测伞1把,函数型计算器1个。

三、实训内容与操作步骤

(1)在地面上选择2个固定点 A 与 B,在其中的一个点 A 上安置经纬仪,对中、整平后,量

取仪器高 i（精确到 cm）。

（2）在 B 点竖立视距尺（或水准尺），用十字丝横丝瞄准目标 B 点标尺，转动竖盘指标水准管微动螺旋，使竖盘指标水准管气泡居中（电子经纬仪和有竖盘指标自动补偿功能的光学经纬仪则不需要）。分别读取上、下丝读数、中丝读数、竖盘读数 α，并分别记入实训表 10-1 视距测量记录手簿中。用视距测量公式：

$$D = Kl\cos^2\alpha \text{ 和 } h = \frac{1}{2}Kl\sin2\alpha + i - v = D\tan\alpha + i - v$$

计算出 AB 的往测水平距离和高差。

（3）在 B 点上安置经纬仪，用上述同样的方法进行观测，并计算出 AB 的返测水平距离和高差。

（4）若往返观测水平距离与高差满足规定的要求，则求其往、返观测的平均值为 AB 水平距离与高差。否则，需重新观测。

四、注意事项

（1）视距测量前应校正竖盘指标差。

（2）视距尺应严格竖直。

（3）仪器高度、中丝读数和高差计算精确到 mm，水平距离精确到 dm。

（4）计算竖直角时，竖直角应带有正、负号。

五、实训报告

实训表 10-1　视距测量记录手簿

日期：　　　　　　　　　天气：　　　　　　　　观测者：
班级：　　　　小组：　　　　仪器编号：　　　　　记录者：
测站：　　　　测站高程：　　　仪器高 i：　　　　竖盘指标差 x：

点号	下丝读数 上丝读数 /m	视距间隔 l/m	中丝读数 v/m	竖盘读数 /(° ′ ″)	竖直角 /(° ′ ″)	水平距离 D/m	初算高差 h'/m	高差 h/m	高程 H/m

实训十一　全站仪的认识与使用

一、目的与要求

(1) 了解全站仪的基本结构与性能,认识各操作部件的名称和作用。
(2) 熟悉操作面板主要功能。
(3) 掌握全站仪的基本操作方法。
(4) 掌握全站仪测量角度、距离等项的测量工作方法。
(5) 选择3个点(最好是已知的控制点),进行全站仪的基本测量和程序测量,要求观测的精度达到规定的要求。

二、仪器及工具

全站仪1台,脚架3个,棱镜2个。

三、实训内容与操作步骤

1. 全站仪的认识

(1) 取出全站仪,用中心连接螺旋将仪器固定在三脚架上。指出仪器外形各部件的名称,了解其作用并熟悉其使用方法。
(2) 熟悉操作面板上键盘符号及功能。
(3) 熟悉显示屏内显示的符号及含义。

2. 全站仪的使用

1) 观测前的准备工作

(1) 检查电池是否装好,如果没有则将电池装入。
(2) 在选定的点上安置仪器,对中和整平。
(3) 打开电源开关,准备进行观测。
(4) 输入有关的参数。
(5) 在另外2个点上竖立棱镜作为镜站。

2) 全站仪基本功能使用

(1) 角度测量。在角度测量模式下,用测回法测两镜站间水平角1个测回;观测一镜站的竖直角1个测回。所测角值应满足相应的限差要求。
(2) 距离测量。在距离测量模式下,用全站仪照准一个镜站的棱镜中心,输入棱镜高、仪器高,按测量键,可观测出测站至镜站的斜距、平距及高差。

3）全站仪程序测量

（1）坐标测量。在坐标测量模式下，输入测站点的坐标、仪器高、棱镜高。选一个镜站作为后视方向，输入后视点的坐标后确认，照准该镜站的棱镜中心后按测量键。照准另一镜站的棱镜中心后按测量键。

（2）对边测量。在对边测量模式下选择功能。照准一个棱站的棱镜中心，输入棱镜高，按测量键。再照准另一镜站的棱镜中心，输入棱镜高，按测量键。根据所选择的功能显示出测站至镜站的距离与高差，或两个镜站之间的距离及高差。

（3）放样测量。在放样测量模式下，输入测站点的坐标、仪器高、棱镜高。选一个镜站作为后视方向，输入后视点的坐标后确认，照准该镜站的棱镜中心后按测量键。选择放样，输入放样点的点号、坐标和棱镜高后按确认键。先根据水平角的偏离值，旋转全站仪照准部，使其偏离值为0。然后在望远镜所确定的方向线上移动棱镜，直至距离的偏离值为0，此时棱镜所处的位置即为所要放样点的位置。

（4）悬高测量。选择悬高测量模式，输入棱镜高。照准一个镜站的棱镜中心，按距离测量键进行距离测量。再转动望远镜照准该镜站上方某一目标点，便能显示出镜站至目标点的高度。

四、注意事项

（1）实训之前应由教师讲解并作示范。

（2）使用时必须严格遵守操作规程，注意爱护仪器。

（3）在阳光下使用全站仪测量时，一定要撑伞遮阳，严禁用望远镜对准太阳。

（4）仪器、反光镜站必须有人看守。观测时应尽量避免两侧和后面反射物所产生的信号干扰。

（5）开机后先检测信号，停测时随时关机。

（6）更换电池时，应先关断电源开关。

五、实训报告

提交合格观测成果记录实训报告。

实训十二　碎部测量（经纬仪测绘法）

一、目的与要求

（1）初步掌握用经纬仪测绘法进行碎部测量的方法。

（2）掌握用地形图图式表示地物，初步掌握等高线的勾绘方法。

(3)初步掌握地物和地貌的测绘方法。

二、仪器及工具

经纬仪 1 台,脚架 1 个,视距尺(或水准尺)1 把,标杆 1 根,钢尺 1 把,绘图板 1 块,计算器,量角器,三角板,大头针。

三、实训内容与操作步骤

(1)在测区内选择一通视良好的点 A 作为测站点,最好是已知图根点,赋予该点一假定高程(如果是图根点则为已知高程)。在 A 点上安置好经纬仪,并量取仪器高。

(2)在场地内选择另一合适的固定点 B(如果实训场地内有其他控制点或图根点,则应采用其他控制点或图根点,)作为后视点进行自由定向,用经纬仪照准 B 点,并将水平度盘置于 $0°00'00''$。

(3)在图板中间选一点 a 作为测站点,另选一点 b 作为定向点,以这两点的连线作为定向线,并用一细针将量角器圆心固定在测站点 a 上。

(4)按已确定的测绘线路将视距尺立于碎部点上,用经纬仪照准碎部点上视距尺,按视距测量方法,读取水平度盘读数、下丝读数、上丝读数、中丝读数及竖盘读数,并将数据记入实训表 10-1 视距测量记录手簿中。

(5)根据竖盘读数,计算出竖角,再利用测站点高程、仪器高、中丝读数式计算出碎部点的高程和测站与碎部点之间的水平距离。

(6)将量角器上与水平度盘读数一致的刻度对准定向线,则量角器的零方向线便是所测碎部点的方向,在该方向上按测图比例量出视距后,展绘出该碎部点于图纸上,并在该点旁标上其高程。

(7)依步骤(4)~(6)测绘出其他的碎部点,直至测绘完该测站上能测的所有碎部点。

(8)将已绘制在图上的地物特征点或地貌特征点,对照实地地形用相应的图式符号表示地物,用目估法在地貌特征线上求等高线通过的点,并连接相关的点即可得等高线。在测绘时,要做到随测随连地物轮廓线和地貌特征线。

(9)对照实地检查有无漏测、错测的地方,确认无误后,将仪器搬迁至下一站。以相同的方法测绘,直至测完指定的范围。

四、注意事项

(1)在碎部测量过程中,要经常检查后视方向。每测 20~30 个点用经纬仪照准一下后视点,看水平度盘读数是否仍为 $0°00'00''$,如果不是,则将度盘再设为零,且之前测的这组点应毁掉重测。

(2)碎部测量过程中,应及时将相关的碎部点的关系用线划表示出来。

(3)视距应控制在 100 m 以内。

(4)如果在测站不清楚所测点的情况,立尺员应绘草图并回测站向绘图员说清楚。

五、实训报告

实训结束时,每组交"局部地形图"一张和实训表 10-1 视距测量记录手簿。

参考文献

[1] 李生平. 建筑工程测量[M]. 武汉:武汉工业大学出版社,2002.

[2] 王金山,周圆. 地形测量学基础[M]. 北京:教育科学出版社,2005.

[3] 覃辉. 土木工程测量[M]. 上海:同济大学出版社,2005.

[4] 赵文亮. 地形测量[M]. 郑州:黄河水利出版社,2006.

[5] 吴立军. 测量学[M]. 郑州:黄河水利出版社,2006.

[6] 宁津生,陈俊勇,李德仁,等. 测绘学概论[M]. 武汉:武汉大学出版社,2007.

[7] 王金玲. 测量学基础[M]. 北京:中国电力出版社,2007.

[8] 张晓东. 地形测量[M]. 哈尔滨:哈尔滨工程大学出版社,2009.

[9] 王晓春. 地形测量[M]. 北京:测绘出版社,2010.

[10] 潘松庆. 工程测量技术[M]. 郑州:黄河水利出版社,2011.

[11] 谢跃进,于春娟. 测量学基础[M]. 郑州:黄河水利出版社,2012.

[12] 国家测绘地理信息局职业技能鉴定指导中心. 测绘综合能力[M]. 北京:测绘出版社,2015.

[13] 中华人民共和国国家标准. 国家基本比例尺地图图式第一部分:1∶500、1∶1000、1∶2000地形图图式:GB/T 20257.1—2017[S]. 北京:中国标准出版社,2017.

[14] 中华人民共和国国家标准. 1∶500、1∶1000、1∶2000外业数字测图技术规程:GB/T 14912—2005[S]. 北京:中国标准出版社,2005.